U0113673

本书为国家社科基金冷门"绝学"和国别史研究项目"明清稀见火器技术文献整理与研究"的阶段性成果。

本书获山西省高等学校中青年拔尖创新人才支持计划资助。

明清火器技术史论

冯震宇 著

中国社会科学出版社

图书在版编目（CIP）数据

明清火器技术史论／冯震宇著 . —北京：中国社会科学出版社，2023.9
ISBN 978 – 7 – 5227 – 2097 – 5

Ⅰ.①明⋯　Ⅱ.①冯⋯　Ⅲ.①火器—技术史—中国—明清时代
Ⅳ.①E92 – 092

中国国家版本馆 CIP 数据核字（2023）第 112725 号

出 版 人	赵剑英
责任编辑	刘　芳
责任校对	杨　林
责任印制	李寡寡

出　　　版	中国社会科学出版社
社　　　址	北京鼓楼西大街甲 158 号
邮　　　编	100720
网　　　址	http://www.csspw.cn
发 行 部	010 – 84083685
门 市 部	010 – 84029450
经　　　销	新华书店及其他书店

印　　　刷	北京明恒达印务有限公司
装　　　订	廊坊市广阳区广增装订厂
版　　　次	2023 年 9 月第 1 版
印　　　次	2023 年 9 月第 1 次印刷

开　　　本	710 × 1000　1/16
印　　　张	16.5
插　　　页	2
字　　　数	251 千字
定　　　价	88.00 元

凡购买中国社会科学出版社图书，如有质量问题请与本社营销中心联系调换
电话：010 – 84083683

目　　录

导　言

　　明末开始的传教士来华由中西会通时代的大潮流所推动，西方近代科学开始由利玛窦等第一批耶稣会士携到中国。自古以来，中国统治者最重视的事务就是历法和兵事，源自对农业生产和军事战争的现实需求。传教士带来的历法、地理知识以及珍奇科技器物使与之接触的明朝士人大开眼界，深深震撼了徐光启等引领时代风气的高级官员，使其纷纷向传教士访求各种西方科学知识。在徐光启、李之藻等与利玛窦合作翻译西方科学著作时，其询得彼国武备发展情形，意识到先进的西方火器技术是改变明末严峻的政治和军事局势的希望所在。而传教士亦认识到火器技术这一切入口，希图利用火器技术的传播获得明朝政府的好感，进而增进对天主教的好感，有利于在中国传教。

　　西方火器技术的传播成为明清时期中西碰撞和交流的一个重要历史事件，西方传华的火器技术主要来自传教士的引介，主要承接者为徐光启、李之藻、孙元化等中国第一批与耶稣会士有着密切接触的明朝官员。明末火器技术发展依托于由耶稣会士、明朝官员、军事将领等组成的西方火器技术传播关系网，这一时期出现的西式火器器物（三次赴澳门购募西炮）和西式火器著作，以及火器的制造与使用（徐光启的军事改革、孙元化建立的第一支西式火器部队等），都与这一关系网有着较为密切的关系。

　　由于葡萄牙特殊的宗教背景，以及15—16世纪特殊的国际形势（文艺复兴、地理大发现、西方大扩张），使澳门成为西方文明进入中国的主要入口，也是西方传教士来华的必经中转站，明末来华的利玛窦、罗明坚等传教士都是如此。在葡萄牙的经营下，澳门不仅成为远东贸易中心，而且成为远东传教中心（后来设立的澳门主教区管辖中国、日本、朝鲜的传教事务），更成为西方火器技术传华的中转地。明廷的三次购募西炮西兵行动，都是经由澳门与葡萄牙当局交涉而实现的，这是当时中国引进红夷大炮的最主要途径。而澳门葡萄牙当局（澳门议事会）之所以答应明廷的要求，最重要的就在于向明廷贡效西炮西兵可以获得明朝政府的优待，从而有利于拓展其在中国内地的贸易与传教活动。赴澳门三次购募西炮西兵产生的后续效应直接体现在徐光启的军事改革上，孙元化在登州建立的第一支西式火器部队便是这一改革的重要组成部分。

本书通过对中国火器技术发展脉络的梳理，研究了16—17世纪中国火器技术的知识谱系及其进路。在这一进路中，鸟铳、佛郎机铳、红夷大炮这三种功能和形制差异较大的火器（分别为单兵作战火器、中型火器、大型火器）均从国外传入，在本土化后成为中国的主流火器，深深地影响和塑造了中国的火器技术知识体系。通过对鸟铳在明代的传播与流变、佛郎机铳在明代的本土化这两个问题的研究，剖析了这两种火器技术传入中国的过程及其影响。对于红夷大炮的研究，则主要从明朝购募西炮西兵及其影响、西方火器技术在华传播关系网、西方传华火器技术主要内容这三个方面进行了论述，展示了红夷大炮传华的历史图景及其知识图谱。最后，对火器技术与明清鼎革、火器技术与明清科技及社会转型这两个问题进行了研究，在火器技术内容之外，探究火器与战争、火器与社会的关系。

本书通过梳理从明末传教士来华以及由此产生的火器技术传播关系网，研究西方火器技术传播的相关过程和内容，补充既有研究成果未深入研究或涉及的知识。通过对以《西法神机》《火攻挈要》《守圉全书》等为代表的火器技术著作的挖掘，力求得出新的线索和论题，从而构建一个比较完备和全面的西方火器技术在华传播关系网及其知识体系。《西法神机》和《火攻挈要》的内容相近，都论述了火器的制造与使用之法，还涉及了造药、造弹、造车技术，全面地反映和展示了明末吸收西方火器技术的主要成果。《守圉全书》① 在山西省图书馆藏有善本，《四库禁毁书丛刊补编》根据上海图书馆的残本（缺最主要的第三卷）进行过影印，该书最重要的内容在于引进了西方的铳台技术，并进行了详解。此书还包括《委黎多报效始末疏》和别处不存的徐光启、李之藻的佚文若干，记述了与西方火器技术传播有关的重要内容。目前对其进行的研究较少，浏览其中的内容可以发现，它记述的主体内容是军事，内含大量的火器知识，因此理应成为火器史研究，尤其是西方火器技术传播研究的一个重要对象。

学术界对于西方火器技术在华传播的研究，侧重于弹道技术、模铸技术等方面的论述。本书则重点解读关注较少的倍径技术和铳台技术，厘清倍径技术的数量标准及其在火器技术中的应用。通过中国和西方铳台技术的对比，对铳台技术这一对火器的效用影响甚大的技术内容的传播情况，以及军事技术家对其的认识进行解读。由此，使当前对于西方火器技术在华传播研究的内容得到完善（一般而言，分为弹道技术、模铸技术、战车技术、火药技术、倍径技术、铳台技术6项内容）。

关于中国火药和火器史研究，较早的前辈是冯家昇，他在《火药的发明及其传布》② 中提出了中国作为世界火药和火器技术发源地的论断，在国外产生了重大影响，使西方学者重新思考火药和火器的发源地问题。因为在国外通行的观点是，西方的火器技术来源于"希腊火"（Greek Fire）。冯家昇的观点受到了李约瑟的重视和认可，并在其鸿篇巨制《中国科学技术史》③ 中提出了中国作为发明火药和最早使用火器的国家的观点，逐渐获得了世界性的认可。

其后，钟少异主编的《中国古代火药火器史研究》④，收集了当时国内火器技术研究的新成果，对于一些争论性问题的讨论极有价值。关于中国火器史的专著有王兆春的《中国火器史》⑤ 和刘旭的《中国古代火

---

① 韩霖：《守圉全书》，山西省图书馆藏崇祯十年刻本。
② 冯家昇：《火药的发现及其传布》，《史学集刊》1947年第5期。
③ ［英］李约瑟：《中国科学技术史》第5卷第7分册，刘晓燕等译，科学出版社2005年版。
④ 钟少异主编：《中国古代火药火器史研究》，中国社会科学出版社1995年版。
⑤ 王兆春：《中国火器史》，军事科学出版社1991年版。

药火器史》①，是国内最完备的两本通史性火器专著。另外，王兆春还出版了《世界火器史》②，比较全面地展示了世界范围内（包括中国）火器技术的发端及其发展，一直记述到第二次世界大战期间。另一本比较重要的著作是徐新照的《中国兵器科学思想探索》③，从理工科角度解释了明代火器研究中的一些技术性难题。最新的成果为王兆春的《中国古代军事工程技术史》（宋元明清卷）④、《中国火器通史》⑤，相较于以前的火器著作，加入了战车、战船、铳台等与火器相关的技术内容。潘吉星的《中国火药史》则为目前最权威、完备的中国火药史研究专著，其内容以火药史研究为主，兼及大量火器史研究成果。⑥

　　方豪在明末天主教及其与火器传播关系的研究上走在前列，其爬梳葡萄牙文献，广采天主教史料，所提出的观点和整理出的资料，为众多学者引用。方豪所著《李之藻研究》⑦ 为至今为止关于李之藻研究最为详尽和权威的作品，其中用"李之藻挽救明朝危亡之努力"等内容论述明末天主教徒的代表人物李之藻与西方火器传播的关系，包含有派遣门人购募西铳、与徐光启一起上造台备铳之策、邀请西士与招募葡籍炮手等内容。方豪认为，李之藻是仅次于徐光启的对明末西方火器技术传播做出重大贡献的人物。郑诚辑校的《李之藻集》⑧ 则是在此方向上进一步努力的重要成果，是迄今为止最为完善的李之藻别集，为深入研究李之藻的时代背景、仕宦生涯、学术活动、科技成就和明末中西学术交流等提供了宝贵的资料，具有十分重要的科技文献学价值。

　　对于购募西炮西兵及其中的天主教因素的分析，方豪的《明末西洋火器流入我国之史料》⑨ 引用金尼阁 1621 年报告等重要西方文献，揭示由徐光启、李之藻等明末天主教徒力促而成的购募西炮西兵的宗教目

---

①　刘旭：《中国古代火药火器史》，大象出版社 2004 年版。
②　王兆春：《世界火器史》，军事科学出版社 2007 年版。
③　徐新照：《中国兵器科学思想探索》，军事谊文出版社 2003 年版。
④　王兆春：《中国古代军事工程技术史》（宋元明清卷），山西教育出版社 2007 年版。
⑤　王兆春：《中国火器通史》，武汉大学出版社 2015 年版。
⑥　潘吉星：《中国火药史》，上海远东出版社、中西书局 2016 年版。
⑦　方豪：《李之藻研究》，台湾商务印书馆 1966 年版。
⑧　郑诚辑校：《李之藻集》，中华书局 2018 年版。
⑨　方豪：《明末西洋火器流入我国之史料》，《东方杂志》1944 年第 1 期。

的——借此伴送传教士入京。此外，在方豪《中西交通史》① 的"军器与军制"部分，对于三次购募西炮、葡兵在孙元化登州火器营之报效、汤若望铸炮等西方火器技术在明末的传播内容都有所陈述。对于购募西炮西兵的过程研究，有欧阳琛、方志远《明末购募西炮葡兵始末考》②，董少新、黄一农《崇祯年间招募葡兵新考》③ 等文章，对一些争议性的问题，如购募西炮的数量、运炮队伍的人数等进行了讨论。

黄一农是研究天主教史和火器史的权威，他严谨地爬梳史料的方法以及提倡的"e考据"史观④使其获得了大量的一手资料，因此他提出的观点都很有启发性。他很关注天主教徒与明末火器技术之间的关系，陆续写了《天主教徒孙元化与明末传华的西洋火炮》⑤《南明永历朝廷与天主教》⑥《明末萨尔浒之役的溃败与西洋火炮的引进》⑦ 等文章，剖析了自萨尔浒之役以来，延续到南明的天主教徒在引进西方火器技术方面的行动及其结果。这些研究成果相互关联、互成体系，大多数集合在黄一农的专著《红夷大炮与明清战争》⑧ 中，有力地推进了明清火器技术史的研究。黄一农的专著《两头蛇——明末清初的第一代天主教徒》⑨ 中，更是利用其"e考据"的方法对明末天主教徒进行审视的范例，其中对于明末天主教关系网结构的解析尤为着力，这给本书将要叙述的"核心—半外围—外围"火器技术传播关系网结构带来启发。

外国学者比较经典的著作主要是通史性的世界火器史，如 W. Y. 卡曼的《从起源到1914年的火器史》⑩，分门别类地介绍了各种火器的发

① 方豪：《中西交通史》，上海人民出版社2008年版。
② 欧阳琛、方志远：《明末购募西炮葡兵始末考》，《文史》2006年第4辑。
③ 董少新、黄一农：《崇祯年间招募葡兵新考》，《历史研究》2009年第5期。
④ 黄一农：《两头蛇——明末清初的第一代天主教徒》，上海古籍出版社2006年版。
⑤ 黄一农：《天主教徒孙元化与明末传华的西洋火炮》，《中央研究院历史语言研究所集刊》1996年第4期。
⑥ 黄一农：《南明永历朝廷与天主教》，《华学》第6辑，紫禁城出版社2003年版。
⑦ 黄一农：《明末萨尔浒之役的溃败与西洋火炮的引进》，《中央研究院历史语言研究所集刊》2008年第3期。
⑧ 黄一农：《红夷大炮与明清战争》，四川人民出版社2022年版。
⑨ 黄一农：《两头蛇——明末清初的第一代天主教徒》，上海古籍出版社2006年版。
⑩ W. Y. Carman, *A History of Firearms*：*from Earliest Times to 1914*, London：Routledge & K. Paul, 1955.

展史；杰弗里·帕克的《军事革命：军事变革与西方的兴起，1500—1800》①，主要分析了 16 世纪以来军事变革与西方的兴起，其中主要的变革就是火器技术的改进；威斯顿·F. 库克的《百年战争中的摩洛哥：早期现代穆斯林世界的火药与军事革命》②，叙述了伊斯兰世界早期的火器发展史；伯特·S. 霍尔的《欧洲文艺复兴时期的武器与战争：火药、技术和战术》③，记述了文艺复兴时期的欧洲火器技术，国内学者引用较多；C. J. 皮尔斯的《中华帝国晚期军队，1520—1840》④，是一本专门分析明代晚期到鸦片战争之前中国军事技术的著作，内含大量火器发展内容；扬·格雷特的《1500—1650 年的海上战争：海上冲突和欧洲的转型》⑤，主要对欧洲海上军事技术和战争进行了研究，其中涉及火器技术；肯尼斯·蔡斯的《火器：1700 年前的全球史》⑥，分地区介绍了世界各地火器发展史，有关于中国的内容；布兰达·J. 布坎南的《火药、炸药与国家：一部技术史》⑦，侧重分析了火器发展与国家形成的关系；欧阳泰的《从丹药到枪炮：世界史上的中国军事格局》⑧ 则通过聚焦于火器战争，试图解释中西大分流这一问题。

对于明清来华传教士的研究也是学术界的兴趣所在，其中都包含了其与明末天主教徒的互动，及其在西方火器技术传播中的作用。魏特的《汤若望传》⑨ 详述了汤若望在明末负责铸炮的一些成就，并记述了同时

---

① Geoffrey Parker, *The Military Revolution*: *Military Innovation and The Rise of The West*, *1500 – 1800*, Cambridge：Cambridge University Press, 1988.

② Weston. F. Cook, *The Hundred Years War for Morocco*: *Gunpowder and The Military Revolution in The Early Modern Muslim World*, Boulder：Westview Press, 1994.

③ Bert S. Hall, *Weapons and Warfare in Renaissance Europe*: *Gunpowder*, *Technology*, *and Tactics*, Baltimore：Johns Hopkins University Press, 1997.

④ C. J. Peers, *Late Imperial Chinese Armies*, *1520 – 1840*, *Oxford*：Osprey Publishing, 1997.

⑤ Jan Glete, *Warfare at Sea*, *1500 – 1650*: *Maritime Conflicts and The Transformation of Europe*, London：Routledge, 1998.

⑥ Kenneth Chase, *Firearms*: *A Global History to 1700*, Cambridge：Cambridge University Press, 2003.

⑦ Brenda J. Buchanan, *Gunpowder*, *Explosives and The State*: *A Technological History*, Aldershot：Ashgate Publishing, 2006.

⑧ ［美］欧阳泰：《从丹药到枪炮：世界史上的中国军事格局》，张孝铎译，中信出版社 2019 年版。

⑨ ［德］魏特：《汤若望传》，杨丙辰译，知识产权出版社 2015 年版。

期天主教徒如孙元化等人为西方火器技术传播所做的努力。邓恩的《从利玛窦到汤若望》①，完整地记述了明末天主教传播的兴盛时期（以利玛窦来华为开端，以汤若望造炮为结尾），传教士对于明末火器技术传播的一些贡献。但是总体而言，这些对于传教士的研究更侧重天主教教义的传播，对于火器技术的传播着墨较少。

国内对于该领域的研究成果主要集中在"红夷大炮与明清战争""火炮射程及弹道学问题""兵器文献研究"这几个方面。

红夷大炮的研究成果较多，刘鸿亮的研究较为突出。他的《明清之际红夷大炮及其射程问题研究》② 对红夷大炮的射程做出了定量化分析；《明清王朝红夷大炮的盛衰史及其问题研究》③ 分析了红夷大炮与明清鼎革的关系。刘鸿亮认为红夷大炮的优势转向清朝，促成了明清鼎革，其交界点便是吴桥兵变。

明代火器弹道学问题，主要是有物理学知识背景的学者偏好的研究热点，徐新照和尹晓冬发表了一系列的成果，如徐新照的《试论我国明代的铳炮弹道学成就》④ 和尹晓冬的《17 世纪中国的瞄准技术与弹道学知识》⑤。此外，黄一农在《比例规在火炮学上的应用》⑥《红夷大炮与明清战争——以火炮测准技术之演变为例》⑦ 等文章中通过对铳规、矩度、铳尺等火器测准工具的介绍和分析，论述了明末火器技术中的弹道学问题，并描述了其与数学发展的关系。

对于兵器文献的研究，主要集中在《火攻挈要》和《西法神机》等兵书上，主要成果有徐新照的《明末两部"西洋火器"文献考辨》⑧、尹

---

① 〔美〕邓恩：《从利玛窦到汤若望：晚明的耶稣会传教士》，余三乐译，上海古籍出版社2003 年版。

② 刘鸿亮：《明清之际红夷大炮及其射程问题研究》，《自然辩证法通讯》2004 年第 3 期。

③ 刘鸿亮：《明清王朝红夷大炮的盛衰史及其问题研究》，《哈尔滨工业大学学报》（社会科学版）2005 年第 1 期。

④ 徐新照：《试论我国明代的铳炮弹道学成就》，《安徽史学》2001 年第 2 期。

⑤ 尹晓冬：《17 世纪中国的瞄准技术与弹道学知识》，《力学与实践》2009 年第 5 期。

⑥ 黄一农：《比例规在火炮学上的应用》，《科学史通讯》1996 年第 15 期。

⑦ 黄一农：《红夷大炮与明清战争——以火炮测准技术之演变为例》，台湾《清华学报》1996 年第 1 期。

⑧ 徐新照：《明末两部"西洋火器"文献考辨》，《学术界》2000 年第 2 期。

晓冬的《火器论著〈兵录〉的西方知识来源初探》①。对于《守圉全书》的关注较少，汤开建的《明末天主教徒韩霖与〈守圉全书〉》②，从文献学角度对《守圉全书》这一部奇书进行了版本、内容、流传等方面的基本介绍。另外，郑诚的《守圉增壮——明末西洋筑城术之引进》③ 对明末铳台技术进行了梳理，其中包含了对《守圉全书》中铳台技术的研究，铳台技术是《守圉全书》中最核心的内容。以及郑诚的《〈祝融佐理〉考——明末西法炮学著作之源流》④，以新发现之《祝融佐理》钞本为中心，考证该书编者事迹、成书背景、西学来源，分析同类作品之源流谱系，进而就该书所载铁炮制造工艺、防御工程技术，探讨中西技术传统的交融与演化。

本书主要通过严谨细致的爬疏史料和对新史料的把握与挖掘，利用古籍数据库进行"e考据"，得出新的视角和内容。参考的最主要文本为《明实录》《清实录》《明经世文编》《明清史料》《四库禁毁书丛刊补编》《中国兵书集成》《中国科学技术典籍通汇》等大型文献丛书，这些丛书里有大量关于明清火器技术的内容，可以将其整理出来，为研究所用。适当地利用个人记述与正史参照，更全面地进行明清火器技术史的相关研究。研究思路主要依托以下两个方面展开。

第一，稀见科技史料的挖掘与解读，体现在《西法神机》《火攻挈要》《守圉全书》等珍贵的文献上。对流传范围狭小的《西法神机》进行重点研究，对在其中居于重要地位的火器倍径技术进行了剖析。对全本仅存于山西省图书馆和台北"中央研究院"傅斯年图书馆，仅依据上海图书馆的残本影印发行过一次的《守圉全书》进行重点研究，对韩霖花大量篇幅论述的西方铳台技术进行解读。

第二，提出关于明清火器技术的新视角与新观点，认为明末对西学友好官员在朝中的起伏影响了明清火器技术的兴衰。而且，纵观西方火

---

① 尹晓冬：《火器论著〈兵录〉的西方知识来源初探》，《自然科学史研究》2005年第2期。

② 汤开建：《明末天主教徒韩霖与〈守圉全书〉》，《晋阳学刊》2005年第2期。

③ 郑诚：《守圉增壮——明末西洋筑城术之引进》，《自然科学史研究》2011年第2期。

④ 郑诚：《〈祝融佐理〉考——明末西法炮学著作之源流》，《自然科学史研究》2012年第4期。

器技术传播背景下的明末火器技术实践成果——宁远大捷、徐光启的军事改革、孙元化建立中国第一支西式火器部队，以及明末火器技术理论成果——《西法神机》《火攻挈要》《守圉全书》，均与这一群体有关。

传教士东来后的中西交流史上有一个知识群体是绕不开的，那就是明末出现的中国第一批西学群体，审视西学东渐的过程，可以发现很多领域都与明末对西学感兴趣的士大夫有关系。西方火器技术传播亦不例外。从最开始与传教士接触的徐光启力倡引进西学，经世致用，到后来负责购募西铳的李之藻、张焘、孙学诗，以及用西方火器技术装备和训练明朝军队的孙元化，还有《火攻挈要》《守圉全书》的作者焦勗、韩霖，都与西学有关系。

对于这一西学群体在中西会通方面的作用，黄一农在《两头蛇——明末清初的第一代天主教徒》中认为徐光启引进西方火器技术的实践主要是由其门人完成的，尤其是其学生孙元化取得的成就最大。

徐光启在科学上的主要贡献集中于数学、历法、农学和军事四个方面，相对而言，学界对于其军事方面的贡献关注较少。

本书通过对明末对西学友好的士大夫的梳理，最终勾勒出一个西方火器技术传华的完整图景。而且可以发现，这些士大夫的贡献都与徐光启有或多或少的关联，进而也能对徐光启在军事技术方面的作用进行一定程度的回应。明末西学群体的科学地位在近年越来越得到学术界的认可，如中国著名科技史专家胡道静（1913—2003）就认为孙元化是"与黄道婆、徐光启并列的上海地区最杰出的三位科学家之一"①。因此，对其进行严肃而深入的学术研究是非常必要的，对于其吸纳及传播西方火器技术的过程和在其中的作用都应该进行全新的评述。

---

① 胡道静：《嘉定县两位历史文化名人》，《上海修志向导》1991 年第 1 期。

第一章　中国火器技术的发展脉络

　　明清时期是中国古代火器技术发展的高峰，也是中国古代火器技术成果涌现最多的一个时期——无论是火器器物还是火器著作，更是西方传教士携火器技术传入中国的大交流大变革时期。同时期的西方处于科学革命开始的时代，以伽利略为代表的力学体系可以解释火器技术中的精准化问题，指导火器的制造和使用。这是中国火器技术与西方火器技术的最本质差距，也是中国传统科学与西方近代科学差距的直接反映。

　　中国的火器技术包括管形火器、爆炸性火器、燃烧性火器和火箭等种类和内容，本书主要针对中国管形火器的发端、成熟、飞跃以及明清时期西方火器技术对中国的影响进行探讨。从世界最早的火药的发明，到火药用于军事和火器的发明，中国曾走在世界前列。在战争中影响最大的管形火器从长杆竹火枪、飞火枪、突火枪发展到金属火铳，在材质和功能上是质的飞跃。通过蒙古西征，中国的管形火器传播到了阿拉伯和欧洲，而欧洲经过技术改进，制造出被中国人称为鸟铳和佛郎机铳、红夷大炮等功能更为先进、威力更大的火器，进而通过战争、贸易、传教等途径重新回传到中国，提升了中国火器技术的水平。中国火器技术历经传统管形火器的发端、鸟铳和佛郎机铳的引进、红夷大炮的传入，在火器技术器物和理论层面都日臻成熟，明清之际的火器技术达到了中国古代火器技术的最高峰。

第一节　中国火器技术的发端

一　管形火器的出现

管形火器的第一次使用出现在南宋，使火攻之法摆脱了对抛石机和弓弩的依赖，中国古代战争开始步入冷热兵器并用时代。最早关于管形火器的记载出现在《宋史》中，绍兴二年（1132）六月，坚守德安的陈规面对以李横为首的匪兵的袭扰，以"六十人，持火枪自西门出，焚天桥，以火牛助之，须臾皆尽，横拔砦去"[①]，陈规取得了守城胜利。陈规根据守城经验写就的《守城录》在记载这次战争时写道："以火炮药造下长竹竿火枪二十余条，撞枪钩镰各数条，皆用两人共持一条，准备天桥近城，于战棚上下使用。"[②] 综上可知，陈规自制的长杆枪是一种枪管较长的，需要两人一组托举的燃烧型喷射火器，可以起到焚毁敌人的天桥等木质防卫设施的作用。陈规在德安守御战中采用的长杆枪被视为中国管形火器的鼻祖，早于后来闻名于全世界的突火枪，但是没有关于其具体形制和构造机理的记载。

与长杆竹火枪类似的还有金军创制的飞火枪和宋军创制的突火枪，均为单兵作战火器，以喷射火焰和弹丸杀伤敌人。金天兴元年（1232），在抗击蒙古军队围攻汴京（开封）的过程中，第一次使用了飞火枪。飞火枪不再仅仅是像长杆枪那样喷射火焰的燃烧型管形火器，它已经发展成为一种管形射击火器。《金史》记载"飞火枪，注药以火发之，辄前烧十余步，人亦不敢近"[③]。飞火枪的药、弹之间不进行分割，而是混杂在一起，这是中国古代传统射击火器的重要特点。[④] 据《宋史》记载，开庆元年（1259），寿春府制造了突火枪，"以巨竹为筒，内安子窠，如烧放，焰绝

[①] 脱脱等：《宋史》，中华书局 1985 年标点本，第 11643 页。
[②] 陈规：《守城录》卷 4，载任继愈主编《中国科学技术典籍通汇·技术卷》五，河南教育出版社 1993 年影印本，第 145 页。
[③] 脱脱等：《金史》，中华书局 1975 年标点本，第 2497 页。
[④] 钟少异：《古兵雕虫——钟少异自选集》，中西书局 2015 年版，第 265 页。

然后子窠发出，如炮声，远闻百五十余步"①。对于"子窠"是何物，现代学者大多认为其是散弹，不外乎铁砂子、细石块、碎瓷之类，冯家昇将其看作后日子弹的先声。②　"子窠"是我国古代对火器发射物的最早命名，"子窠发出，如炮声"成为突火枪发射的主要现象。突火枪的创制源于中国，后来经过成吉思汗的西征而风靡于世界各地，它是后来出现的金属管形火器——火铳的先导。李约瑟将其称为"一切炮的祖先"。

与飞火枪相比，突火枪的药、弹已经实现了分层装填，在发射管内装入火药，捣实，然后再装上散弹。由于分层装填，密闭性提高，火药在推送散弹的过程中所产生的膛压要比之前的管形火器强烈，因此往往伴有爆炸声响。而且，由于其威力的增强，突火枪开始摆脱之前火器需要依赖冷兵器复合作战的状态，开始独立地发挥热兵器的作用。突火枪的出现，标志着管形射击火器的发展走向正轨，为金属火铳的出现奠定了基础。突火枪有史书记载，但是都极为简略，而且因为其材质的不易保存性（用竹管制成），导致出土文物的佐证几乎没有。真正有出土文物佐证的是金属制成的管形火器——火铳，这种火铳的使用起始于元朝，明初时期开始流行，依据突火枪的原理制成。其后的火铳发展呈现两个趋势，一为适合单兵作战的小型火铳，一为口径和形体稍大的中型火铳。金属管形火器的出现，标志着中国真正的火器时代的开始。

在金属管形射击火器出现的阶段，最具有代表性的实物为现存于中国人民革命军事博物馆的元至正十一年铳和存于中国国家博物馆的元至顺三年盏口铳，具体形制与图像见图 1.1、图 1.2。

元至正十一年铳由铳管、药室、尾銎三部分构成，重 4.75 千克，长43.5 厘米，铳口直径 3 厘米。药室亦呈椭圆状，有安装药捻的小圆孔，药室内还有一些残留的黑火药。铳身首端镌有"射穿百札，声动九天"八字，中部镌有"神飞"二字，尾部镌有"天山"和"至正丁卯"六字。③　至正十一年铳为单兵作战火器，代表了管形火器小型化的发展趋势，以后此类火器逐渐严格地称为"铳"。

---

①　脱脱等：《宋史》，中华书局 1985 年标点本，第 4923 页。
②　钟少异：《古兵雕虫——钟少异自选集》，中西书局 2015 年版，第 272 页。
③　黄登民、李云凯：《元代火铳及其相关问题》，《黑龙江民族丛刊》1995 年第 3 期。

图 1.1　元至正十一年铳

资料来源：中国人民革命军事博物馆网站，http：//www. jb. mil. cn/gcww/wwjs_ new/gjdww/201707/t20170704_ 32750.html，2022 年 5 月 23 日。

图 1.2　元至顺三年盏口铳

资料来源：中国国家博物馆网站，http：//www. chnmuseum. cn/zp/zpml/kgdjp/202111/t20211116_ 252348. shtml，2022 年 5 月 23 日。

元至顺三年盏口铳长 35.5 厘米，铳口内径 10.5 厘米，重 6.94 千克。膛身较短，铳壁较厚，銎侧还有方孔，与铳轴线在同一平面上，以利于固定在炮架上进行射击角度的调节。另外铳身镌有"至顺三年二月十四日绥边讨寇军第三百号马山"等三行铭文。^① 至顺三年铳为守城火器，代表了管形火器大型化的发展趋势，以后此类火器逐渐严格地称为"炮"。

随着近年考古的新发现，专家们确认了一种年代更早的元代火铳，即大德二年铳，1989 年发掘于内蒙古锡林郭勒盟正蓝旗，是迄今为止发现的中国最早的有明确纪年的铜火铳，^② 具有重要意义。大德二年铳与至顺三年铳形制相似，为盏口铳，长 34.7 厘米，铳口内径 9.2 厘米，重 6.21 千克。元朝的盏口铳还处于发展初级阶段，铳口微微外张，药室较短，仅稍稍隆起，这与明朝盏口铳铳口显著外张，药室增大，且明显隆起，有着较大差距。这些初创的火器在朝代更迭以及蒙古军队西征的过程中都起到了很大的作用，火药、火铳制造技术也随之流传到西方，世界战争开始由冷兵器时代向热兵器时代转变。

明朝初期是火铳技术发展走向成熟的时期，朱元璋建立新政权的战争和朱棣夺宫之变的战争，都促进了火铳技术的发展。火铳的形制开始趋于标准化，由小而大地分为手铳、中型火铳、大型火铳三种类型。关于火铳的构造也有了成型的规范，具体可见图 1.3，现代学者成东、钟少异绘制的火铳内部结构示意图。

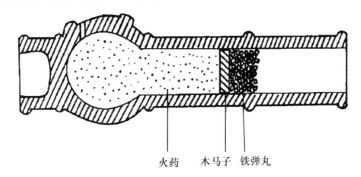

火药　木马子　铁弹丸

图 1.3　火铳内部结构示意

资料来源：成东、钟少异编著：《中国古代兵器图集》，解放军出版社 1990 年版，第 231 页。

---

① 黄登民、李云凯：《元代火铳及其相关问题》，《黑龙江民族丛刊》1995 年第 3 期。
② 钟少异：《内蒙古新发现元代铜火铳及其意义》，《文物》2004 年第 11 期。

第一，由最初的前后粗细匀称的直筒形演变为由前到后逐渐增粗的形制，尤其是装药室的外壁特别厚，而且明显隆起，以承受火药初燃时较强的膛压。内部的铳径前后如一，但是外壁由前到后逐渐增厚，所以出现了铳炮逐渐增粗的形制。第二，增加了火门盖，用以遮挡装药室，防止阴雨、刮风等恶劣天气导致火铳无法发挥作用。第三，使用了木马子，用以压实火药，增强火药的威力，并防止火药在燃烧时泄漏。木马子的使用是革命性的，实现了火药和散弹的分离，并增强了气密性，使火药燃烧后的膛内压力增强。第四，铳体明确地分为尾銮、药室、铳膛三个部分，通身有四五道箍，用来加固铳身。与元朝的火器相比，药室更加明显的隆起，铳身更加厚重，威力增强很多。第五，火铳的形制趋于统一，同类火铳之间的铳长、铳口内径差距缩小，在一个较小的范围内波动，向着标准化的方向发展。

明朝初期建立了军器局、兵仗局等火器制造机构，每年制造大量火器。洪武后期开始，地方政府和卫所也承担一定的火器制造任务，受中央节制，不可随意私造。最主要的大型火器为碗口铳，于洪武中后期开始出现，广泛用于守御关隘和随军作战，见图1.4。另有洪武十年大铁炮，用精铁制成，别具一格。从《大明会典》中可以一窥明朝初期的火器制造情况，产量巨大、品种繁多：

凡火器成造，永乐元年奏准，铳炮用熟铜，或生熟铜相兼铸造。弘治九年，令造铜手铳，重五六斤至十斤。又令神枪神炮，在外不许擅造。凡火器编号，正统十年题准，军器局造碗口铜铳，编胜字号。景泰元年，改编天威字。天顺元年，仍编胜字。成化四年题准，手把铜铳，编列字。弘治以前定例，军器、鞍辔二局三年一造：碗口铜铳三千个、手把铜铳三千把；兵仗局：大将军、二三将军、手把铜铳、手把铁铳、碗口铳、一窝蜂。弘治以后续增。[①]

[①]　万历《大明会典》卷193，中华书局1989年标点本，第976页。

图 1.4　弘治十八年碗口铳

资料来源：中国人民革命军事博物馆网站，http：//www.jb.mil.cn/gcww/wwjs_ new/gjd-ww/201707/t20170704_ 32758.html，2022 年 5 月 23 日。

　　相比于元朝，明朝出土火器实物的数量和种类较多，使用范围较广。器制的构造也更加精细、科学，考虑了膛压、火药燃烧、弹道推射等一系列科学机理问题。元朝火器的制作材质均为青铜，到了明朝发展到了铜铁并用，更多的铁制火器成为装备明军的主要兵器。而且，明成祖朱棣创建了神机营，用于拱卫京师和对外征战，是中国古代出现的第一支专业化火器部队。利用火器技术的优势，明成祖取得了远征交趾和漠北的胜利，壮大了明朝的国威，推进了明朝军事技术的变革。各卫所、沿边沿海也加大了火器的配置比例，在很多地方都达到了三分之一的比重，军队训练和作战模式进入新时代，见图 1.5。

　　各类火器都刻有规范化的铭文，包含使用单位、编号、类型、重量、制造年月、制造单位、制造匠人等丰富内容，既便于统一管理和发放、使用，又便于在火器出现问题后回溯追责。今人通过阅读各个时期出土的火器铭文，可以大体知道当时火器制造和使用所达到的规模，而且史料也佐证了战争期间火器制造量会大幅度增加。

　　此外，明朝还出现了威力较强的洪武大铁炮，铸造于平阳卫（今山西省临汾市），现收藏于山西博物院、山西艺术博物馆、临汾市博物馆等文物机构，见图 1.6。与明初流行的铜炮不同，此炮用精铁铸成，这

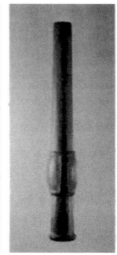

图 1.5　明代铜手铳

资料来源：成东、钟少异编著：《中国古代兵器图集》，解放军出版社 1990 年版，彩版 29。

与山西丰富的煤、铁资源有很大的关系。而且通过铭文中的信息，我们可以知道当时作为地方卫所的平阳卫制造铁炮的数量是比较多的，反映了明代火器制造的发达。关于此炮的记载不多，较为详细的是胡振祺在《山西文物》上发表的《明代铁炮》：

> 洪武十年造将军炮，炮身粗短，双耳柄，三道箍。通长 100 厘米，口径长 20 厘米，耳柄长 16 厘米，尾长 10 厘米。炮口下两箍间铸有文字三行十七字，文为"大明洪武十年丁巳季月吉日平阳卫造"。[1]

根据胡振祺的介绍，洪武大炮是在拆毁太原市南城墙时被发现的。与此同时，还发现了明朝初期的将军炮、明末大将军炮、红夷大炮等十几门大炮。洪武大铁炮由平阳卫制造，分发到太原，用于守城。作为古

---

① 胡振祺：《明代铁炮》，《山西文物》1982 年第 1 期。

图1.6　洪武十年大铁炮

资料来源：笔者拍摄于山西艺术博物馆，2021年5月。

老的铸铁大炮，其在中外火器技术史上占有重要地位。

二　第一批火器技术专著：以《武经总要》为代表

这一时期，出现了集中国古代军事技术之大成的著作《武经总要》，刊刻于庆历四年（1044），作者为宋朝的曾公亮和丁度，是我国历史上第一部官方组织编纂的军事著作，见图1.7。该书共40卷，分为前集20卷，后集20卷，在前集第10—13卷中，以图示和文字兼备的形式介绍了中国古代攻守城的武器，包括了北宋以前的绝大多数武器。在火器技术史上，《武经总要》最重要的贡献在于收录了我国最早的三个火药配方，证实了中国是世界上最早拥有火药配方的国家，意义重大。另外，此书中还介绍了中国古代的火器技术，主要有火球和火箭两种内容，见图1.8。

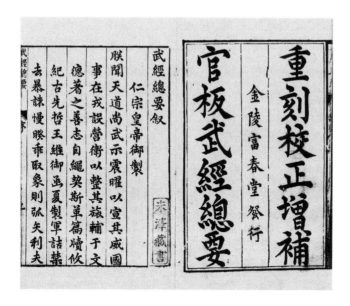

图 1.7 《武经总要》书影

资料来源：曾公亮、丁度等：《武经总要》，万历二十七年刻本。

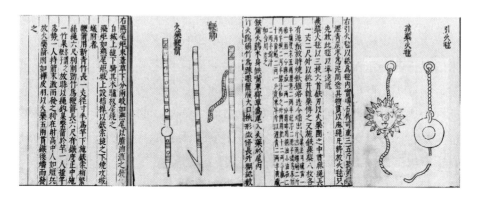

图 1.8 火球和火箭

资料来源：曾公亮、丁度等：《武经总要》卷 12，万历二十七年刻本。

《武经总要》中记载的三个火药配方，内容如下：

　　毒药烟球：球重五斤，用硫黄一十五两，草乌头五两，焰硝一斤十四两，巴豆五两，狼毒五两，桐油二两半，小油二两半，木炭末五两，沥青二两半，砒霜二两，黄蜡一两，竹茹一两一分，麻茹一两一分，捣合为球。贯之以麻绳一条，长一丈二尺，重半斤，为弦子。更以故纸一十二两半，麻皮十两，沥青二两半，黄蜡二两半，黄丹一两一分，炭末半斤，捣合涂敷于外。若其气熏人，则口鼻血出，害攻城者。

火药法：晋州硫黄十四两，窝黄七两，焰硝二斤半，麻茹一两，干漆一两，砒黄一两，淀粉一两，竹茹一两，黄丹一两，黄蜡半两，清油一分，桐油半两，松脂一十四两，浓油一分。以晋州硫黄、窝黄、焰硝同捣，罗。砒黄、淀粉、黄丹同研，干漆捣为末，竹茹、麻茹即微炒为碎末，黄蜡、松脂、清油、桐油、浓油同熬成膏。入前药末，旋旋和匀，以纸五重裹衣，以麻缚定。更别熔松脂傅之。

蒺藜火球：用硫黄一斤四两，焰硝二斤半，粗炭末五两，沥青二两半，干漆二两半，捣为末。竹茹一两一分，麻茹一两一分，剪碎。用桐油、小油各二两半，蜡二两半，熔汁和之。外敷用纸十二两半，麻一十两，黄丹一两一分，炭末半斤，以沥青二两半，黄蜡二两半，熔汁和合，周涂之。①

这三种火药配方中的硝硫炭比例，据现代学者研究，已经很接近后来的黑火药的组配比例。而且，它们因在硝硫炭之外加入了不同的添加物，形成了不同的功能，第一种为毒性火药，第二种为爆炸性火药，第三种为燃烧性火药，可在战争中起到放毒、爆炸、燃烧的作用，给敌军造成伤亡。火药配比的定量化，促进了管形火器的大发展，火器的发射有了可以参照的数量标准。

《武经总要》突破了传统兵书以谋略和排兵布阵为主的编排方式，开始专门介绍各类兵器，配之以图，论述其使用方法。此书主要记载了火球类火器和火药箭类火器，前者包括火球、引火球、蒺藜火球、霹雳火球、烟球、毒药烟球、铁嘴火鹞、竹火鹞八种，火药箭类火器包括弓弩火药箭和火药鞭箭两种。这些初级火器，并不具有后来的管形火器那样的单独作战功能，需要借助抛石机、弓弩等冷兵器的力量进行投射，

---

① 曾公亮：《武经总要》卷11、12，载任继愈主编《中国科学技术典籍通汇·技术卷》五，河南教育出版社1993年影印本，第71、96—97、100页。

以发挥燃烧性能，是火器发展的雏形。

三　中国传统火器技术的大发展

进入明朝中期，中国传统火器技术经历了大发展阶段，达到了引入西方火器技术之前的最高水平。在手铳方面，不仅有快枪、连子铳等单管铳，而且还出现了三眼铳这样的多管铳，手铳技术的控制更加成熟化。其中，在相当长的一段时间里，快枪和三眼铳成为装备明军的主要单兵作战火器。在中大型火铳方面：中型火器的代表为虎蹲炮，是戚继光创制的一种火器，形似虎蹲，便于移动；大型火器的代表为大将军炮，是明朝中期非常流行的传统火器。口径达 10 厘米，长度达 140 厘米，已然是当时所见的庞然大物了。

对于快枪，戚继光指出了其弊端："北方御虏，惟有快枪一种，人执一件，但成造本拙，工尤粗恶，身短体薄，腹中斜曲，口面大小全无定制，不堪击贼，而铅子又不知合口之度，什物不具，装放无法，徒为虚器。"[①] 戚继光对其具体形制进行了规范，认为快枪铳管以长二尺为准，铳管内壁用钻洞光，每次发射的铅子重为三四钱，药线为寸半长，用药为每次一竹筒。此后，快枪的制造与使用走向规范化。

三眼铳产生于嘉靖时期，适用于北方骑兵。在距敌较远时，可以一次射三发，待敌人靠近时，手握铳柄，还可以作为闷棍击敌。何汝宾的《兵录》对三眼铳的地位以及优势做了如下评述：

> 鸟铳宜南而不宜北，三眼铳宜北而不宜南。何也？北方地寒风冷，鸟铳必用手击，常易为力。一开火门，其风甚猛，信药已先吹去。用碾信则火门易坏，一放之后，虏骑如风而至，又不便执此为拒敌之具。惟三眼铳，一样三铳，每铳可著铅子二三个。伺敌三四十步内对准，方放，一炮三放，其声不绝，未有不中者。虏马闯至，则执此铳以代闷棍。虏纵有铁盔铁甲，虽利刃所不能入者，惟此铳

---

① 戚继光：《练兵实纪》，中华书局 2001 年标点本，第 319 页。

能击之。故在北方，鸟铳不如三眼铳也。①

三眼铳在明代火器著作中出现较多，显示出其在明代中期作为单兵作战主流火器的地位，见图 1.9。三眼铳在考古工作中也多有出土，如 1978 年 10 月，在辽阳城南六公里的蓝家公社蓝家堡子村发现一批火器，其中就有两支三眼铳，均由三筒连接呈"品"字形。一支全长 40.5 厘米，铳口内径 1.3 厘米，圆筒柄，外口大内口小；另一支全长 36.3 厘米，口径 1.5 厘米，扁尖柄。② 三眼铳和其后出现的鸟铳一直到明朝末期依然是军队中最重要的单兵作战火器。

图 1.9   三眼铳

资料来源：成东、钟少异编著：《中国古代兵器图集》，解放军出版社 1990 年版，第 234 页。

虎蹲炮为明朝中期军事家戚继光所创，专门针对传统火器点放时体轻易跳、中伤放炮之人的弊端而设计，因为其形制像虎蹲而得名。按照戚继光的设计，虎蹲炮以熟铁造，长二尺，外用五道箍。前下二爪钉，后用双爪尖绊下在第四箍后，由此保证了炮身庶不退走，不伤及距离五寸之内的点炮者。③ 现代学者王兆春依据实物整理了虎蹲炮的形制图，见图 1.10。

---

① 何汝宾：《兵录》卷 11，载任继愈主编《中国科学技术典籍通汇·技术卷》五，河南教育出版社 1993 年影印本，第 678 页。
② 杨豪：《辽阳发现明代佛郎机铜铳》，《文物资料丛刊》1983 年第 7 期。
③ 戚继光：《练兵实纪》，中华书局 2001 年标点本，第 315—316 页。

图 1.10 虎蹲炮

资料来源：王兆春：《中国火器史》，军事科学出版社 1991 年版，内封照片 13。

在《练兵实纪》中，戚继光对虎蹲炮进行了详解，有助于我们理解在先进的佛郎机铳引进中国之前，我国中型火器技术所达到的水准：

> 此器因其形得名也。国初分在边方，有所谓三将军、缨子炮者；近时有所谓毒虎炮者，固亦利器，但体轻易跃，每放在二三十步外。我军当放此炮时，必出营壁，前至炮所，则营墙大小炮火皆不敢发，发之适足以中放炮之人耳。炮大不可多得，数炮不能退房，而群炮在后，不得齐放，适败我事。将欲置前炮于壁间，则火发易跃，必伤营内之人，故用之适以害之。
>
> 用法：先入药线，缚之以布；次用药六七两，上用木马，以合口者为准，送至二箍平，上用土少许，入铅子一层，又用土少筑，再下子，子小以百数，子大以五十数；口用石子一枚，下口一半，慢慢筑实，口平而止；后尾稍用锨镶去土三四寸不等，相地方高低，前下二爪钉，后用双爪尖绊下在四箍后，将前后箍俱前抵炮身大箍之肩，庶不退走。此炮只去人五寸无虑矣，庶放大小炮之人无避也。①

---

① 戚继光：《练兵实纪》，中华书局 2001 年标点本，第 315—316 页。

大将军炮是明代中期最重要的大型传统火器，无论是兵书记载，还是出土实物，都佐证了其在中国火器史上的地位。长度均在 1 米以上，有多道铁箍束体，药室微微凸起。《天工开物》记述为"大将军、二将军，即红夷之次，在中国为巨物"①。在红夷大炮引进之前，大将军炮与虎蹲炮、佛郎机铳是明军最倚重的中大型火器，见图 1.11。

图 1.11　明大将军炮

资料来源：王兆春：《中国火器史》，军事科学出版社 1991 年版，内封照片 15。

第二节　中国火器技术的成熟

随着鸟铳（单兵作战火器）和佛郎机铳（中型火器）的传入，中国火器技术开始走向成熟。这个过程，有对鸟铳和佛郎机铳的模仿、推广，有对传统火器的改造和升级，也有对铸造技术、弹道学知识、弹药比例等问题认识的深化，无论是在火器的技术层面还是理论层面，都达到了一个新的高度。在实战中，鸟铳和三眼铳并列成为两种使用频率最高的单兵作战火器，佛郎机铳和将传统火器按照佛郎机铳技术进行改造后的新式火器（如无敌大将军等）成为最重要的中大型火器。在火器技术著作方面，出现了大量的介绍火攻之法和城守器具的兵书，数量非常可观。

---

①　宋应星：《天工开物》，上海古籍出版社 2008 年标点本，第 49 页。

一　鸟铳的传入

鸟铳是明代嘉靖年间传入中国的一种单兵作战火器，因为能射中林中飞鸟而得名，与中国传统的手铳相比，在发火装置和威力方面有着压倒性的优势，见图1.12。《登坛必究》记载："佛郎机、子母炮、快枪、鸟嘴铳皆出嘉靖间，鸟嘴铳最后出而最猛利，捷于神枪而准于快枪。"[①]鸟铳的传入，与葡萄牙东来进而与中国发生的军事冲突有关，但是关系更大的则是东南沿海连续不断的抗倭战争，明军逐渐从倭寇手中缴获了鸟铳，俘获了技术人员，并开始进行仿制和推广。

图1.12　鸟铳

资料来源：中国航海博物馆主办"中国航海火器展"，网址 https：//m. thepaper. cn/newsDetail_ forward_ 8866953，2022 年 5 月 23 日。

鸟铳技术除了在抗倭战争之际从东南沿海传入之外，还有一条传播路线值得关注，那就是从噜嘧（奥斯曼帝国）传入。[②]结合赵士桢在《神器谱》中的奏疏可以看出，噜嘧铳在中国的传播范围并不大，也不为当时的人们所熟知和重视，远远没有倭铳扩散得广远。这一情况直到万历年间赵士桢仿造噜嘧铳之后才有所改观。噜嘧铳的传入时间是在嘉靖年间，但其真正为中国人所了解、掌握、制造和使用却是在万历年间，而这一切得益于当时著名的火器研制家赵士桢。赵士桢最初得知这一属

---

① 王鸣鹤：《登坛必究》卷 29，载任继愈主编《中国科学技术典籍通汇·技术卷》五，河南教育出版社 1993 年影印本，第 627 页。

② Chris Peers, *Late Imperial Chinese Armies*, *1520 - 1840*, London：Reed International Books, 1997, p. 10.

火绳枪的"噜嘧铳",是在万历二十五年（1597）于时任游击将军的陈寅处，而陈寅则是从嘉靖年间因进贡而留居北京的噜嘧国掌管火器官员、回回人朵思麻处得知这一兵器的。①

鸟铳的主要优势在于"利能洞甲，射能命中"②。穿透重铠的力量来自细长的铳腹，发药可以在其中充分燃烧，从而产生对铅弹更强的气体推动力。命中率高的原因在于瞄准器、铳管出口平直以及点火装置，可以手托在腹前，火不夺其手；脸腮紧靠弯形铳托进行瞄准，而无点火之误。因此，在明朝中期成为明军作战的重要装备，作为单兵火器，其作用一直到后来的清朝依然显著。

嘉靖以前的中国火器，多半采用铅子为发射物，火铳发射时，都是类似发散弹的方式，并不特别要求射击的精确度。明初火铳为了确保气密性，装填时往往必须筑土，并用木马子保持发射时施于铅子的膛压的稳定。而鸟铳则采用单个铅子作为发射物，锻造光滑圆直的铳腹，并仔细研磨铅子，使枪管壁与铅子间的游隙十分细小，就免去了木马子的设计。③ 鸟铳的形制结构见图 1.13。

鸟铳相比于明朝传统的火铳，其主要改进在于瞄准及发火装置。前后安装有照星和照门，拨动发机发火，不再有临阵仓促点火之虞。可以如执弓弩般双手执铳进行瞄准射击，避免了一手执铳一手点火之误，提高了射击的精确度和效率。

鸟铳的瞄准装置由前面的照星和后面的照门组成，"照门照星乃鸟铳枢要，讨准全在此"④。射击时以目对后照门，以后照门对前照星，以前照星对所击人与物，三相直而发，十有八九中。明代的主要兵书都论述了这一点，显示三点一线的原理在当时已经得到了较多的认识。王鸣鹤在《登坛必究》里提出了更加专业的分析，"若但见臬而不见管，则失之仰，但见管而不见臬，则失之俯，皆不能中也"。要求目光必须端直，

---

① 马建春：《明嘉靖、万历朝噜嘧铳的传入、制造及使用》，《回族研究》2007 年第 4 期。

② 茅元仪：《武备志》卷 114，载任继愈主编《中国科学技术典籍通汇·技术卷》五，河南教育出版社 1993 年影印本，第 1038 页。

③ 周维强：《明代战车研究》，博士学位论文，台湾"清华大学"，2008 年，第 53 页。

④ 郑诚整理：《明清稀见兵书四种》（上），湖南科学技术出版社 2018 年版，第 40 页。

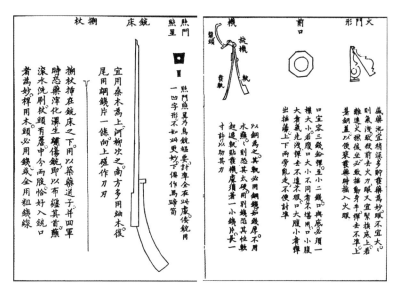

图 1.13　鸟铳结构

资料来源：赵士桢：《神器谱》，《玄览堂丛书》初辑，正中书局 1981 年影印本，第 18 册，第 205—207 页。

同时穿过照星和照门，不可仰视及俯视。照星为一窄长形铁条，在鸟铳的前端；照门为中开一圆孔的马蹄形铁片，在鸟铳的后端靠近火门处。瞄准时视线透过此圆孔，看到所要击打目标为马蹄形长条所遮挡时即为瞄准。

鸟铳另一个重要创设在于其发火装置，发机在铳床之外，发轨安于铳床之内，射击时拨动发机，带动机轨进行机械运动，使与机轨相连靠近火门处的衔有慢燃性火绳的机头进入火门进行点火。每当临阵时，只要扣动发机即可完成发射，而不再需要专门手持火把进行点火。后来经过改进，将发轨和发机都装在铳床之内，便于收拾。

赵士桢身为中书舍人，却注意研究军事及火器技术，先后制成各具特征的噜嘧铳、西洋铳、掣电铳、迅雷铳、三长铳、旋机翼虎铳、震叠铳等火绳枪十多种，以及火箭与鹰扬车、冲锋火车等战车十多种，并撰成《神器谱》《神器杂说》《神器谱或问》《防虏车铳议》等火器研制论著。他留心访求各种兵器，曾多次向抗倭名将戚继光、胡宗宪部下了解倭寇火器情况，并与抗倭作战中屡立战功的将领"朝夕讲求，频频研讨"[1]，认识到火器在战争中的作用。作为明代中后期重要的军事技术家之一，赵士桢自造的各种新式鸟铳受到后人很大的关注，尤其是西洋铳、掣电铳、迅雷铳三种。简要介绍如下。

　　西洋铳。"重四五斤，长六尺许，比倭铳和噜嘧铳轻便。龙头在铳床外，不易收拾。用药一钱，弹八分，发射力量小，可多射五六次而不热。"[2] 按照赵士桢的记述，此项技术主要来自向游击将军陈寅的访求。最主要的特点在于铳管受到的冲击和压力比较小，可比倭铳和噜嘧铳多放而不热，但是其威力较小，因此在后期使用不是很广泛。具体形制见图1.14。

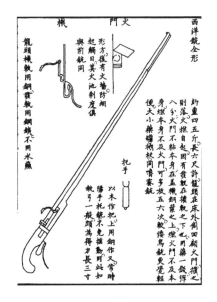

图 1.14　西洋铳全形

资料来源：赵士桢：《神器谱》，《玄览堂丛书》初辑，正中书局 1981 年影印本，第 18 册，第 205 页。

　　掣电铳。赵士桢参考西洋铳和佛郎机铳，造成掣电铳。"掣电铳长六

①　马建春：《明嘉靖、万历朝噜嘧铳的传入、制造及使用》，《回族研究》2007 年第 4 期。
②　郑诚整理：《明清稀见兵书四种》（上），湖南科学技术出版社 2018 年版，第 41 页。

尺许，重五斤，与西洋铳同。前用溜筒后著子铳五门，小铳火眼之下有机，床下面用铜片做桥以护之。放毕一铳，拨之即起。用药线不用火池。子铳长六寸，重十两，装药二钱五分，弹二钱"[1]。比明代出现的同类型火器子母铳稍短稍轻，但是构造原理基本相同。由此观之，这种有子铳构造的掣电铳与子母铳是同一种鸟铳。具体形制见图 1.15。

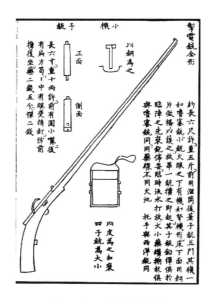

图 1.15　掣电铳全形

资料来源：赵士桢：《神器谱》，《玄览堂丛书》初辑，正中书局 1981 年影印本，第 18 册，第 207 页。

迅雷铳。赵士桢损益鸟铳和三眼铳，造为迅雷铳。"有筒五门，各长二尺，总重十余斤，筒上俱有照门照星。中有一木杆，五筒围此木杆绕成一圈，木杆中带有发机，发射方式同鸟铳，五筒轮流绕转进行瞄准发射。"[2] 附带配件有一斧子，发射时将斧子倒放于地上，迅雷铳架于其上获得支点。具体形制见图 1.16。迅雷铳是一种复杂的多管鸟铳，但是在兵书上较少提及，现实中也没有发现与之对应的实物，说明其普及性并

　① 郑诚整理：《明清稀见兵书四种》（上），湖南科学技术出版社 2018 年版，第 43 页。

　② 郑诚整理：《明清稀见兵书四种》（上），湖南科学技术出版社 2018 年版，第 45 页。

不高。究其原因可能有两点：一是铳管较短，只有二尺，射击的有效距离远远不及五六尺长的鸟铳；二是五筒轮转进行射击比较困难，而且火绳必须与铳管上的信线对准才能发射，在仓促的实战中难以完成。由此影响了它的普及率，后世所用的依然是作为主流的单管鸟铳。

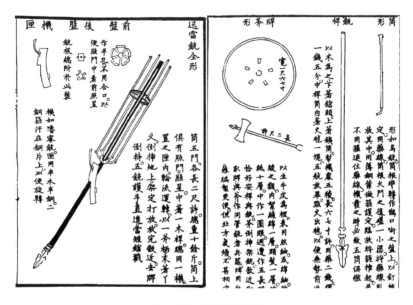

图 1.16　迅雷铳全形

资料来源：赵士桢：《神器谱》，《玄览堂丛书》初辑，正中书局 1981 年影印本，第 18 册，第 209—210 页。

明朝的鸟铳至少有西洋铳（葡萄牙）、倭铳、噜嘧铳三种来源，涌现出了诸如戚继光、赵士桢、徐光启等一批与鸟铳有关的军事技术家。但是，终明一代，鸟铳是一种非常重要而又没有得到充分应用与开发的火器，其技术水平到了明朝后期依然没有实质性的改进。而且，就连嘉靖时期传入的传统鸟铳的制作、使用方法到了明朝后期都没有得到推广和普及，徐光启在奏章中陈述，要找到熟练的制作者和教习者都很难。与大型铳炮的发展相比较，鸟铳在明朝并没有受到应有的重视。而在日本，自从火绳枪被引进以后，就产生了强大的冲击力，在战争中得到广泛应用。日本对火绳枪这样的单兵作战火器的重视程度胜过对中型和大型火器的重视，在万历年间侵略朝鲜的战争中，火绳枪发挥了极强的作战能力，日本大获全胜，直到明朝军队介入，才抵制住了日本的进攻，扭转了战局。

对于鸟铳这种新出现的火器，从明朝将领到士兵都有一种不愿习学的倦怠态度。从戚继光练兵的实践中便可以看出，士兵宁愿将其当作没有瞄准器和发机的传统火铳而使用，尽弃鸟铳的机巧便利。但在同时期的西方，却出现了比较专业化的火绳枪兵，而且比较早地开始用科学的量化标准规定鸟铳铳管和口径的比例，以及铅弹和发药的比例，并应用物理知识得出了鸟铳在平放和仰放时的不同射程。而明代的鸟铳技术却走上了一条不断衰落的道路，虽然有明末毕懋康发明的自生火铳，但是没有能够像西方那样走上燧发枪等先进单兵火器技术的发展道路。从具有西方知识背景的《火攻挈要》所述及的鸟铳知识与明代兵书的比较中已经可以看出，明代鸟铳技术的停滞及其与西方的差距。

二　佛郎机铳的传入

佛郎机铳是 16 世纪一种在西方非常流行的后膛装火器，主要通过葡萄牙与明朝军队的冲突传入中国，见图 1.17。因为葡萄牙军舰上使用的后膛装火器威力巨大，受到明朝政府边防官员的重视，用其国名称呼这种火器，名为"佛郎机"。明人严从简在《殊域周咨录》中对佛郎机铳的威力及其流传经过做了如下记述：

> 其铳管用铜铸造，大者一千余斤，中者五百余斤，小者一百五十斤。每铳一管，用提铳四把，大小量铳管，以铁为之。铳弹内用铁，外用铅，大者八斤。其铳一举放，远可去百余丈，木石犯之皆碎。有东莞县白沙巡检何儒，前因委抽分，曾到佛郎机船，见有中国人杨三、戴明等，年久住在彼国，备知造船、铸铳及制火药之法。鋐令何儒密遣人到彼，以卖酒米为由，潜与杨三等通话，谕令向化，重加赏赉。彼遂乐从，约定其夜，何儒密驾小船，接引到岸，研审是实，遂令如式制造。鋐举兵驱逐，亦用此铳取捷，夺获伊铳，大小二十余管。嘉靖二年，鋐后为冢宰，奏称："佛郎机凶狠无状，唯恃此铳此

船耳。铳之猛烈,自古兵器未有出其右者,用之御虏守城,最为便利,请颁其式于各边,制造御虏。"上从之,至今边上颇赖其用。①

图 1.17 佛郎机铳

资料来源:中国人民革命军事博物馆网站,http://www.jb.mil.cn/gcww/wwjs_new/gjdww/201707/t20170704_32760.html,2022 年 5 月 23 日。

佛郎机铳传入中国后,中国人进行了大规模的仿造,使其逐渐成为一种使用频率极高的本土化主流火器,《明会典》载:

> 大样、中样、小样佛郎机铜铳。大样,嘉靖二年造三十二副,发各边试用。管用铜铸,长二尺八寸五分,重三百余斤。每把另用短提铳四把,轮流实药腹内,更迭发之。中样,嘉靖二十二年将手把铳、碗口铜铳改造,每年一百五十副。小样,嘉靖七年造四千副,发各营、城、堡备敌,重减大铳三分之一。八年,又造三百副。二十三年,造马上使用小佛郎机一千副。四十三年,又造一百副。嘉靖四十年,造佛郎机铁铳。②

佛郎机铳最初进入明朝视线是在海船上的应用,在舱内暗放,使敌船不敢靠近,成为一种制敌利器。因此,明朝最初对佛郎机铳和其载体蜈蚣船同时进行了仿造,认为只有装备在蜈蚣船上才能发挥出佛

---

① 严从简:《殊域周咨录》,中华书局 1993 年标点本,第 321—322 页。
② 万历《大明会典》卷 193,中华书局 1989 年标点本,第 976 页。

郎机铳的威力。后经过明朝兵仗局的大量仿造和发边使用后，佛郎机铳技术深入了中国的边防重镇。随着佛郎机铳技术的拓展，更是将火器推广到了战车和战舰上，形成取代冷兵器的趋势，造成了前所未有的军事大变革。

　　佛郎机铳胜过中国传统火器之处在于其巨腹长颈，子铳轮流装发，而且前有照星后有照门，讨准精要全在于此。其优点主要有：射程远、射速快、散热快、弹药量恒定、准确度高。由于炮身又细又长，比起碗口铳那样的扩展型火器更易把火药产生的强大冲击力都聚集在一起，使射出的弹丸更远更有杀伤力。子铳若干，均为提前把发药和弹丸装放好的统一体，省去了临时装填之繁，而且保证了药量和弹量的恒定，经过子铳轮流装发避免了母铳管内温度升高过快而导致铳管损伤。《筹海图编》详解了其形制和功能，见图1.18。

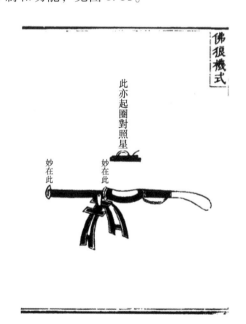

图 1.18　佛郎机图式

资料来源：郑若曾：《筹海图编》，中华书局 2007 年标点本，第 901 页。

　　每座约重二百斤，用提铳三个，每个约重三十斤。用铅子一个，每个约重十两。其机活动，可以低，可以昂，可以左，可以右，乃城上所用者，守营门之器也。其制出于西洋番国，嘉靖初年始得而传之。中国之人更运巧思，而变化之。扩而大之，以为发矿。发矿者，乃大佛郎机也。约而精之，以为铅锡铳。铅锡铳者，乃小佛郎机也。其制虽若不同，实由此以生生之耳。其石弹之大如升，力气小于发矿，而大于铅锡铳。若遇关隘，人守坚不可过者，以此攻之，借势而渡。①

对于佛郎机铳传入中国的路径，学者周维强细究的朱宸濠之叛这一条线索较少为学术界关注。宁王朱宸濠在正德十二年（1517）便开始私自制造兵器为反叛之用，其中便有佛郎机铳。而且，在此事件发生的过程中，正德十四年（1519）致仕尚书林俊派家仆携带佛郎机铳赠予王守仁助其镇压朱宸濠之叛。② 这些都说明，佛郎机铳的传入，是通过多条途径和多种方式而实现的，民间与官方皆有接触葡萄牙佛郎机铳的机会，这是一个逐渐走向成熟的过程。

三　火器技术专著的创作高峰

明代最主要的火器著作大部分诞生在明朝中期，这一时间节点与火器技术在明朝中期发展到了中国古代的高峰相对应，见表1.1。

表1.1 明朝中期主要火器著作一览

书名	作者	刊印年代	火器技术相关章节
筹海图编	郑若曾	嘉靖四十一年（1562）	卷十二，经略、兵器
练兵实纪	戚继光	隆庆五年（1571）	杂集卷五，军器解
神器谱	赵士桢	万历二十六年（1598）	卷一至五，原铳、说铳
纪效新书（十八卷本）	戚继光	嘉靖四十一年（1562）	卷十五，布城诸器图说
阵纪	何良臣	万历十七年（1589）	卷二，技用
武编	唐顺之	万历四十六年（1618）	卷五，火器

---

① 郑若曾：《筹海图编》，中华书局2007年标点本，第901—902页。

② 周维强：《佛郎机铳在中国》，社会科学文献出版社2013年版，第23—32页。

书名	作者	刊印年代	火器技术相关章节
登坛必究	王鸣鹤	万历二十七年（1599）	卷二十九，器图、火器
兵录	何汝宾	万历三十四年（1606）	卷十二，火攻

　　这些著作对中国传统火器的种类和形制做了详尽的介绍，并涉及了鸟铳和佛郎机铳的来历（日本、欧洲、土耳其三个来源）、优势（倍径技术、测准技术、强大的威力）、结构（前后准星等具体形制）等，包含了明朝中期的所有火器技术成果。尤其是戚继光的《纪效新书》和《练兵实纪》，是其接触的先进火器技术理论和实战中积累的火器技术经验的完美融合，具有较强的可操作性，其对于鸟铳的结构解析和各种型号的佛郎机铳的分类、仿制、改进，更是将这两种火器技术掌握到了极致。以至于后来的学者进行论述时，都会溯源到戚继光的相关分析。戚继光无论是在东南沿海抗倭，还是到北方练兵守边，都极为重视火器的研制和使用，认为"五兵之中，唯火最烈"，"守险全恃火器"，火器"可当虏聚冲"①，把火器看成作战制胜和守边御敌的重要法宝。为此，他创建了火器车营，较好较早地解决了火器使用问题。

　　分而言之，《筹海图编》记述了明军使用的海战武器装备，以及葡萄牙人制造的佛郎机；《兵录》介绍了当时对西方国家的野战炮、攻守城炮进行研究的成果，以及对各种火药配方和配制理论、技术进行分析解剖的研究成果；②《神器谱》是继《纪效新书》《练兵实纪》《筹海图编》等书之后，关于火绳枪制造与使用的理论水平更高、系统性更强的著作，记载了许多形制构造更新颖、用途更广泛的火绳枪。这些都反映了明代已把火器的制造与使用放在御敌保国的战略地位，从而在理论与实践结合的基础上，把明代中期单兵火器的研制和使用推进到了新的发展阶段。

---

　　①　戚继光：《戚少保奏议》，中华书局2001年版，第249页。
　　②　徐新照：《明代火器文献中的科技成就及其对军事的影响》，《军事历史研究》2000年第2期。

第三节　中国火器技术的飞跃

一　红夷大炮的传入

与鸟铳、佛郎机铳通过对外战争传入的路径不同，红夷大炮的传入则是明廷在面临东北边患时所采取的主动行为。明末徐光启、李之藻、孙元化等主导了三次赴澳购募西炮西兵。红夷大炮的传入，使明末火器技术的发展进入新阶段，超越了鸟铳和佛郎机铳所代表的明代中期火器发展水平，并逐渐将后者取代，见图1.19。

图1.19　红夷大炮

资料来源：成东、钟少异：《中国古代兵器图集》，解放军出版社1990年版，内封彩版31。

与佛郎机铳相比，红夷大炮具有如下优势。

第一，威力巨大。红夷大炮的炮身较长，通常有丈余，这使弹丸在铳身内获得较大的加速度。因此，无论是射程，还是击中目标所产生的威力，都是佛郎机铳和中国传统火器无法匹敌的。第二，采用前装式，封闭性好。采用后装式的佛郎机铳一直受困扰的一个问题便是在装放弹药时的封闭性问题，由于母铳和子铳规格的偏差，它们之间总会有缝隙，从而导致漏气，最终影响到铳身内部对于弹丸的推动力。前装式的红夷大炮不存在这个问题。第三，采用更精确的瞄准装置。佛郎机铳和中国传统火器仅有准星、照门等瞄准装置，红夷大炮则配置了铳规、铳矩，甚至是望远镜进行测准，其精确度大大提升。

《天工开物》载："红夷炮，铸铁为之，身长丈许，用以守城。中藏铁弹并火药数斗，飞激二里，膺其锋者为齑粉。凡炮熟引内灼时，先往后坐千钧力，其位须墙抵住，墙崩者其常。"① 红夷大炮传入之后，便迅即成为明末火器技术发展的主流和标志，并最终成为决定明清（后金）之间战争走向的重要因素之一。明末清初火器技术史的主要内容便是围绕红夷大炮的传播、仿制、实战为中心展开的。

二　新式火器技术著作的涌现

传教士在传播科学知识的同时，也将西方火器技术知识传入了中国，明末天主教徒便成为这些知识的首批传承者。受传教士携来知识的影响，孙元化结合自己的实战经验写出了《西法神机》，韩霖根据自己所学的炮学和筑城术写出了《守圉全书》，焦勖则是按照汤若望的口述写出了《火攻挈要》。这三本著作是明末新式火器技术著作的代表，与之前的传统火器技术著作有着根本的不同，对于火器的界定有了数理标准，全面反映了同时期西方火器技术的发展情况。

这些著作的写作过程，都有西方传教士的影响在里面，是西方火器技术传华的理论成果的表现。《西法神机》写成于崇祯五年（1632），是一部介绍西方 16 世纪火器制造和使用方法的重要专著，全书约三万字，分上、下两卷。《守圉全书》写成于崇祯十年（1637），是新式火器著作中对西方铳台技术介绍和分析最为详尽、有力者，内含大量中外火器技术交流史料，非常珍贵。由于此书刊印后，明朝便趋于灭亡，在清朝被列为禁书，因此流传非常狭窄，其应有的价值和地位还没有得到学术界

---

① 宋应星：《天工开物》，上海古籍出版社 2008 年标点本，第 282 页。

的充分认识和研究，目前仅有黄一农、汤开建、郑诚对之有过较为详尽的研究。《火攻挈要》写成于崇祯十六年（1643），由传教士汤若望口述而成，论述了战、攻、守各铳的制造和尺量比例，铳台、铳车及铳弹、火药的制造等，价值与《西法神机》相当，[①] 二者得到的关注和研究都较为充分。《火攻挈要》分上、中、下三卷，附图40幅。

此外，还有《兵录》一书，内含一部分西方火器技术的内容，其作者不是天主教徒，写作过程也与传教士联系较少，为辑录性质。《兵录》共14卷，25万字，附图484幅。其资料来源，一半辑自《武经总要》，一半采自明代新材料。其中的"西洋火攻图说"集中介绍了西方火器技术，含有大量西方火器图，文字内容与《西法神机》《火攻挈要》相同，辑自二书。

---

① 尹晓冬：《16—17世纪西方火器技术向中国的转移》，山东教育出版社2014年版，第3页。

第二章 16—17 世纪中国火器技术知识谱系及其进路

16—17 世纪是西方崛起进而在全球范围扩展影响的时期，也是中西知识碰撞、交流的重要时期。以往研究认为，此一时期中国火器知识体系的形成是由简至繁、由表及里的欧化过程。但实际上，这一进路并不是以往研究认为的简单的直线式的发展过程，而是充满了起伏波折，呈现出波浪式前进的态势。此类知识于 16—17 世纪经过战争的试炼、推进和传播，在这其中，军事将领和技术专家、军事百科全书、耶稣会士东来引起的西学东渐等因素均起了重要作用，实现了从以经验为主导转向以数理科学为主导的发展路径，最终完成了从以鸟铳和佛郎机铳为中心的知识体系向以红夷大炮为中心的知识体系变迁。

明代是中国开始进入热兵器的时代，也是中国古代火器技术发展的高峰，涌现出一大批火器技术著作，将此时期的火器知识要素以文本化的形态固化下来。这套火器知识谱系的组成部分，有经过战争的试炼形成的知识，有经过访求军事将领结合自己钻研形成的知识，有军事百科全书总结和重塑的知识，也有经西学东渐而来的知识，在火器理论和实践上均有力地提升了明朝的火器知识水平。其中对中国火器知识水平影响最为深远的则是鸟铳、佛郎机铳、红夷大炮的传入和发展所造成的冲击，它们重塑了中国火器知识谱系的内容及其进路，明代中后期出现的众多火器著作皆以此为核心内容。

既有研究从耶稣会士、西学东渐、明清战争等多个方面对西方火器

知识的传入过程做了较好的论述,① 对知识的认定过程和本土传播过程
也有较为细致的研究,② 皆以具体器物为中心进行了知识演进脉络的考
察。若以知识史涉入科技史的视角研究和审视既有问题,对在传统基础
上形成新的知识体系的过程的叙述还有走向更加细化的努力空间,其内
在的和外在的复杂联系以及知识与权力的关系应得到充分的关注。本章
拟对这一谱系的凝练和展开过程进行剖析,从多个历史剖面分析 16—17
世纪中国火器知识体系的演进过程。

第一节   战争与西方火器技术的传入

战争是火器知识交流最重要的途径之一,16—17 世纪的中葡战争、
抗倭战争,使佛郎机铳和鸟铳这两种先进火器传入中国,对中国传统的
火器知识体系造成了持久且深入的冲击,革新和重塑了明朝的火器观念。
佛郎机铳和鸟铳被认定为比中国传统火器更有威力、更加有效。西方火
器知识在战争中的传播最初均发生在东南沿海地区,伴随着明朝北部边
防的现实需求和南将北调,这一火器知识体系出现了由南向北流动的趋
势,最终对国家安全和军备产生持续影响。

一   中葡接触与明朝前线官吏对西式火器的初步认识

葡萄牙是西方世界扩张以来第一个与明朝发生冲突和联系的国家,
其带来的佛郎机铳深刻地影响了明代火器技术的发展,成为红夷大炮引
进前在明军火器装备中占据主流地位的火器。1510 年,葡萄牙人攻占了
印度的果阿,接着在 1511 年攻占了马六甲(明代称为满剌加),将触角
从印度洋伸向太平洋,开始与中国、日本发生联系。最初,葡萄牙试图

---

① 参见黄一农《两头蛇:明末清初的第一代天主教徒》(上海古籍出版社 2006 年版),尹
晓冬《16—17 世纪西方火器技术向中国的转移》(山东教育出版社 2014 年版),郑诚《守圉增
壮——明末西洋筑城术之引进》(《自然科学史研究》2011 年第 2 期)。
② 参见周维强《佛郎机铳在中国》(社会科学文献出版社 2013 年版),刘鸿亮《明清时期
红夷大炮的兴衰与两朝西洋火器发展比较》(《社会科学》2005 年第 12 期),郑诚《发熕考——
16 世纪传华的欧式前装火炮及其演变》(《自然科学史研究》2013 年第 4 期)。

通过各种方法获得明廷的认可，准许其进行贸易。这一努力伴随着正德十六年（1521）明武宗驾崩时的遗旨"佛郎机供使给赏还国"而结束，明廷对葡萄牙的态度从模糊变为清晰，并勒令来华葡人离境，但是葡萄牙舰船拒绝离开。中葡之间在正德十六年于屯门和嘉靖元年（1522）于西草湾发生正面冲突，① 在这两次战争中，葡萄牙人的舰载佛郎机铳发挥了突出的作用，给数量上占据优势的明军造成了较大损伤，明军不得不以纵火船只冲击、潜水凿沉舰船等方式损毁对方的战斗力。通过战争，佛郎机铳这种先进的火器被汪鋐等军事将领和官员留意并接触，随后很快便开始了明朝官方主导的仿制过程，对明代火器技术的影响广泛而深远。

两次中葡海战之前，对于佛郎机铳威力的直观认识，顾应祥在《静虚斋惜阴录》中有记载：

> 正德间②，予为广东按察司佥事。蓦有番舶三只至省城下，放铳三个，城中尽惊……铳有管长四五尺，其腹稍大，开一面以小铳装铁弹子，放入铳腹内，药发则子从管中出，甚迅。每一大铳用小铳四五个，以便轮放。其船内两旁各置大铳四五个，在舱内暗放，敌船不敢近，故得横行海上。③

这描述的是正德十二年（1517），葡萄牙使者费尔南·佩雷斯率领的舰队在广州停靠，等待明廷对其朝贡请求的答复时，鸣礼炮致意的情景。但是，因为文化的差异，这种行为引起了明朝士人的恐慌和不满，认为其具有攻击性。顾应祥还提到了彼时备倭卢都司赠送的佛郎机铳的

---

① 西草湾之战发生在嘉靖元年（1522），但是《明史》和地方志中记为嘉靖二年（1523）。戴裔煊在《明史·佛郎机笺正》中指出，嘉靖二年是指明世宗下令就地诛戮俘虏之年，而不是战争开始的时间。《明实录》在嘉靖二年条下先交代了之前的西草湾之战，然后提到了明世宗处理俘虏的决定。《明史》略去了后一段文字，变成战事发生在嘉靖二年，编史者不知，致发生错误。

② 《筹海图编》中记为正德十二年（1517）。

③ 顾应祥：《静虚斋惜阴录》卷12，《续修四库全书》第1122册，上海古籍出版社2002年影印本，第511页。

形制，其外用木裹，以铁箍三四道束之，以防止发射弹丸时铳管炸裂。在校场试验得出其最大射程为二百步，有效射程为一百步。而且，还抄录了与此搭配的火药方，与中国不同。顾应祥认为佛郎机铳最适宜用于船上进行水战，用于城守也可，但用于野战则效果不佳。

在中葡屯门海战的前一年，即正德十五年（1520），东莞县白沙巡检司巡检何儒，因为抽分曾到葡萄牙船上见到了在葡工作多年且懂得造船、铸炮、制火药之法的杨三和戴明，遂派人以上船卖酒米的名义对其策反。汪鋐使用他们仿制的佛郎机铳对抗葡萄牙，在次年的屯门之战中取得胜利，并俘获其大小佛郎机铳二十余管。嘉靖元年（1522），葡萄牙人以五艘战舰进攻广东新会之西草湾，指挥柯荣、百户王应恩出战，擒获别都卢等四十三人，斩首三十五人，俘获战船两艘。在余敌纠集另外三艘战船再次进攻时，王应恩阵亡，随后被官军击败，并再次俘获佛郎机铳，海道副使汪鋐进于朝①。当时任广东按察司副使的汪鋐对佛郎机铳有描述："其铳管用铜制造，大者一千余斤，中者五百斤，小者一百五十斤。每铳一管用提铳四把，以铁为之。铳弹内用铁外用铅，大者八斤。其铳举放远可去百余丈，木石犯之皆碎。"②

经过顾应祥对佛郎机铳的接触，何儒对佛郎机铳技术人员的策反，以及汪鋐领导的两次战争对佛郎机铳的俘获，明朝军事将领对佛郎机铳的认识和理解更加成熟，进而对其在御敌和守城中的作用进行了设想，提出御敌可以在平原旷野之上使用三百门或五百门一百五十斤规格的佛郎机铳，守城可以用五百斤规格的佛郎机铳。③ 他们不仅推动佛郎机铳这一军事武器在明朝的仿制和普及，而且成为对这一技术进行理论化归纳和解读的重要传播者。其对佛郎机铳的引进与仿制是中葡在东南沿海接触过程中最重要最突出的技术结晶和成果。

二 抗倭战争中对鸟铳技术的吸收

自嘉靖以来，倭患逐渐成为明朝所要应对的一个重要问题。在与倭

---

① 胡林翼：《读史兵略续编》卷9，清光绪二十六年排印本。
② 黄训：《名臣经济录》卷43，明嘉靖三十年刻本。
③ 黄训：《名臣经济录》卷43，明嘉靖三十年刻本。

寇作战的过程中，明朝军事将领朱纨、卢镗、胡宗宪、谭纶、俞大猷、戚继光等积累了大量的实战经验，亦提升了明代火器技术的水平。而其中最重要的便是鸟铳这一先进火器技术的传入，鸟铳的来源较为多元，有葡萄牙、日本、土耳其等，而以日本为主。《筹海图编》载："鸟铳之制，自西番流入中国，其来远矣。然造者多未尽其妙，嘉靖二十七年（1548），都御史朱公纨，遣都指挥卢镗破双屿港贼巢，获番酋善铳者，命义士马宪制器，李槐制药，因得其传，而造作比西番尤为精绝云。"① 这是关于鸟铳技术传入较早的一次记载，双屿为葡萄牙海盗和倭寇混杂的地方，其中的"番酋"最可能的指向是倭人。

　　在抗倭战争中，胡宗宪、卢镗等军事将领获取鸟铳技术的事例屡见记载，可以看出，鸟铳技术的传入和改进是一个多时间节点、多角度的发展过程，各种记载所呈现的只是这一过程中的不同剖面。《全浙兵制》载：嘉靖三十五年（1556）八月，"总督胡侍郎宗宪捣沈家庄，贼巢平之，徐海就戮。总兵卢镗擒贼酋辛五郎等，五郎善造鸟铳，今之鸟铳自伊始传"②。收于嘉靖《定海县志》的《都督卢公生祠》将其"初传鸟铳以为中国长技"和"创设乍浦兵船以为浙西之雄镇"这两大贡献称为"万世不朽之功"③，可见卢镗在传播鸟铳技术中的重要作用和地位。嘉靖三十六（1557）十一月，被明军围困于岑港的王直离船面见胡宗宪，胡宗宪命其造鸟铳以立功，中国始习此技。④ 据《明会典》记载，在接下来的嘉靖三十七年（1558），造鸟嘴铳一万把。⑤ 其中，恐怕有很大一部分是胡宗宪在将之前破倭所获和后来王直献上的鸟铳技术呈报朝廷后，进而按式成造的重要成果。

　　经过战争试炼，明军在鸟铳制造和使用方面有了实质性的进步，在多次实战中皆有记载。嘉靖三十七年四月，倭寇自福清进攻兴化府，广兵及鸟铳手殒其乘马衣红贼首一人、从贼四十余人，各兵出城追之，贼

---

　　① 郑若曾：《筹海图编》，中华书局 2007 年标点本，第 909—910 页。

　　② 侯继高：《全浙兵制》，《四库全书存目丛书》子部第 31 册，齐鲁书社 1995 年影印本，第 122 页。

　　③ 嘉靖《定海县志》卷9，明嘉靖四十二年刻本。

　　④ 戚祚国：《戚少保年谱耆编》，中华书局 2003 年标点本，第 20 页。

　　⑤ 万历《大明会典》卷 193，中华书局 1989 年标点本，第 976 页。

遂败走。① 嘉靖三十八年（1559），在胡宗宪组织的抗击来犯福建倭寇的战争中，鸟铳弹死贼百余名。② 在嘉靖四十五年（1566）的宁台温之捷中，明军先用鸟铳与贼对射，贼溃败，伤甚，死鸟铳者六十余人。③ 从万历三十年的《两浙海防类考续编》中，我们可以看出当时浙江沿海的鸟铳配置已经非常丰富，见表 2.1：

表 2.1　　　　　　　　　明万历年间浙江海防中的鸟铳配置

军营	鸟铳数量
东、西大营中军	东大营左右中前后五营每营额设 90 门，西大营左右中前后五营每营额设 90 门
南、北二关水哨	北关水哨兵船 136 门，南关水哨兵船 96 门
嘉兴区	标营额设 60 门，协守哨额设 112 门，陆兵前后左中四营每营额设 36 门，右营额设 45 门，中游水哨各船额设 45 门，水关、羊许、守关三哨各船额设 344 门
绍兴区	临山前营额设 90 门，临山中营额设 90 门，左营额设 90 门，临关总水哨各船额设 224 门
宁波区	海兵道标下陆营额设 150 门，水哨唬船额设 80 门；总兵标下定海陆营额设 480 门，守军左右游哨各船额设 634 门，游洋哨各船额设 24 门；参将标下舟山陆营额设 90 门，正兵左右游哨各船额设 442 门，定海总哨各船额设 706 门，昌国总哨各船额设 760 门
台州区	陆营额设 324 门，松海总两关游各船额设 773 门
温州区	中军团操营额设 90 门，左右中前后并珠蒲七营每营额设 90 门，随征标营在陆四哨额设 72 门，金盘总水哨各船额设 90 门
衢州防矿区	左右二营额设 72 门，奉文暂设西凯二哨 36 门

资料来源：范涞：《两浙海防类考续编》卷 6，台湾学生书局 1987 年影印本，第 771—810 页。

而且，明人对不同来源的鸟铳（西洋铳、倭铳、噜嘧铳）之间的对比和差异也有了清晰的认识："西域噜嘧铳因其筒长固远，药多故狠，机简故便。水西洋诸国铳，其筒长故远于倭鸟铳，然因欲其体轻以便挺

---

①　郑若曾：《筹海图编》，中华书局 2007 年标点本，第 271 页。
②　胡桂奇：《胡公行实》，《四库全书存目丛书》史部第 83 册，齐鲁书社 1996 年影印本，第 472 页。
③　郑若曾：《筹海图编》，中华书局 2007 年标点本，第 631 页。

手立放，著药甚少，药少故不及噜嘧之狠。倭鸟铳远狠不如噜嘧，轻便不如水西洋，只缘时常服习，艺高胆大，所以称能事耳。"[1] 鸟铳技术逐步成为明代火器技术知识谱系的重要组成部分。

三 新式火器知识由南向北的传播

佛郎机铳、鸟铳在东南沿海的传播，推动了中国火器技术的发展，最开始接触这些先进技术的前沿军事将领敏锐地意识到其重要性，将其向北推广，以使其在巩固明朝北部边防的战事中发挥重要作用。嘉靖八年（1529），汪鋐在《奏陈愚见以弭边患事》中对佛郎机铳在北部边防的具体战法和布置之策进行了详尽的论述，并对其应用前景进行了乐观的预判：

> 铳之猛烈自古兵器无出其右者。用之御虏，用之守城，最为便利。如北虏之来，平原旷野与之对敌，则用铜铳一百五十斤，载以手车，一出须用三百铳。虏势重大，则增至五百铳。布列前阵，寇至齐举，瞬息之间一铳可发数弹，其声震天。马必惊溃，触之者死，不触者奔……其要害之地，险隘之处，则筑为城堡，用铜铳五百斤者布列城上。寇至举之，彼决不可度……依臣所言，用之御虏，用之守城，无往不济。[2]

汪鋐的建议得到了明廷的认同，佛郎机铳这种先进火器通过明朝官方推行的大规模仿制而扩展开来，成为北部边防倚重的利器。佛郎机铳的结构和功能以及威力、战法逐渐为明军熟知，结合战车、墩台使用，实现其本土化过程。

抗倭名将谭纶在出任蓟辽总督后，也提出"南方火攻之具实中国长技"的看法。其于隆庆二年（1568）四月上疏，"今中国长技为敌所甚畏者无如火器，而火器之利则又莫有过于鸟嘴铳者。臣莅镇之初，即驰

---

① 何汝宾：《兵录》卷13，载任继愈主编《中国科学技术典籍通汇·技术卷》五，河南教育出版社1994年影印本，第736页。

② 黄训：《名臣经济录》卷43，明嘉靖三十年刻本。

入教场点视军器，见各军所持火器虽多，率自名为快枪，其长仅仅一尺。又制造弗精，点放无法。其所谓鸟铳手，每一营三千人中仅得一十八人，又皆浙产。细究其故，咸谓北人不能习此。寻于武库，搜得敝坏不堪鸟铳数十百架，盖皆前此当事者强人习学不成，不但伤损其铳，又因逼退其军，遂弃之不讲。以甚利之器置之无用之地，真可惜哉"①，力陈北部边防的积弊，提出了将南方有抗倭经验的兵士调往北方起示范作用，推广使用鸟铳，提高北部边防军队的战斗能力的一系列对策。

但是，鸟铳最初的仿制和推广效果不佳，唐顺之在《条陈蓟镇练兵事宜疏》中指出："往年京师亦尝造数百管，而炼铸既苦恶，而又无能用之者，是以遂为虚器。"② 唐顺之建议朝廷让东南军门取数十管精良鸟铳，并善放鸟铳者一起赴京师演练，供大臣们审阅。这也佐证了鸟铳的制作技术和使用熟练程度在南方和北方之间存在巨大差距。

随着谭纶、戚继光、俞大猷等熟知佛郎机铳、鸟铳这两种先进火器技术的抗倭将领由南方调到北方，以车营的创设为中心的军事变革由此展开。谭纶在蓟镇战车布防计划中，提出以 30000 名兵配合 700 辆战车组成防卫军，战车和佛郎机铳的经费占了总额的 60%，这些改革成果在隆庆二年的秋防中取得了实效。③ 此外，戚继光在蓟镇的改革于隆庆六年的大阅合练中得到展现；俞大猷对京营的营制进行了重组，成绩斐然，这些进步均以佛郎机铳和鸟铳为中心。

第二节　明代中期以鸟铳和佛郎机铳为中心的火器知识谱系的形成

在对外作战的过程中，前线军事将领作为火器技术的接触者，对其有着最直接最真切的感触。庞尚鹏在《军政事宜》中指出，"军中最利

---

① 谭纶：《谭襄敏奏议》卷5，明万历二十八年刻本。
② 陈子龙等：《明经世文编》卷259，中华书局1962年影印本，第2741页。
③ 周维强：《明代战车研究》，故宫出版社2019年版，第246—251页。

无逾火器，火器之利又莫逾于鸟嘴铳、佛郎机者"①，这是明代中期时人的普遍认识。从对新式火器技术的形制和性能的认识，深入到根据实战需要进行改进，终而形成理论化的著作，是火器技术从实践层面到理论层面的巨大提升和凝练。在此过程中，与军事将领有着密切接触的军事技术家则成为火器技术理论化的完成者，他们通过访求和钻研，写出了更有深度的火器技术著作，更加专业化地将火器技术记载下来，为日后所用。而一些综合类兵书则把这些原创性的和研究性的火器技术内容分门别类地汇编到一起，形成由冷兵器时代向热兵器时代转化过程中的一种独特的兵学文化，火器技术成为其论述的主流内容，这也是明代兵学典籍有别于之前朝代的一个显著特点。

一　军事将领的话语权力

戚继光将其在抗倭和蓟镇练兵中的军事实践编辑为系列著作：《纪效新书》（十八卷）、《纪效新书》（十四卷）、《练兵实纪》。戚继光在这些著作中对制器、用器之法和战略战术进行了非常精细的论述，鸟铳、佛郎机铳的结构特征得到规范化的整理与介绍。戚继光更是以此为中心改进了传统火器，创设了新式火器。

鸟铳的优势被总结为"利能洞甲，射能命中"，戚继光对其原因进行了分析："透重铠之利在于腹长，腹长则火气不泄，而送出势远有力。射能命中在于出口直，出口直在于手托药之前，火药不能夺。"② 唐顺之则对鸟铳的点放之法进行了归纳，指出："其点放之法，一如弩牙发机。两手握管，手不动而药线已燃。其管背施雌雄二臬，以目对臬，以臬对所欲击之人。三相直而后发，拟人眉鼻，无不着者。捷于神枪而准于快枪，火技至此而极。"③

在腹长和点放之法这两种优势之外，他们还注意到了铳管内壁、弹药比例、火药制法这些影响鸟铳技术和威力的重要方面。《纪效新书》（十四卷）和《筹海图编》都指出，鸟铳造时炼铁要熟，两筒相包，用

---

①　庞尚鹏：《军政事宜》全1卷，明万历五年刻本。

②　戚继光：《纪效新书》（十四卷本），中华书局2001年标点本，第57页。

③　唐顺之：《荆川先生集》外集卷2，明万历元年刻本。

钢钻一个月钻光者为上。在此过程中，要尽量做到铳管粗细厚薄相同。
而且，戚继光总结出"每铳口以可容三钱铅子为准，下药亦三钱"①，以
避免子大而铳口小和子小而铳腹大的问题。与此搭配，戚继光给出了适
用于鸟铳的火药配比：硝一两，磺一钱四分，柳炭一钱八分，并将"手
心擎药二钱燃之而手心不热"② 作为可否入铳的重要标准。

对于佛郎机铳，戚继光将其分为五等，并对其弹药比进行了区分：
一号长九八尺，容铅子每丸一斤，用药一斤；二号长七六尺，容铅子每
丸十两，用药十一两；三号长五四尺，容铅子每丸五两，用药六两；四
号长三二尺，容铅子每丸三两，用药三两半；五号长一尺，容铅子每丸
三钱，用药五钱。③ 在用途方面，戚继光指出一、二、三号可用于舟城、
营垒，四号可用于行营，五号只可作为玩具。佛郎机铳的材质一般为铜、
铁这两种金属，但是谭纶却提到了一种木质佛郎机铳，并在战争实践中
获得了一定程度的推广：

> 臣在南方见有木佛郎机之法，因教武生舒明臣造而试之，其利
> 与铜佛郎机同，连发七八铳又不破坏，破坏亦不伤人。法用坚木为
> 体，长七尺，围一尺四寸，中空径寸。外束以铁箍六道，坏则止易
> 其木，而铁箍则长存……点放则人皆可能，轻便而运动复易。④

明朝前线军事将领对鸟铳、佛郎机铳这两种先进的新式火器进行了
细致且专业的分析，而且将这些新技术用在改造中国传统火器上，创设
出了利用二者优点的新式火器，如用于船上的无敌神飞炮和用于陆上的
无敌大将军炮，见图2.1。鉴于鸟铳、佛郎机一铳一子，威力不够猛烈，
传统的大、二、三将军制造不精，试放多炸破，而且取起直立装放不便，
这种将佛郎机的子母铳结构用在威力强大的旧式将军炮上的火器便成为
火器技术理论创新的实践成果。

---

① 戚继光：《纪效新书》（十四卷本），中华书局2001年标点本，第56页。
② 戚继光：《纪效新书》（十八卷本），中华书局2001年标点本，第250页。
③ 戚继光：《纪效新书》（十四卷本），中华书局2001年标点本，第277页。
④ 谭纶：《谭襄敏公奏议》卷5，明万历二十八年刻本。

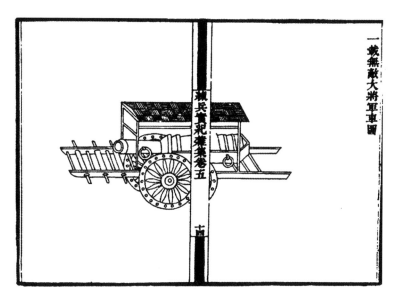

图 2.1　载无敌大将军车

资料来源：任继愈主编《中国科学技术典籍通汇·技术卷》五，河南教育出版社 1994 年影印本，第 503 页。

嘉靖年间总督宣府、大同、山西三镇边务的翁万达则在熟练掌握佛郎机铳技术的基础上，结合应对蒙古骑兵冲击的现实需求，研发出百出先锋炮这种利于士兵服习和使用的新式火器。百出先锋炮比戚继光分类的四号佛郎机铳缩减十分之六，但子铳则由五个增加到十个，可轮流装放而达到循环无间断的效果。一般的佛郎机铳在作战时，升降需要四人，临发持者一人，放者一人，共为六人发五炮（子铳）。改进后的百出先锋炮仅需要一人持之便可发射，不必局限于放在地上，马上也可使用，大大地增强了其机动性和便利性。①

二　军事技术家的话语权力

与前线军事将领有着密切联系，并对军事技术感兴趣的研究者在这

---

① 更详尽的研究参见冯震宇《论佛郎机在明代的本土化》，《自然辩证法通讯》2012 年第 3 期。

一时期火器技术的改进和理论化方面做出了重要贡献，其中首推赵士桢及其《神器谱》。赵士桢自幼生长于海滨，深受倭患之苦，在其成年后通过遍访胡宗宪、戚继光等抗倭将领的部属获取火器技术的情况，并在日后借机结识游击将军陈寅、噜嘧来华贡使朵思麻，接触到土耳其的火绳枪技术。他在耳濡目染和仿制过程中逐步掌握了当时最先进的火器技术，并以《神器谱》为载体将明代中期的火器技术理论体系推向高峰。

在《神器谱》中，赵士桢不仅比较了西洋、土耳其、日本等地区或国家的火绳枪的技术及威力差异，得出了噜嘧铳最狠最远的结论，而且还对鸟铳[①]、佛郎机铳、三眼铳等明军实战中使用最多的火器进行了技术嫁接和改良，创制出更加先进的新式火器，并进献朝廷。其技术贡献有三点：一是将鸟铳的铳管细长、射击精准、无点火之误和佛郎机的子铳更迭无装药之误、发射迅速的技术优势相结合，造出掣电铳；二是将鸟铳与三眼铳杂糅，增加鸟铳一次性发射弹丸的数量而造出迅雷铳；三是在噜嘧铳基础上改造而成合机铳，置阴阳二机，阳发火阴启门，对准之时即有大风不怕吹散门药，海上塞外自此鸟铳无有临时不发之患。[②]发火装置的改进，使得鸟铳的使用不再受到风雨天气的限制，作战的便利性和适宜性大大提高。

刊刻于万历二十八年（1600）的《利器解》，则是温编、温纯兄弟二人在面临北部边防危机，着意访求相关军事将领，并参考《神器谱》等火器技术专著而成的将明代中期主流火器图式化、理论化的重要成果。其中，对噜嘧铳、万胜佛郎机铳以及与迅雷铳功能相似的三捷神机和五雷神机等进行了解读，并对威远炮和大追风枪这两种威力较大的火器进行了介绍。而且，在《利器解》中，还包含了制炮、提硝、造火药方、铅弹等制作技术和放炮、对垒、布阵、教演等实战方法的介绍，显示其在军事技术理论与实践方面均获得了较为深入和成熟的认识。郭子章在此书序中指出，"今天下语战胜利械，必曰火器，大都不出佛郎机、鸟

---

① 西洋铳、倭铳、噜嘧铳是火绳枪在不同地区的不同类型，火绳枪在明清多称为"鸟铳""鸟枪"。

② 郑诚整理：《明清稀见兵书四种》（上），湖南科学技术出版社2018年版，第109页。

嘴铳二者，而神变化之。而以制夷，恐未可必胜，而以制虏则胜"[1]，显示了鸟铳和佛郎机铳在此时期火器技术中的重要地位，以及人们对其抗御北部威胁的期待。

三 综合性兵书对火器知识的塑造

以《登坛必究》和《武备志》为代表的综合性兵书，则对中国传统火器，以鸟铳和佛郎机铳为代表的外来火器，结合中外火器技术特点研制出的火器，火器的制作、操作、使用方法以及各种战法，均进行了详细的剖析，并将前线军事将领的实践成果吸纳其中，配有大量图式，以辑录和汇编的形式归纳和总结了从宋元时期到明代中后期的火器技术知识谱系。

王鸣鹤的《登坛必究》将"火器"条目单列，其宗旨为"延举诸器中所最利而最效者辑之成篇，并系图说以便观览"[2]，不仅罗列了当时的主流火器，而且介绍了与火器搭配使用的战车，如大神铳滚车、灭虏炮车、轻车等，其实战性非常明显。在汇集顾应祥、汪鋐、戚继光等人对佛郎机铳的论述时，给出了可用于马上的佛郎机图式，见图 2.2。这是佛郎机铳的功用在守城、海战等主要领域之外的拓展，也是佛郎机铳在中国本土化的重要成果，这一技术内容在综合性兵书中得到理论化总结，说明已是较为成熟的技术模式。此外，《登坛必究》还对攻城、守城、海战中火器的运用及其策略和时机进行了论述，是中国传统兵法从冷兵器时代转向热兵器时代的新式体现。

茅元仪的《武备志》"先言制具，次言用法，然后分类而图以示之"[3]，按照制火器法、用火器法、火器图说的编排方式对火器技术进行了汇辑，包含了将近 200 种中国传统火器和引进改造的火器。这是明代最为完备和庞杂的兵书，将形形色色的火器图文并茂地展示，与当时的

---

① 郑诚整理：《明清稀见兵书四种》（下），湖南科学技术出版社 2018 年版，第 591 页。
② 王鸣鹤：《登坛必究》，《中国兵书集成》第 20—24 册，解放军出版社 1990 年影印本，第 3906 页。
③ 茅元仪：《武备志》卷 119，《四库禁毁书丛刊》子部第 24 册，北京出版社 1997 年影印本，第 617 页。

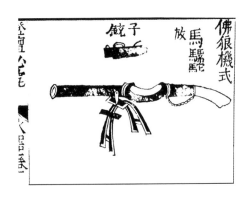

图 2.2 马上佛郎机铳图式

资料来源：王鸣鹤：《登坛必究》，《中国兵书集成》第 20—24 册，解放军出版社 1990 年影印本，第 3915 页。

"秘技不可示人"的思潮相比较为开放。但是，如此种类繁多的火器之中，"或有南北异宜，水陆殊用，或利昔而不利于今者，或更有摭拾太滥，无济实用者"①。最有战力的是鸟铳和佛郎机铳，以及在此基础上经过改进的火器，从《武备志》中我们主要可以看到三类火器技术演进的脉络。

一是传统火器。在传统火器中，最受重视的便是虎蹲炮，虽然威力不够大，但是它是发展最成熟、使用最广泛、实战效果最好的传统火器，在各种兵书和明人奏议中均有提及。二是鸟铳和佛郎机铳。在《武备志》中，综合了前线军事将领和专业军事技术家的认知，这两种外来的火器在中国快速本土化，并成为明代中期火器技术的主流，对于其结构、式样、功能、使用等各个方面，明人均有非常成熟的认识，它们代表着明代中期火器技术所达到的高度。三是以鸟铳和佛郎机铳为基础改进后的火器。或者通过结合鸟铳和佛郎机铳的优点，或者利用这两种火器技术对中国传统火器进行改造，产生了很多功能先进的创新型火器，如万胜佛郎机、五雷神机、三捷神机等。

从表 2.2 中我们可以看出前线军事将领、军事技术家、综合性兵书

---

① 郑诚整理：《明清之际西法军事技术文献选辑》，湖南科学技术出版社 2019 年版，第 367 页。

所包含的主要火器技术内容及其在明代中期火器技术理论化过程中所起的作用，以鸟铳和佛郎机铳为中心的明代中期火器技术知识体系由此形成。在理论和实战中，鸟铳和佛郎机铳都是明代中期最先进的、影响最大的、处于中心地位的火器技术。

表2.2　　以鸟铳、佛郎机铳为中心的明代火器技术著作

书名	作者	刊刻年代	主要火器技术内容
筹海图编	郑若曾	嘉靖四十一年（1562）	铜发熕、佛郎机铳、虎蹲炮、神飞炮、鸟铳、六合铳、一窝蜂
纪效新书（十八卷本）	戚继光	嘉靖四十一年（1562）	鸟铳、连子铳、佛郎机铳
练兵实纪	戚继光	隆庆五年（1571）	无敌大将军、佛郎机铳、虎蹲炮、鸟铳、快枪
纪效新书（十四卷本）	戚继光	万历十二年（1584）	鸟铳、虎蹲炮、子母铳、无敌神飞炮、六合铳、佛郎机铳、快枪
神器谱	赵士桢	万历二十六年（1598）	鸟铳
登坛必究	王鸣鹤	万历二十七年（1599）	大神铳、灭虏炮、佛郎机铳、鸟铳、连子铳、一窝蜂
武备志	茅元仪	天启元年（1621）	铜发熕、佛郎机铳、威远炮、百子连珠炮、虎蹲炮、迅雷炮、造化循环炮、六合炮、攻戎炮、叶公炮、鸟铳、子母百弹铳、拐子铳、翼虎铳、万胜佛郎机、大追风枪、神枪、五雷神机、三捷神机

第三节　红夷大炮与明末火器技术的跳跃式发展

明朝初期中国火器承接宋元传统的手铳、碗口铳、虎蹲炮、将军炮等，并初步出现火器技术著作。16 世纪鸟铳、佛郎机铳传入后引起火器技术的一系列变革，16 世纪末 17 世纪初开始红夷大炮传入。伴随着西

学东渐的浪潮，火器技术在器物层面和理论层面逐步走向欧化，一种有着技术标准、规范并结合了数理科学方法的新式火器技术开始在这一时期流行开来。

一 红夷大炮的引进

红夷大炮引进后明代火器技术发展到最高峰，显示明代火器技术知识谱系走向成熟和完备。红夷大炮的引入与耶稣会士东来、西学东渐、中西会通、明清战争等密切相关，是明清历史大变局中的重要印记，可为我们从技术史角度剖析明清鼎革提供重要视角。

在中西会通的历史背景下，耶稣会士因其对中国推行"知识传教"策略，使西方大量的近代科学知识和器物传播到了中国。而在西方科技的传播过程中，最受明廷关注的则是天文历法和火器技术。这一趋势由徐光启、李之藻等在朝中力推而得以加强，火器技术的传播不是耶稣会士的初衷和主业，但却成了明末统治者最为关注的问题。与鸟铳、佛郎机铳经由战争传入不同，红夷大炮是明廷在面临东北边患时主动引进的。在徐光启的大力倡导下，明廷先后三次向澳门葡萄牙当局购募西炮西兵，由此促进了西方火器技术在中国的传播。

万历四十七年（1619）萨尔浒之败后，举朝震惊，后金成为明朝实实在在而且严重的威胁。徐光启上疏力陈选兵、练兵、制器、造台等各项建议，受到朝廷赏识，被擢升为詹事府少卿兼河南道监察御史督练新军。李之藻则在天启元年（1621）四月上《制胜务须西铳疏》，提出引进西方火器以抗御后金威胁的建议：

> 火器者，中国之长技，所恃以得志于四夷者也。自奴倡乱，三年以来，倾我武库甲仗，辇载而东，以百万计。其最称猛烈，如神威、飞电、大将军等器，亦以万计，未闻用一器以击贼。夫西铳流传，正济今日之亟用。昔在万历年间，西洋陪臣利玛窦归化献琛。臣尝询以彼国武备。其铳大者，长一丈，围三四尺，口径三寸。二三十里之内，折巨木，透坚城，攻无不摧。风闻在奥夷商，遥荷天恩，一向皆有感激图报之念。但以朝廷之命临之，

俱可招徕无辑而用也。①

此议得到了徐光启的应和，其在天启元年上《谨申一得以保万全疏》，再次提出引进西方火器的重要性：

> 火攻之法无它，以大胜小，以多胜寡，以精胜粗，以有捍卫胜无捍卫而已。连次丧失中外大小火铳，悉为奴有，我之长技，与贼共之，而多寡之数且不若彼远矣。今欲以大、精胜之，莫如光禄少卿李之藻所陈，与臣昨年所取西洋大炮。若能多造大铳，如法建台，数里之内贼不敢近。②

由此，三次赴澳购募西炮西兵的活动启幕，此举成为明廷挽救危亡的重要历史事件，见表 2.3。徐光启的引进西炮行动贯穿万历、隆庆、天启、崇祯四个朝代，其一直在为明朝火器技术的发展呕心沥血，直到吴桥兵变后奋然而逝。由于明朝末期政治的恶化，徐光启的一腔报国热情并没有使其预期目标得以实现，但是他的努力在一定程度上对延缓明朝灭亡发挥了重要作用。

表 2.3　　　　　　　　明廷三次赴澳购募西炮西兵

次数	时间	内容	去向
第一次	泰昌元年（1620）—天启三年（1623）	红夷炮 4 门，炮手、通事、傔伴等 11 人	炮手被遣回，4 门炮在天启三年抵京
		红夷炮 26 门，炮手、通事、傔伴等 24 人	11 门炮转运宁远，在宁远大捷中发挥作用
第二次	崇祯元年（1628）—崇祯二年（1629）	红夷炮 10 门，炮手、炮匠等葡人 32 名。	守涿州，退清兵，后在涿州留 4 门，运到北京 6 门
第三次	崇祯三年（1630）—崇祯四年（1631）	招募炮手 300 多人，携带火器	仅允部分炮手前行，其余折返，后支援登州火器营

① 郑诚辑校：《李之藻集》，中华书局 2018 年版，第 25—26 页。
② 王重民辑校：《徐光启集》（上册），中华书局 2014 年标点本，第 175 页。

二 中国火器技术的改良

红夷大炮的引进，其影响远远超出器物层面，其对中国火器技术知识谱系的冲击是革命性的。由器物到理论、由模仿到创新、由经验积累到明理识算的转变，《西法神机》《火攻挈要》《守圉全书》等详细记载了西式火器技术，在弹道学、倍径技术、铳台技术等方面极大推进了中国火器技术的发展。以红夷大炮为中心的火器技术知识体系，经由三次购募西炮西兵的活动及来华耶稣会士与以徐光启、李之藻、孙元化等为代表的明朝官员之间的技术交流而日臻完善，使中国传统火器技术走上顶峰。

第一，对于火器弹道学的认识。欧洲的科学家们较早地将力学的研究投向军事领域，涌现出了塔尔塔利亚、伽利略等一批标志性人物，对火器弹道学形成了较为专业的认识。在明末西学东渐的浪潮中，这一理论成果经过耶稣会士和明朝士人的合作编译而传播开来，孙元化的《西法神机》和焦勖的《火攻挈要》便是这种新观念的反映。中国火器技术开始讲求精通度数之学、明理识算等科学要素，而不再是以前的经验为上。而且，中国火器技术典籍中开始提及铳规、铳尺等有助于火器瞄准和射击的用具的使用，以契合对火器弹道学的认识，这些都是前所未有的新知识。

孙元化在《西法神机》中将90°的铳规分为十二度（每度相当于现在的7.5°），对不同仰角的射程进行了对应的描述，并得出在六度（45°）射程最远，角度如果继续增大射程反而减小的结论："每高一度，则铳弹到处，较平放更远。推而至于六度，远步乃止。高七度，弹反短步矣。"[①]而且，孙元化还区分了"平放"和"仰放"的不同，其中的"平放"便是仰角为0度时的最小射程，"仰放"便是特指仰角为六度（45°）时的最大射程。

焦勖则在《火攻挈要》中介绍了不同类型的火器所使用的不同放法，如竖放、倒放、平放、仰放等：

> 竖放止有飞彪铳，十一度、十二度，攻城可用。倒放只宜守铳，一

---

① 郑诚整理：《明清之际西法军事技术文献选辑》，湖南科学技术出版社2019年版，第226页。

度至四度，守城时下击可用。平放之法，最宜用于战阵，百发百中，万无一失。仰放之法，止一度以至六度上下不等，大概宜于攻铳。①

在《火攻挈要》中，焦勖提出"各铳大小迥异，发弹远近有殊。用火攻者，务必预知约略，以便临敌之际，酌量长短，随宜施用"②，对三号大铳、二号大铳、头号大铳、战铳、攻铳、小狼机、大狼机、鸟枪的弹药用量、平放（0 度，即最小射程）和仰放（特指45°，即最大射程）射程进行了记载。而且，焦勖建议司铳士兵详记所司火器的各种参数，以备演习和实战，无论战守攻铳皆所必用。

第二，对于火器倍径技术的掌握。③ 西方火器制造技术胜过中国之处在于其重视数学比例关系的模数思想，即火器倍径技术，使造出来的火器大小形制标准统一，这与中国造出的火器有着质的区别。火器倍径技术以铳口直径为参照，其他部位如铳身、铳耳、铳车等均与铳口直径形成一定的比例关系，而且以铳耳为界，铳管前后也多形成比例关系，大多数是 6∶4 的比例，铳耳处于靠后的地方，以保证铳炮放在炮架上前后平衡。

《西法神机》和《火攻挈要》将火器分为战铳、攻铳、守铳三种类型，分别对其倍径技术进行了描述，构建了一系列比例关系。一般的战铳较为细长，其主要功能在于射远，利于野战。铳口空径为 3—4 寸（9.5—12.7 厘米），铳身（铳口到火门）为铳口空径的 33 倍。④ 一般的攻铳铳口空径为 5 寸—1 尺（15.9—31.8 厘米），守铳铳口空径为 3—5 寸（9.5—15.9 厘米），铳身为铳口空径的 17—18 倍。⑤ 以铳耳为界，战、攻、守三种火器的铳身前后比例一般都为 6∶4。

①　郑诚整理：《明清之际西法军事技术文献选辑》，湖南科学技术出版社 2019 年版，第 487 页。

②　郑诚整理：《明清之际西法军事技术文献选辑》，湖南科学技术出版社 2019 年版，第 501 页。

③　更详尽的研究参见冯震宇《明末西方传华火器倍径技术应用及其影响》，《山西大学学报》（哲学社会科学版）2012 年第 1 期。

④　郑诚整理：《明清之际西法军事技术文献选辑》，湖南科学技术出版社 2019 年版，第 131 页。

⑤　郑诚整理：《明清之际西法军事技术文献选辑》，湖南科学技术出版社 2019 年版，第 141 页。

而且，这种比例关系还拓展到了与火器配套使用的铳车上，《火攻挈要》的"制造铳车尺量比例诸法"指出："其尺量等法，亦以铳口空径为则。以大木为墙，墙厚一径，长如铳身加十分之二。墙头宽四径半，墙尾宽三径。"①《西法神机》的"造铳车说"指出："车面墙纵度，照铳身赢五径。如战铳身长三十三径者三十八径，长五十径者五十五径。车墙端衡度，照铳身火门外围，或四分用三，或五分用三，或五分用二。车墙末减，如墙端衡度折半而曲垂之。"②

第三，对于西式铳台技术的认识。在明末火器技术欧化的知识体系中，与火器配套使用的新式铳台技术是重要的一项内容。与中国传统马面敌台相比，西式铳台为三角形，可以减少射击死角，韩霖在《守圉全书》中评价"旧制马面台不合法，新制三角形合法"③。与西方耶稣会士多有接触，向其学习造炮、造台之法的韩霖，将西式铳台分为正敌台、匾敌台和独敌台三种类型。而且，韩霖提出将正方形或圆形的中国传统敌台和城堡改造为三角形，以发挥西式铳台的作用。

具有西学背景的何良焘对铳台和铳炮的关系有过论述，并且指出西式铳台在减少射击死角、形成全方位火力方面具有优势：

> 今人不知造台之法，多缘不知用铳之法。谓台高则铳越人而过，能杀人于远，不能杀人于近，能远射彼阵心，不能近顾我台脚。此为论铳病根，遂以台为废物。盖台有二，有卫城之台，有卫地之台。卫城之台，必在城四隅。特角相望，照准对击。敌攻我城，则我用左右两台救援。敌攻我左台，则我用右台救援。攻我右台，则我用左台救援。铳有远铳有近铳，一铳有近法有远法。知铳方可用台，乘台即可识铳，惟在讲明照对约度之法而已矣。④

---

① 郑诚整理：《明清之际西法军事技术文献选辑》，湖南科学技术出版社 2019 年版，第 425 页。

② 郑诚整理：《明清之际西法军事技术文献选辑》，湖南科学技术出版社 2019 年版，第 160—161 页。

③ 韩霖：《守圉全书》卷 2，《四库禁毁书丛刊补编》第 32 册，北京出版社 2005 年影印本，第 490 页。

④ 参见范景文辑录《战守全书》卷 10，《四库禁毁书丛刊》子部第 36 册，北京出版社 1997 年影印本，第 396 页。

　　孙元化是明末火器技术欧化的重要推动者，在西炮西兵的援助下曾奋战在抗击后金第一线，其对西方铳台技术有着理论和实践相结合的深入认识。面对中国传统马面敌台"敌至城下则铳不及"的劣势，他指出"宜出为锐角"，可以推敌于角外，使其处于铳击范围之内，从而达到"铳无不到，敌无得近"的效果。[①]"铳以强兵，台以强铳"的观念在孙元化及其西式火器部队中深入人心。孙元化还在实践中提出了"改马面台为小锐角台，城之四隅应为大锐角台"的看法，这与韩霖、何良焘的看法相同，西方铳台技术在明末的传播已然形成一种风尚。

　　明代中后期，由于战争的频仍、西学东渐的逐步扩大等诸多因素，记载火器的典籍的数量大幅度增长，见表 2.4。与明初期那种花哨而不实用的记载相比，明代中后期的有关火器的记载在科学性、实践性上都有提高。16—17 世纪，明代火器的发展在西方传来的先进器物——鸟铳、佛朗机铳、红夷大炮的基础上，在弹道学、倍径技术、铳台技术等方面均实现了跨越性的提升。中国火器知识体系的转型迈出了实质性的步伐。

表2.4　　　　　　　　明末以红夷大炮为中心的火器技术著作

书名	作者	刊刻年代	涉及西式火器技术内容
祝融佐理	何良焘	天启年间	倍径技术、弹道技术
兵录	何汝宾	崇祯五年（1632）	倍径技术、弹道技术
西法神机	孙元化	崇祯五年（1632）	倍径技术、弹道技术
守圉全书	韩霖	崇祯十年（1637）	铳台技术
战守全书	范景文	崇祯十一年（1638）	铳台技术
火攻挈要	汤若望	崇祯十六年（1643）	倍径技术、弹道技术

　　火器知识谱系的进路，因知识选择和认定的主体以及知识权力的大小而决定了其发展方向，鸟铳、佛朗机铳、红夷大炮被认为比中国传统火器先进，其被引进、仿制、改造、推广，进而实现了本土化。相对而

---

　　① 郑诚整理：《明清之际西法军事技术文献选辑》，湖南科学技术出版社 2019 年版，第181—182 页。

言，前线军事将领具有更大的话语权，因为他们同时参与了火器技术的实践过程和理论化过程，而且可以利用自身的政治地位影响明廷决策者，进而以官方的名义推广某种火器。军事技术家对火器知识有着更加专业和深入的认识，且研制出诸多先进火器，但是因其影响不够而阻碍了推广。同时，这也是火器知识体系的进步与不具备将先进理论知识实践推广的外部条件之间的矛盾。因此，16—17 世纪火器知识谱系的发展，并不是由简至繁、由表及里的线性发展。而军事百科全书的出现，则意味着新式火器知识在传统火器知识基础上得以改进，并重新分类，这本身就是火器知识体系的重新塑造。

明末，以红夷大炮为中心的西式火器技术的引进给中国传统火器技术造成革命性冲击和影响，中国火器知识谱系被重塑。由耶稣会士和明朝士人共同编译的西式火器著作将之固化下来，其所包含的融入了以明理识算、精通度数之学为特征的西方科学要素，从理论知识和实践操作等方面充实、提高、完善、扩展了中国火器知识谱系的内容。在这其中，弹道学的引进是这一时期火器知识水平提升和突破的代表，中国火器技术至此开始迈入近代科学轨道。与此同时，火器技术在倍径知识、铳台知识方面亦进一步提高，使明清鼎革之际的中国火器知识谱系在科学性、技术性、丰富性等方面达到了一个高峰。

第四节　中西方火器技术的比较

中国早在唐朝晚期的道家炼丹过程中就发明了火药，南宋时期开始使用竹火枪和铁火炮等初级火器，元朝在 13 世纪对欧洲进行军事远征，中国的火器很快便经由阿拉伯人在 14 世纪传入欧洲。传统火器技术发展到了明代，达到了古代中国的最高峰，巨者有大将军、二将军、三将军等攻守火器，小者有快枪、三眼铳等单兵作战火器，以戚继光为代表的军事家都在军中大力推广火器的使用，中国进入真正意义的火器时代。

明朝的火器制造量和种类都非常多，《大明会典》记载："弘治以前定例，军器、鞍辔二局三年一造：碗口铳三千个、手把铜铳三千把、信炮三千个。兵仗局造：大将军、二三将军、夺门将军、神枪、神铳、手把铜铳、碗口铳、一窝蜂、神机炮。弘治以后续增。"① 而且，这一时期也涌现出大量火器著作，有唐顺之的《武编》（1549）、戚继光的《纪效新书》（1556）和《练兵实纪》（1571）、郑若曾的《筹海图编》（1562）、赵士桢的《神器谱》（1597）、王鸣鹤的《登坛必究》（1599）、何汝宾的《兵录》（1606）等，以及明末火器技术的集大成之作——茅元仪的《武备志》（1621），这些显示出明代火器技术达到了较高水平。

西方火器技术的最初发展环境并不如中国，铳炮的制造和使用都受到了很多的限制。私营而分散的制造机构、高昂的运费、偏贵的硝价格，这些都是 14 世纪阻碍西方火器技术进展的因素。因为火药花费巨大，以及铳管炸裂频发的危险，导致当时的火器形制都比较小。最大者为665—737 磅（1 磅 = 453 克），一般者为 318—380 磅。14 世纪末 15 世纪初，因为硝价格的下降带来了火药价格的下降，15 世纪 20 年代的硝价格为 14 世纪 80 年代的一半。② 火药、火器费用的下降，以及供应充足的硝，使对更多的、更大的火器的需求增大，巨石炮（large stone - shooting cannon）成为 15 世纪早期流行的火器。最典型的代表为杜尔·格里炮和莫斯·迈格炮，前者身长 500 厘米，口径 64 厘米，铳口空径与身长之比为 1∶7.8；后者身长 401 厘米，口径 49.6 厘米，铳口空径与身长之比为 1∶8。③ 两者都是一种较为短粗的铳炮，而且当时的火器研制者并没有形成铳炮倍径技术的相关观念，对于如何使铳炮发射得更远或威力更大没有科学的认识。其与明代前期的火器技术水平差距不大。在 14 世纪早期的技术条件下，只能锻造铳管和制造粉状火药，最简单使火器威力增大的方法就是将炮造得更大。西方火器研制者更加重视发射的火药量对于火器威力的影响，但也仅仅限制在相当于炮弹重量的 16%，因为冶金技术并没有随着造炮技术的进步而进步，此时期的火器依然不能够承

① 万历《大明会典》卷 193，中华书局 1989 年标点本，第 976 页。

② Bert Hall, *Weapons and Warefare in Renaissance Europe*, Baltimore：The Hopkins University Press, 2001, p. 58.

③ Bert Hall, *Weapons and Warefare in Renaissance Europe*, Baltimore：The Hopkins University Press, 2001, pp. 59 – 60.

受更大的火药膛压。但是这一时期的火器技术也有进步，火器研制者在制造的过程中逐渐留意到铳炮的装药室管壁要比铳管管壁厚这个道理，因此，装药室内部的直径大约为铳口空径的40%，这是铳炮倍径技术的萌芽。

文艺复兴时期的技术变革对火器技术影响很大，颗粒状火药（corned gunpowder）的出现潜移默化地影响到了以后欧洲的火器制造方式。1410—1420年，欧洲大陆普遍开始使用颗粒状的火药。以前使用的粉末状火药经常会在运输过程中使组成它的硝石、硫黄和木炭分离，颗粒状火药则不会有这种问题。重要之处在于，颗粒状火药点火快，爆炸威力更大，因为每个小颗粒的暴露面都可以立即燃烧。[①] 为了适应新的颗粒状火药，火器必须进行全新的设计，相应的新的弹丸也开始出现。火药的燃烧特性会影响一系列与火器相关的技术要素，如铳管长度、铳管直径、后膛的形状、弹丸的属性等。在15世纪以及16世纪早期，铳炮制造者、使用者、火药制造者都在进行着漫长的探索和试验。到了16世纪40—60年代，他们在铳炮的形状、运行原理和铸造过程等方面都达成了一致的看法。由此形成了一种标准形制的火器——使用铸造工艺制成的单管前装火器，并逐渐成为主流。在火器技术逐渐走向成熟的过程中，军事技术家们制造的铳炮炮管变得越来越长，口径较大的铳炮一般由铜浇铸而成。最初的理论认为铳身的长度（铳口到火门）应该为铳口空径的5倍，但是在大型铳炮得到充分发展的16世纪末期，铳炮的倍径比例开始固定下来，即大型铳炮为14—30倍，小型铳炮为50倍。[②]

火器铳身的增长，并且与铳口空径构成一定的比例关系（火器倍径技术），是文艺复兴以来的技术革命所带来的对传统火器进行重新设计的一个重要发现。按照物理学的观点，铳身增长的趋势是颗粒状火药发明后的一个必然后果。膛压、铳口空径、铳身长度、弹丸速度四者之间是有一定的变动关系的，随着铳口空径的增大与铳身的增长，膛压呈现递减的趋势，弹丸出口初速呈现递增趋势。因此，从15世纪30年代起，

---

① Clifford. J. Rogers, *The Military Revolution Debate*, Boulder：Westview Press, pp. 68 – 69.

② Bert Hall, *Weapons and Warefare in Renaissance Europe*, Baltimore：The Hopkins University Press, 2001, p. 92.

铳炮变得越来越长，很多欧洲的画作中都有其形制，越来越为人们所熟悉。但是它们并没有很快取代旧式铳炮，因为当时的铳炮造价高昂而且耐用，不会轻易被弃用，15—16 世纪的相当长一段时间里都是新旧式铳炮共用。随着铳身的增长，铳炮所用火药量也在增大。15 世纪时火药量仅为弹丸量的 15%，但是 16 世纪这个比例就达到了 50%—100%，这归因于增长的铳管所带来的膛压的衰减。在不知道铳炮的倍径规律时，是没法解决脆弱的铳管与火药量增大而带来的强大的膛压之间的矛盾的。而且，颗粒状火药的发明使火药燃烧造成的膛压仅为粉状火药的 2/3，这也是铳管所用火药量增大的一个重要原因。这个时期最常见的野战炮的铳口空径为 3—5 英寸（8—13 厘米），射程为 500—1000 米。[1] 其后青铜铸炮法、炮耳的铸造、炮架的改进、炮弹的改进，以及铳规、铳尺、望远镜等瞄准设备的使用，一起促成了欧洲火器技术在 15—16 世纪的大发展，到 17 世纪时已经远远领先于中国。

15—16 世纪，西方火器制造出现了两个基本趋势。[2] 其一是炮管越造越长。火器出现的初期，炮管长度被认为 5 倍于炮膛口径为最好。发展到 16 世纪末时，大部分炮管的长度已是 14—30 倍于炮膛口径，有些小型枪支甚至达到了 50 倍。炮管增长以后可以使炮弹在炮膛里滑动的时间变长，离开炮口的初速更快，射程更远。其二是大口径火器普遍采用青铜铸造，以取代过去的锻铁炮。青铜炮要比锻铁炮造价高得多，但它是一个整铸体，性能更加安全，不易爆裂。而锻铁炮是由众多短铁条焊接而成的，发射时容易炸膛碎裂，炸伤炮手。

经过几个世纪的长期实践，铸炮工匠在 16 世纪中期就火器的外形和操作方面已形成了共识。装弹整铸炮样式，已成为各种大小口径的炮种的流行样式。火器最初一般用于防御，装设在城堡、城墙和设防高地上。随着其装设轮架，因而又用到野战战场上，在双方队伍对垒时，先是相互炮击，再发起进攻。在攻城战中，可以用来摧毁对方坚固的防御工事。同时，兵船上也配备了火器装置。因此，在 16—17 世纪中，火器已在欧

---

[1] Bert Hall, *Weapons and Warfare in Renaissance Europe*, Baltimore：The Hopkins University Press，2001，p. 151.

[2] 刘景华、张功耀：《欧洲文艺复兴史·科学技术卷》，人民出版社 2008 年版，第 329 页。

洲陆战和海战中发挥核心作用。

　　中国虽早在宋代即发明火器，并于明代在军中大量使用，但在明末以前的兵学著述中，均不曾定性或定量地论及火器的瞄准技术。相比之下，西方火器技术家却一直都在尝试寻找一种正确的数学表达式，以描述炮弹的运动。塔尔塔利亚于 1537 年出版的《新科学》，可以说是近代弹道学和炮术的重要奠基著作，其中除介绍铳规、矩度等测量仰角和距离的仪具外，还首度分析了弹道的特性，如指出火器在仰角 45°时的射程最远。在塔尔塔利亚之后，伽利略还制造出一种可供几何和军事学用的多用途比例规，[①] 此器除可测量火器的用药量外，还可方便地解决当时常见的代数和几何问题。总而言之，西方火器技术优于中国传统火器技术有如下要点。

　　第一，安装了准星和照门等瞄准设备，可以对远距离的目标进行瞄准射击，因而增大了射程，提高了命中率。两侧一般都安有炮耳，以便将炮身安置在炮架上，转动炮耳，可以调整火器的俯仰射角，控制射程并借以提高命中率。

　　第二，铸造技术的改进。1543 年，英国火器铸造厂开始用铸铁铸造火器，比用黄铜和青铜铸造的火器在价格上便宜得多。到 16 世纪时，有些火器铸造厂已经能够采用整体铸造法。用这种方法铸造火器时，先向火器铸造者提出使用要求，而后火器铸造者按使用要求进行设计，再按设计的数据制成模型，最后加工成所使用的火器。

　　而且，西方火器制造者以铳炮口径为基数按照一定比例设计火器的各个部分，得出了炮管长度为口径的 17—18 倍时最为合适的结论。后来又创制了一种炮管长度与口径的比例表，列出了各种不同用途火器的管长与口径的比例，利用表中的数据，可以计算出每一种炮管各个部分的尺寸。[②] 从而为火器的形制构造制定了一套统一的标准，并为制定可靠的比例关系开辟了道路。

　　第三，对抛物线原理的认识，以及对铳规、矩度等的使用。欧洲人

①　黄一农：《比例规在炮学上的应用》，《科学史通讯》1996 年第 15 期。
②　王兆春：《世界火器史》，军事科学出版社 2007 年版，第 262 页。

在 16 世纪时对抛物线和弹道理论的研究者甚多，意大利数学家、物理学家、军事技术家塔尔塔利亚，以发现三次方程式的一般解法和创始弹道学而著称于世。他在 1537 年出版的《新科学》中，论述了火器的设计问题。与此相对应，火器的发射方式也发生了变化，相应的仪器也随之出现，炮手们再也不需要仅靠目力沿着炮管进行瞄准，只要使用射表和测量角度的仪器——铳规、矩度就足够了。

　　西方火器技术之所以能够后来居上，超过中国，在于其近代科学的兴起为火器技术的发展奠定了理论基础。文艺复兴以来的科学家对军事技术问题极为关注，如被视为近代科学先驱的达·芬奇就曾担任军事工程师。① 甚至伽利略、牛顿这样的大科学家也致力于探讨这些问题，他们以近代物理学、数学知识为依据，运用实验和分析的方法，对 16 世纪以来火器技术发展中遇到的各种问题，如弹道和瞄准、倍径、金属材料等问题进行了研究，为欧洲火器的制造和使用提供了科学依据。而且，随着欧洲资本主义的发展，小手工业作坊转变为工场，以提高生产效率和创造经济价值为导向的近代工业开始出现，使火器较早地实现了工业化生产。相比同时代的中国，则远远没有达到这种水平，火器依然被视为一种秘而不宣的"神技"，由明廷特有的部门和人员掌握，一般人不得染指，管理和生产体制也较为僵化，很难有实质性的创新，最终难以与西方火器技术一较高下。

---

　　① 　钟少异：《古兵雕虫——钟少异自选集》，中西书局 2015 年版，第 55 页。

第三章　鸟铳技术在明代的
传播与流变

　　自中国发明火药和火器以来，火器技术迅速向外传播，在三个地区或国家尤其发展迅速，它们是欧洲、奥斯曼帝国（土耳其）和日本。[①]奥斯曼帝国（土耳其）在 14 世纪末期才接触和掌握火器技术，但是却后来居上，将火器技术在战争中的威力发挥到极致，相继击败了波斯、埃及、匈牙利，并且围攻哈布斯堡王朝的首都维也纳，对西方世界造成了持久而巨大的威胁和冲击。1543 年葡萄牙商船漂流到日本种子岛传入火器技术后，深刻地影响了其内部的战争，并为其日后的侵朝战争在武器方面做了准备，这是 16 世纪东亚地区最重要的战争之一。当中国在 16 世纪接触到这三个国家或地区的火器时才发现，它们早已超过自己。在 16—17 世纪的火器技术交流过程中，明朝相继引入外国的鸟铳、佛郎机铳、红夷大炮三项先进器物，用以抵御愈演愈烈的南北边患，甚至挽救濒临危亡的国家政权。学界对于佛郎机铳和红夷大炮已经有较为充分的研究，[②] 对于鸟铳的研究则稍显薄弱。既有研究重点在于对其引进路

---

　　① Kenneth Chase. *Firearms*：*A Global History to 1700*，Cambridge：Cambridge University Press，2008，p. 2.
　　② 参见黄一农《天主教徒孙元化与明末传华的西洋火器》，《中央研究院历史语言研究所集刊》1996 年第 4 期；黄一农《红夷大炮与皇太极创立的八旗汉军》，《历史研究》2004 年第 8 期；李映发《明末对红夷炮的引进与发展》，《西南师范大学学报》（人文社会科学版）1991 年第 1 期；刘鸿亮《明清时期红夷大炮的兴衰与两朝西洋火器发展比较》，《社会科学》2005 年第 12 期；刘鸿亮《关于 16—17 世纪中国佛郎机火器的射程问题》，《社会科学》2006 年第 10 期；周维强《佛郎机铳在中国》，社会科学文献出版社 2013 年版；林文照等《佛郎机火铳最早传入中国的时间考》，《自然科学史研究》1984 年第 4 期。

径的论述,① 集中于对西番铳和倭夷铳的比较和剖析。但是，对明代鸟铳技术谱系、脉络和鸟铳在明代战争中的作用和影响则还有进一步探究的空间，值得继续深究。

第一节　明代鸟铳技术的来源及比较

一　鸟铳技术的源流

以火枪为代表的单兵作战火器由中国传向世界，但在相当长的时间内所产生的作用并不明显，它的装填和发射速度比不上弓箭，而且准确性差——因为火枪手需要边瞄准边点火，这些都影响了单兵作战火器在战争中的作用。直到 15 世纪中期，适用于火器发射的弹簧和轨道在欧洲被发明出来，再后来出现了扳机，由此组成火绳枪机装置（matchlock），配以慢燃的火绳，解决了瞄准和点火发射不能兼顾的缺陷，使单兵作战火器成为真正的战争利器，这一技术进步是革命性的，见图 3.1。

火绳枪的出现，解决了既要点火又要瞄准的问题，只需轻轻扣动扳机，使轨道带动直立的蛇形杆挟持慢燃的火绳向下进入火药池，便可引燃火药，发射弹丸。在完成这些动作的过程中，眼睛和身子不需要移动，可保持瞄准状态，极大地提高了射击的精确性。而且，火绳枪的铳管细长，火药产生的推射力较大，因此其弹丸初速较高，发射距离较远。

15 世纪晚期，火绳枪变得越来越普遍。在燧发枪（flintlock）出现前，它作为枪支的主流形式持续了两个世纪之久。其最初名为"arque-bus"（意为轻型火绳枪），到 16 世纪 30 年代，其体型变得更大，叫作"musket"（意为重型火绳枪）。② 火绳枪在日本被称为铁炮，在中国则被称为鸟铳或鸟嘴铳，取其可以射落林中飞鸟或枪托弯钩像鸟嘴形之意。明代中期传入中国的主要是轻型火绳枪"arquebus"（流行于 15 世纪晚

---

①　参见庞乃明《火绳枪东来：明代鸟铳的传入路径》，《国际汉学》2019 年第 1 期；阎素娥《关于明代鸟铳的来源问题》，《史学月刊》1997 年第 2 期；南炳文《中国古代的鸟枪与日本》，《史学集刊》1994 年第 2 期。

②　Jack Kelly, *Gunpowder*, New York: Basic Books, 2004, p. 70.

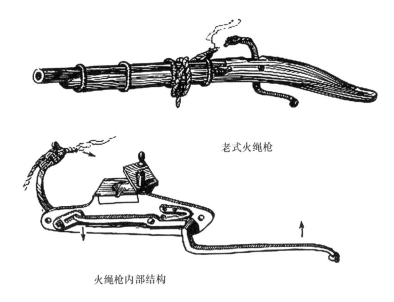

老式火绳枪

火绳枪内部结构

图 3.1 火绳枪机装置示意

资料来源：http://pirates.hegewisch.net/primerW.html，2021 年 3 月 10 日。

期)，明末开始出现较多重型火绳枪"musket"（流行于 16 世纪早期)，需要放置到 Y 型架上射击，到清朝时重型火绳枪成为主流，称为"鸟枪"。明代传入中国的火绳枪一直是以轻型火绳枪为主，较少出现重型火绳枪，而西方在 16 世纪就很快进入使用重型火绳枪为主的时代。中外铠甲技术发展的差异可能是影响这一变化的重要原因，西方火绳枪技术的发展是与重型铠甲的流行相伴的，而在同时期的中国，这方面的变化不是很明显。

火绳枪技术向东亚地区传播的主要媒介是葡萄牙，因为其是大航海时代最早到达亚洲的西方国家。葡萄牙与中国的第一次正面冲突是在正德十二年（1517)，受到极大关注的是其携带的佛郎机铳。其实，葡萄牙火绳枪随着其在中国东南沿海的活动早已传入中国，只是未受到中国的重视，或者仿制未精。1543 年葡萄牙商船抵达日本种子岛，被认为是西方火绳枪技术传到日本的起始点。在这一过程中，不仅传播了火器技术，而且同时传播了火药技术。《日本考》载："鸟铳原出西番，传于丰州铁匠，火药亦得真传。"① 葡萄牙传到日本的火药制法为："用梧桐烧炭为领，次取焰硝，滚水煮过三次，硫黄择其明净者和匀。每铳用药二钱，多弹远中，四季各有加减之方。一铳总安三弹横直分发，皆火药之秘法也。"② 而且，日本工匠还在此基础上进行了一些改进，如开发了一种连发技术，以加快弹丸的射击速度；增加了铳管的口径以提高弹丸的威力，并使用具有防水功能的上了漆的容器盛放火绳和火药。他们还设计了一款配件，使得火绳枪可以在雨天正常发射。③

二　明代鸟铳技术的三大来源

关于鸟铳传入明朝的路径，学者们已做过非常精细的研究，如最新的研究认为有葡萄牙、日本、土耳其、东南亚、朝鲜五条路径。④ 对明代鸟铳技术影响最大的是葡萄牙、土耳其、日本，葡萄牙代表的欧洲火绳枪是世界其他地区火绳枪的源头，土耳其火绳枪威力最大但在明代影响最小，日本火绳枪对中国影响最深，是中国仿制鸟铳的主要技术来源。

葡萄牙来源。在葡萄牙火绳枪传入中国的过程中，与之同时传入了与中国不同的欧式造火药法。只有先进的火绳枪技术和与其相应的火药技术一起被引入，才能使新式武器发挥出更加巨大的作用。⑤ 欧洲制造火药法的独特之处，在于将粉末状火药弄湿，形成饼状物，然后粉碎成颗粒状火药（corned gunpowder），其燃烧速率和效率更高。葡萄牙火绳枪在中国东南沿海的民间传播比官方记载要早，《金汤借箸》记载："西洋鸟铳，其制甚精。今广东澳夷与近海之民俱仿而造之，独官司不能取。"⑥

土耳其来源。相较史籍记载较多的葡萄牙和日本来源，土耳其来源

---

①　李言恭、都杰：《日本考》卷2，明万历刻本。

②　侯继高：《日本风土记》卷2，日本延宝五年写本。

③　Noel Perrin, *Giving up the Gun: Japans Reversion to the Sword, 1543 – 1879*, Boston: David R. Godine, 1988, p. 17.

④　庞乃明：《火绳枪东来：明代鸟铳的传入路径》，《国际汉学》2019年第1期。

⑤　Kenneth Chase, *Firearms: A Global History to 1700*, Cambridge: Cambridge University Press, 2008, p. 144.

⑥　周鉴：《金汤借箸》卷5，明崇祯十五年刻本。

的线索较少，但是早在接触葡萄牙之前，明朝和奥斯曼帝国便通过丝绸之路的贸易有所接触，双方亦有物资来往，其中便包括火绳枪。经由中亚传入中国的奥斯曼火绳枪重 4.18—4.78 千克（偶尔会有 3.58 千克的情况），长 187—218 厘米，其中枪管长 140—143 厘米，重 2.39—2.98 千克。大一点的火绳枪用 18 克的弹丸，小一点的火绳枪用 12 克的弹丸[1]。火门口距离照门较远，因此火枪手在点火的时候烟雾不会干扰其瞄准。赵士桢在其著作《神器谱》中对土耳其来源的鸟铳技术及其改造进行了非常详尽而专业的论述。

日本来源。《通志堂集》载："中国鸟铳，利器也。倭人来，始得其式。倭人鸟铳之底不焊，焊者有失。作螺旋铁砧，塞之不炸，又可水涤也。近处有照星，铳端有照门，照星、照门与所击之物相应，发无不中。"[2] 戚继光指出："此器中国原无，传自倭夷始得之。此与各色火器不同，利能洞甲，射能命中，犹可中钱眼，不独穿杨而已。"[3] 通过抗倭战争传入明朝的倭铳，是鸟铳技术传华的主要来源。如，与欧式火绳枪的抵肩瞄准方式不同，倭铳为贴腮瞄准，[4] 中国也主要承袭了这种方式。

在这三种来源中，总体而言，以葡萄牙为代表的西洋铳较为轻便，以土耳其（奥斯曼帝国）为代表的噜嘧铳威力最大，以日本为代表的倭铳实战效果最好。

噜嘧铳的铳管是用优质金属制成的，其射程和力量要优于西洋铳。赵士桢评价为"其机比倭铳更便，试之其远与毒加倭铳数倍，有此则倭铳风斯下矣"[5]。而且，噜嘧铳的龙头发机俱在床内，捏之则落，火燃复起，比倭铳的龙头便于收拾。技术史研究者将噜嘧铳铳管的强度和可靠性归因于将钢板卷成螺旋形的技术，这种噜嘧铳铳管制作技术在欧洲受

① GÁBOR ÁGOSTON, "Firearms and Military Adaptation: The Ottomans and the European Military Revolution, 1450 - 1800", *Journal of World History*, Vol. 25, No. 1, Mar 2014, p. 105.

② 纳兰性德：《通志堂集》卷 17，清康熙三十年刻本。

③ 戚继光：《纪效新书》（十四卷本），中华书局 2001 年标点本，第 56 页。

④ 常修铭：《16—17 世纪东亚海域火器交流史研究》，博士学位论文，台湾"清华大学"，2016 年，第 38 页。

⑤ 郑诚整理：《明清稀见兵书四种》（上册），湖南科学技术出版社 2018 年版，第 33 页。

到广泛追捧，从 16 世纪开始应用在欧洲的枪支上。① 《利器解》和《两浙海防类考续编》对其差异均有记载："鸟铳惟噜嘧最远最毒，又机昂起。倭铳机虽伏筒旁，又在床外，不便收拾。"②

1644 年的《城守筹略》中也对其进行了比较，得出了噜嘧铳最佳，西洋铳次之的结论：

> 西洋番鸟铳较倭铳稍长，其机拨之则落，弹出自起，其制轻便，比旧鸟铳远五六十步。战阵之间，除三将军、佛郎机、千里雷诸炮外，远而且狠无过于噜嘧，次则西洋。③

倭铳也有很大的优势所在，其制作所用材料较为精良，且工艺细致。《阵纪》载："鸟铳出自外夷，今作中华长技。妙在打眼圆中，神在火门急迅，利在药细子坚，中在腹长照准。不敢连放五七铳，恐内热火起，且虑其破，惟倭铳不妨。"④ 对于倭铳的认识，除了军事将领外，明朝士人也有所观感，李豫亨在其笔记中写道："器械精利莫如倭奴。尝见其所制鸟嘴铳一具，与中国所作迥异。用实铜铸成，以利锥碾成，铳孔光润异常。实药加丸，以火燃药，随发随至且无声，无由闪避。中国十铳不足敌一。"⑤

三　鸟铳传入的不同时间记载之比较

明代鸟铳技术的来源复杂，仿制也历经多次。早在葡萄牙火绳枪初步流入东南沿海时中国人便开始仿制，但效果并不理想，没有产生较大的影响。《登坛必究》载："佛郎机、子母炮、快枪、鸟嘴铳皆出嘉靖

---

① GÁBOR ÁGOSTON, "Firearms and Military Adaptation：The Ottomans and the European Military Revolution, 1450 – 1800", *Journal of World History*, Vol. 25, No. 1, Mar 2014, p. 105.

② 郑诚整理：《明清稀见兵书四种》，湖南科学技术出版社 2018 年版，第 575 页；范涞：《两浙海防类考续编》，台湾学生书局 1987 年影印本，第 1382 页。

③ 钱栴：《城守筹略》卷 5，明崇祯十七年刻本。

④ 何良臣：《阵纪》卷 2，明万历十七年刻本。

⑤ 李豫亨：《推篷悟语》卷 9，明隆庆五年刻本。

间，鸟嘴铳最后出而最猛利，捷于神枪而准于快枪。"①《筹海图编》载："鸟铳之制，自西番流入中国，其来远矣。然造者多未尽其妙，嘉靖二十七年（1548），都御史朱公纨，遣都指挥卢镗破双屿港贼巢，获番酋善铳者，命义士马宪制器，李槐制药，因得其传，而造作比西番尤为精绝云。"② 可见，在此次战争之前，鸟铳技术虽传入中国，但是仿制不精。③ 而在双屿之战后，鸟铳依然没有得到大范围的仿制和推广，这可能与朱纨随后的遭遇和政治影响力的消失有关。

学界引用较多的《全浙兵制》载：嘉靖三十五年（1556）八月，"总督胡侍郎宗宪捣沈家庄，贼巢平之，徐海就戮。总兵卢镗擒贼酋辛五郎等，五郎善造鸟铳，今之鸟铳自伊始传"④。这一次与嘉靖二十七年（1548）那次相比技术更为成熟，可能突破了一些之前一直没能够解决的精细化技术问题。其中贡献最大的为卢镗、卢相父子，在《都督卢公生祠记》中，便特别强调卢镗的功绩中有"初传鸟铳以为中国之长技"⑤。

但是笔者通过爬梳史料，发现一则没有被以往学者关注到的史料，记载嘉靖三十五年（1556）正月，胡宗宪组织的一次小型抗倭战争中，"获倭铳三十门，公召通事陈钦辨认，知为南番鸟嘴铳。倭贼昔从南奥开市，归至南番，毕岁遂学制之。昔年冲锋勇士皆毙于此，故官军畏倭如神如鬼者。此物也贼恃为长胜，必倭贼能制作。公乃令陈钦偕降倭同有机知巧冶造之，后进于朝，遂为九边沿海防守长技焉"⑥。此条史料既说明了倭铳技术来源中的另一路径（既可能指东南亚，又可能指循西南

---

① 王鸣鹤：《登坛必究》，《中国兵书集成》第20—24册，解放军出版社1990年影印本，第3924页。

② 郑若曾：《筹海图编》，中华书局2007年标点本，第909—910页。

③ 相关研究可参见［日］中岛乐章《16世纪40年代的双屿走私贸易与欧式火器》，载郭万平等主编《舟山普陀与东亚海域文化交流》，浙江大学出版社2009年版，第34—43页。

④ 侯继高：《全浙兵制》，《四库全书存目丛书》子部第31册，齐鲁书社1995年影印本，第122页。

⑤ 常修铭：《16—17世纪东亚海域火器交流史研究》，博士学位论文，台湾"清华大学"，2016年，第28页。

⑥ 胡桂奇：《胡公行实》，《四库全书存目丛书》史部第83册，齐鲁书社1996年影印本，第449页。

海路东来的欧洲人，如葡萄牙人、荷兰人等），又显示了胡宗宪因其政治影响力的持续而在推广鸟铳技术方面所起的重要作用。

　　嘉靖三十六年（1557）十一月，被明军围困于泊岑港的王直离船面见胡忠宪，胡忠宪命其造鸟铳以立功，中国始习此技。[①] 据《明会典》记载，在接下来的嘉靖三十七年（1558），造鸟嘴铳一万把。[②] 其中，可能有很大一部分是胡宗宪在将之前破倭所获和后来王直献上的鸟铳技术呈报朝廷后，进而按式成造的重要成果。这说明，鸟铳技术在经过朱纨、胡宗宪、卢镗等抗倭将领的一系列摸索之后，已经被熟练掌握。可见，无论是通过东南沿海的民间交往还是战争，鸟铳技术已在多个时间节点，从多个路径传入中国，官方或文人记载所呈现的只是这一过程中的不同剖面。

　　中国国内学者的研究中往往注重了在抗倭斗争中从东南沿海传入的鸟铳技术，而忽略了从新疆传入的鸟铳技术。西方学者多认为，在1513—1524 年的哈密战争中，土耳其（奥斯曼帝国）的鸟铳技术便经过吐鲁番传到了中国西北地区。在 16 世纪 40 年代，与倭寇的战争则把日本刚从葡萄牙手中获得不久的鸟铳技术传到了中国剩余的地区。[③] 但是结合赵士桢在《神器谱》中的奏疏可以看出，噜嘧铳在中国的传播范围并不大，也不为当时的人们所重视，远远没有倭铳扩散得广远。这一情况直到万历年间赵士桢仿造噜嘧铳之后才有所改观。噜嘧铳的传入时间是在嘉靖年间，但其真正为中国人所了解、掌握、制造和使用却是在万历年间，而这一切得益于当时著名的火器研制家赵士桢。赵士桢最初得知这一属火绳枪的"噜嘧铳"，是万历二十五年（1597）在时任游击将军的陈寅处，而陈寅则是从在嘉靖年间因进贡而留居北京的朵思麻处得知这一兵器的。[④]

①　戚祚国：《戚少保年谱耆编》，中华书局 2003 年标点本，第 20 页。

②　万历《大明会典》卷 193，中华书局 1989 年标点本，第 976 页。

③　Chris Peers, *Late Imperial Chinese Armies*, *1520 – 1840*, London：Reed International Books，1997，p. 10.

④　马建春：《明嘉靖、万历朝噜嘧铳的传入、制造及使用》，《回族研究》2007 年第 4 期。

四　中西比较视野下的明代鸟铳技术

欧洲第一批火绳枪在 1450 年前后出现，以这种技术特征为标志的火器种类和数量在 15 世纪的最后三十年里激增。① 火绳枪在实战中受限于无法形成连续性的火力，其在装填弹药的过程中是最脆弱的时候，需要同类或其他类别的武器对其进行保护。火绳枪刚在欧洲出现的时候，其影响并没有超过攻守城作战中的首选利器——十字弓（crossbow）。火绳枪被视为与十字弓作用类似的武器使用，二者共同分享曾经由十字弓独占的历史地位。② 而且，长矛在火绳枪出现的时代也占据重要地位，长矛兵在战争中的关键性作用无可替代。但是，在其后的历史进程中，火绳枪取得了长足的进步。16 世纪初，欧洲军队中长矛兵与火绳枪兵的比例为 4∶1，到 16 世纪末则达到了 1∶1。③

针对火绳枪射速较慢的缺点，16 世纪的中国和欧洲走向了不同的技术路径。欧洲通过阵型训练和发展齐射技术解决，明代军事技术家也很重视齐射技术，但是他们更多地把注意力集中在改进鸟铳的结构上，④通过子铳的轮番更迭（如掣电铳），或者通过发展多管鸟铳（如迅雷铳）提高鸟铳的射速。16 世纪 20 年代，十字弓基本上退出了战争舞台⑤。而意大利战争（1494—1559 年）中法国对阵西班牙的两次失败——1522 年法国雇用的瑞士长枪兵和 1525 年法国骑兵的惨败——则是火绳枪在战争中起决定作用的标志性事件。此后，以火绳枪为主导的阵法及其防御设施的构建，成为欧洲战争的模式化特征。到 17 世纪初，一个有经验的火绳枪手可以做到每 2 分钟一发。对于如何解决两次射击之间的迟滞性

---

① Bert S. Hal, *Weapons and Warfare in Renaissance Europe Gunpowder：Technology，and Tactics*, Baltimorc & London：Johns Hopkins University Press，1997，p. 95.

② Bert S. Hal, *Weapons and Warfare in Renaissance Europe Gunpowder：Technology，and Tactics*, Baltimorc & London：Johns Hopkins University Press，1997，p. 132.

③ Kenneth Chase, *Firearms：A Global History to 1700*, Cambridge：Cambridge University Press，2003，p. 62.

④ Kenneth Chase, *Firearms：A Global History to 1700*, Cambridge：Cambridge University Press，2003，p. 146.

⑤ ［英］杰里米·布莱克：《军事革命》，李海峰等译，北京大学出版社 2019 年版，第 17 页。

和敌方骑兵疾驰而至之间的矛盾，以形成连续性的火力，最早提出"齐射"战术的是荷兰指挥官莫里斯伯爵和拿骚的威廉·路易斯，在他们 1594 年的通信中对这一战术进行了设想，[1] 见图 3.2。最开始的齐射战术要有十排的火绳枪手进行轮射，才能形成连续的火力，而到后来的 17 世纪 20 年代，瑞典的军队已经达到只要有六排火绳枪手即可。[2]

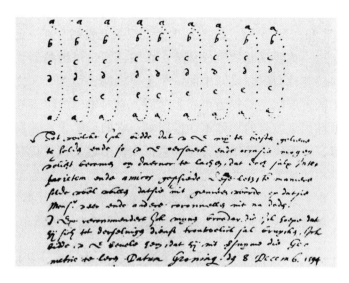

图 3.2 1594 年信件中提出的齐射轮换示意

资料来源：Geoffrey Parker, *The Military Revolution*, Cambridge：Cambridge University Press，1988，p. 19。

　　火绳枪兵的轮射与长矛兵的配合，引发了欧洲各国的步兵革命，突破了代表中世纪传统的骑兵作战方法，导致了社会阶层的变动，实现了从"火药革命"向"军事革命"和"社会革命"的转变，火绳枪在其中起了牵一发而动全身的关键性作用。而在以明朝为代表的东亚世界，则主要停留在"火药革命"的阶段，[3]"军事革命"和"社会革命"则在

---

① Geoffrey Parker, *The Military Revolution*, Cambridge：Cambridge University Press，1988，p. 19.

② Geoffrey Parker, *The Military Revolution*, Cambridge：Cambridge University Press，1988，p. 23.

③ 李伯重：《火枪与账簿：早期经济全球化时代的中国与东亚世界》，生活·读书·新知三联书店 2017 年版，第 115 页。

西方崛起压倒东方进而称霸全球的 18、19 世纪才发生，日本的明治维新、清末的洋务运动等皆是此历史进程的滞后性回应。虽然也有学者认为戚继光在中国掀起了以步兵革命为标志的军事革命，[①] 但是显而易见，这种战术并不是普适性的，这种齐射轮换、热兵器与冷兵器相配合的阵法，在戚继光、俞大猷、谭纶等操练的军队中得到较为熟练的运用，但并未成为明军作战的通用模式，其影响较为有限。火绳枪的出现引发的"军事革命"和"社会革命"，与地理大发现等要素结合在一起，成为西方世界兴起这一重要议题的组成部分，影响已超出单纯的器物和技术层面，成为科技与社会研究议题中的一个重要案例。但是，与之对应的明代鸟铳技术的发展则显得较为单一和薄弱，它对中国的军事和社会没有产生像在欧洲国家掀起的那种革命性影响，它的影响集中在器物和技术层面，而且，在明代单兵作战火器中它也未能形成压倒性优势，不得不与三眼铳等中国传统火器并肩而立。而且，中国的传统较为重视重型和中型火器，将主要注意力集中在佛郎机铳和后来引进的红夷大炮上面，相对而言，对鸟铳这一先进的单兵作战火器关注较少，见图 3.3。

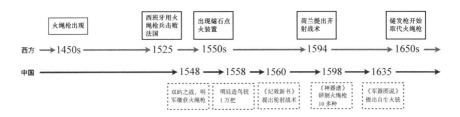

图 3.3　中西火绳枪技术发展分野示意

在器物和技术层面，明朝的军事技术成就卓越，他们研发出了将先进的佛郎机铳和鸟铳技术结合的新式鸟铳，造出了结合南北方传统（北方重三眼铳，南方重鸟铳）的多管鸟铳，构思精巧，设计合理，颇具实效。这些方面，都是超越西方国家的。西方国家重视齐射轮换的操练以

① 常修铭：《戚继光与明末中国的步兵革命：与战国日本的比较》，载中国明史学会编《第十五届明史国际学术研讨会暨第五届戚继光国际学术研讨会论文集》，黄海数字出版社 2015 年版，第 785—793 页。

加快火绳枪的射击速度，进而形成连续性火力，而对火绳枪的铳管结构钻研较少，这与明代中国的关注点恰好相反。但是，西方国家对发火装置的关注却是一贯的（火绳枪本身便是发火装置革命性改进的产物），1530 年出现钢轮点火装置，1550 年出现燧石点火装置。[1] 在 17 世纪火绳枪（matchlock）作为欧洲步兵武器标配的地位逐渐被燧发枪（flint-lock）取代后，中西火绳枪技术则形成了较大的差距，以中国为代表的东方世界远远落后。虽然中国也有《军器图说》中的自生火铳等出现，但是语焉不详，且在军事实践中并未发生发火装置的改变，鸟铳这一技术器物见证的，正是中西军事大分流的启幕。

第二节 鸟铳技术在明代的本土化

一 鸟铳弹药技术的理论化

在与倭寇的战争中，明军感受到对方不仅有优良的倭铳作为利器，而且其弹药技术也属一流。《师律》载："倭制火铳，其药极细，以火酒渍制之，故其发速。又人善使，故发必中。中国有长技而制之不精，与无技同谓。倭铳发每无声，人不及防，类能洞甲贯坚。"[2] "铅子之利，在于合药之方"，体现了鸟铳药方对于射击精准的重要性。处于抗倭战争最前线的戚继光在《纪效新书》中不仅介绍了鸟铳的结构与制作方法，而且还详细解说了制鸟铳火药之方，这个方子成为日后明军仿制和明代兵书记载的主要技术标准：

> 硝一两，磺一钱四分，柳炭一钱八分。通共硝四十两，磺五两六钱，柳炭七两二钱，用水二钟，捣得绝细为妙。秘法：先将硝、磺、炭各研为末，照数兑合一处，用水二碗，下在木柏，木杵捣之。若捣干，加水一碗，又捣，以细为度。至半干，取出日晒，打碎成

---

① 潘吉星：《中国火药史》（下），上海远东出版社 2016 年版，第 757 页。
② 范景文：《师律》卷 14，明崇祯刻本。

豆粒大块。此药之妙，只多捶数万杵也。若添水捶至十数次者，则将一分堆于纸上，用火燃之，药去而纸不伤，如此者不敢入铳矣。只将人手擎药一钱，燃之而手心不热，即可入铳。但燃过有黑星白点，即不佳，又当再加水捶之，如式而止。①

根据气候条件的不同，在鸟铳技术理论上颇有造诣的赵士桢也得出了非常专业的分析："今日制药，能以磺炭分量，斟酌损益，求合燥湿之宜，以适南北之用。南方卑湿气润，磺炭稍增。北方高爽气燥，磺炭稍减。西方气燥，噜嘧每料用炭六两，用磺二两。海中气润，日本用炭六两八钱，用磺二两八钱。"② 这些理论在清朝的《防守集成》中得到了继承和发展："又方，硝十两，磺七钱，柳炭一两七钱，刺桐炭尤妙。如用于北方，炭磺各减二钱。"③

鸟铳采用单个铅子作为发射物，以精度较高的锻造技术制造高倍径的枪管，并仔细研磨铅子，使枪管壁与铅子间的游隙十分细小，免去了木马子（在火药与弹丸之间，用来压实火药，起到一定气密作用的小木片）的设计。④ 关于为何用铅弹的问题，《火攻挈要》有详细论述："凡铅弹，宜于鸟枪、鸟机及小弹之用，盖取体重透甲而伤命也；凡铁弹，宜于大小狼机、战铳、攻铳，盖取其体硬以便击远攻坚破铳之用。"⑤ 可见，不同材质的弹丸是与不同的铳炮用途有关系的。弹丸材质的变动情况在《大明会典》中有载："嘉靖四十三年，令京营演放火器，改用铅弹，旧用泥弹。隆庆二年，改铸铁弹，五年后改铅弹。"⑥ 铅子大小要与铳口大小相应，子大而铳口小会导致子入不深，火药燃烧后的推动力作用于铅子的瞬时时间太短，铅子出口便落。子小而铳口大会导致火药先铅子而泻，铅子发而无力，或者铅溶于药内，成为虚发。《武备志》提

①　戚继光：《纪效新书》（十四卷本），中华书局 2001 年标点本，第 58 页。

②　郑诚整理：《明清稀见兵书四种》（上），湖南科学技术出版社 2018 年版，第 196 页。

③　朱潞：《防守集成》卷 10，清咸丰四年刻本。

④　周维强：《明代战车研究》，故宫出版社 2019 年版，第 138 页。

⑤　焦勖：《火攻挈要》，载任继愈主编《中国科学技术典籍通汇·技术卷》五，河南教育出版社 1994 年影印本，第 1316 页。

⑥　万历《大明会典》卷 193，中华书局 1989 年标点本，第 977 页。

出了铅子和发药均为三钱的标准，而且铳口也以可容三钱铅子为准，"子轻则药减，子重则药增"。在明代诸多兵书中记载的标准都是三钱，显示出这是经过实战经验总结出的一个比较科学的标准。原因正如《兵录》中所记载的，"若再加口大子必重，子重药必多，则手不能持定；口小子小药少，则无力而不能射远"①。

关于弹药比例，《火攻挈要》指出："凡火器量弹用药，小者弹作五分，药作六分；中者弹药相均；大者弹作六分，药作五分。此寻常比例之略数也。鸟枪之属，又以筒长击远，配药必用加二加三，庶药多力猛，而能远到。"② 由此可以看出，大铳和小铳的弹药比是有所定的，小铳一般都是药多于弹。对于鸟铳来说，需要加入更多的药量才能更远更狠。

鸟铳的瞄准装置由前面的照星和后面的照门组成，"照门照星乃鸟铳枢要，讨准全在此"③。射击时以目对后照门，以后照门对前照星，以前照星对所击人与物，三相直而发，十有八九中。明代的主要兵书基本上都论述到了这一点，显示三点一线的原理在当时已经得到了较多的认识。王鸣鹤在《登坛必究》中提出了更加专业的分析，"若但见臬而不见管，则失之仰，但见管而不见臬，则失之俯，皆不能中也"。要求目光必须端直，同时穿过照星和照门，不可仰视及俯视。照星为一窄长形铁条，在鸟铳的前端；照门为中开一圆孔的马蹄形铁片，在鸟铳的后端靠近火门处。瞄准时视线透过此圆孔，看到所要击打目标为马蹄形长条所遮挡时即为瞄准。

二 鸟铳技术的改进

经过明朝与葡萄牙、日本、奥斯曼帝国的一系列军事冲突和技术交流，更多的军事将领、文官士人接触和掌握了鸟铳技术，并根据中国的实际情况进行了一系列本土化改进，促进了明朝鸟铳技术的发展。

一方面是鸟铳与佛郎机铳的杂糅，将鸟铳的铳管细长、射击精准、

---

① 何汝宾：《兵录》卷3，明崇祯五年刻本。
② 焦勖：《火攻挈要》，载任继愈主编《中国科学技术典籍通汇·技术卷》五，河南教育出版社1994年影印本，第1316页。
③ 郑诚整理：《明清稀见兵书四种》（上册），湖南科学技术出版社2018年版，第40页。

无点火之误和佛郎机铳的子铳更迭无装药之误、发射迅速的技术优势相结合。这一成果的代表是掣电铳、子母铳，见图 3.4。《神器谱》所载掣电铳"长六尺许，重六斤，前用溜筒后著子铳，子铳各有火门。子铳腰间用一铜盘压住，盘上打眼为照门。子铳长七寸，重一斤。用药二钱四分，弹二钱"。①

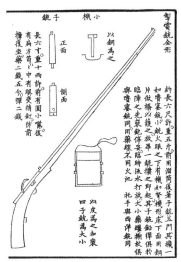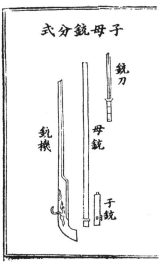

图 3.4　掣电铳和子母铳

资料来源：赵士桢：《神器谱》，《玄览堂丛书》初辑第 18 册，正中书局 1981 年影印本，第 207 页；何汝宾：《兵录》，《四库禁毁书丛刊》子部第 36 册，北京出版社 1997 年影印本，第 664 页。

《兵录》所载子母铳，指出"鸟铳管长装药不速，乃易以子铳，唯管后不结螺丝底，仿照狼机铳式开作铁槽，谓之母铳。自槽后至管端长四尺二寸，重六斤。子铳一样四个，每个重一斤，长七寸，上有小铁牌作拿手，中开小眼，与前照星对准。遇放时，四子轮装，即放至百铳，其子不热，万无爆炸之失"②。

① 郑诚整理：《明清稀见兵书四种》（上册），湖南科学技术出版社 2018 年版，第 43 页。
② 何汝宾：《兵录》卷 12，载任继愈主编《中国科学技术典籍通汇·技术卷》五，河南教育出版社 1994 年影印本，第 688 页。

　　另一方面是鸟铳与三眼铳的杂糅，增加鸟铳一次性发射弹丸的数量，进而促进其在三眼铳占据统治地位的北方推广，这一成果的代表是迅雷铳、五雷神机、三捷神机，见图3.5。迅雷铳有筒五门，各长二尺，总重十余斤，筒上俱有照门、照星。中著一木杆，总用一机，置之匣内，轮流运转①。迅雷铳是一种较为复杂的多管鸟铳，但是在兵书上较少提及，显示其并没有成为一种普遍的实战利器。此外，赵士桢还研制了翼虎铳，重五斤，三筒长一尺三四寸，用药二钱，铅弹一钱五分②。复杂的结构和实际操作的难度影响了它们的普及率，后世所用的依然是作为主流的单管鸟铳。

　　五雷神机和三捷神机是一种性质的多管火器，每发用药二钱，铅子一枚重一钱五分。各镇所用火器唯三眼枪最胜，一器三发可以备急，然多有不准。倭奴鸟铳前后星门对准方发，极称利器，然准而不多，一发后旋即无用。今酌量于二者之间，制为二器。前后星门一准倭奴鸟铳，而加以三眼五眼，平放一百三十步。③

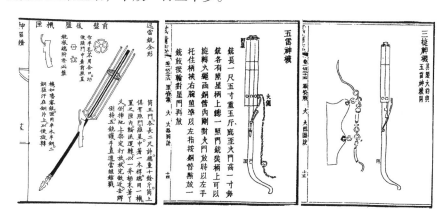

图3.5　迅雷铳、五雷神机、三捷神机

资料来源：赵士桢：《神器谱》，《玄览堂丛书》初辑第18册，正中书局1981年影印本，第209页；茅元仪：《武备志》，《四库禁毁书丛刊》子部第25册，北京出版社1997年影印本，第18—19页。

---

①　郑诚整理：《明清稀见兵书四种》（上册），湖南科学技术出版社2018年版，第45页。
②　郑诚整理：《明清稀见兵书四种》（上册），湖南科学技术出版社2018年版，第113页。
③　范景文：《师律》卷10，明崇祯刻本。

在此之外，其他地方军事将领对鸟铳也进行了一些改进，并在小范围内产生了一些影响，如《战守全书》记载"近日鸟铳亦有之子有九，名九龙枪"①。这一新式火器由明末武举进士蓝守素在四川都指挥使任上，于崇祯八年（1635）创设，用于防卫滁州城，在次年的攻防战中取得实效。② 由此，其他地方也开始仿制这种新式火器。

三　发火装置的改进与大鸟铳的闪现

明代鸟铳发火装置的技术进步有二。一是明末军事专家毕懋康在其《军器图说》中提到的自生火铳，将龙头改造消息，令火石触机自击而发，药得石火自燃，风雨不及飘湿，缓急皆可应手。③ 这是明代可见的唯一确切的燧发枪的发明和记载，但是尚无其他史料支撑。二是赵士桢在《神器谱》中提到的在噜嘧铳基础上改造而成的合机铳，铳带床共长五尺，重七斤半，阴阳二机，阳发火阴启门，对准之时即有大风不怕吹散门药，海上塞外自此鸟铳无有临时不发之患。④ 此外，该书中提到的轩辕铳也是在发火装置上做出改变的尝试之一。明末《武备志》中对噜嘧鸟铳的发火装置配图时也采用了这种转轮结构，显示了火器技术知识体系在军事技术家之间的传递和承继。李约瑟认为这是轮发机，它的作用不是像燧发枪那样产生火花，而是把火绳向前推至火门。⑤ 这些发火装置的改进，使鸟铳的使用不再受到风雨天气的限制，作战的便利性和适宜性大大提高，见图3.6。

明代中后期，随着援朝抗倭战争的进行和东北边患的日益严重，威力更大的大型鸟铳的使用开始被屡屡提及。《兵录》载："大鸟铳身长四尺，筒亦以钻钻之。以木为柄，用铁做半圆，下总一铁柱，绾在铳木柄中央。复用木直竖受铁柱，左右顾盼，照准施放。亦用火草拨珠。平放

---

① 范景文：《战守全书》卷12，明崇祯刻本。
② 光绪《滁州志》卷7，清光绪二十三年刻本。
③ 毕懋康：《军器图说》不分卷，明崇祯十一年刻本。
④ 郑诚整理：《明清稀见兵书四种》（上册），湖南科学技术出版社2018年版，第109页。
⑤ ［英］李约瑟：《中国科学技术史》第5卷第7分册，刘晓燕等译，科学出版社2005年版，第383页。

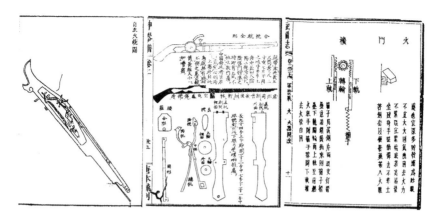

图 3.6 自生火铳、合机铳、噜嘧鸟铳发火装置

资料来源：毕懋康：《军器图说》，《四库禁毁书丛刊》子部第 29 册，北京出版社 1997 年影印本，第 349 页；赵士桢：《神器谱》卷 2，京都大学藏日本文化五年刻本；茅元仪：《武备志》，《四库禁毁书丛刊》子部第 25 册，北京出版社 1997 年影印本，第 7 页。

二百步，仰放一千步。"① 大鸟铳一般用一两二钱至一两六钱的铅弹，弹作三分，用药只二分。比如弹重一两二钱，作三分，用药二分，只八钱。这样的弹药量，是之前的鸟铳不可比的。

赵士桢针对有佛郎机铳之烈的对马大鸟铳，研制了鹰扬炮，用以制之。其铳机、床、照星一如噜嘧规制，重二十七八斤，或三十斤。子铳五，各有火门。药一两，铅弹一两。② 此外，《神器谱》中还提到了九头鸟，号称是绝大鸟铳，重二十余斤，用药一两二钱，用大弹一个、小弹钱许者九个，尤宜夜战。

对于大鸟铳的用途，徐光启指出："凡守城除城威大炮外，必再造中等神威炮及一号二号大鸟铳，方能及远命中。至战阵中，大炮绝不可用，尤须中铳及大号鸟铳。"③ 其原因就在于，在对敌作战的过程中，敌多明光重铠，而鸟铳之短小未能洞贯。因此需要造大号鸟铳，才可洞透铁甲。

① 何汝宾：《兵录》卷 13，载任继愈主编《中国科学技术典籍通汇·技术卷》五，河南教育出版社 1994 年影印本，第 724 页。

② 郑诚整理：《明清稀见兵书四种》（上册），湖南科学技术出版社 2018 年版，第 432 页。

③ 王重民辑校：《徐光启集》（上册），中华书局 1963 年标点本，第 276 页。

徐光启的奏疏多次提到大鸟铳,显示其在明朝后期成为明军一种使用频率比较高的火器,而且可以起到大型铳炮所无法起到的作用。

明末还从澳门向葡萄牙人直接引进鹰嘴铳这种西洋大型火绳枪,《守圉全书》载:崇祯元年七月,两广军门李逢节奉旨赴奥取铳取人,谨选大铜铳三门,大铁铳七门,鹰嘴铳三十门。[①] 经过一系列仿制,明军掌握了鹰嘴铳的制作方法,如徐光启在崇祯三年为了造式训士,便造成鹰嘴铳四十一门,鸟铳五十六门。[②] 此外,两广总督王尊德还仿制了西洋斑鸠铳,并解运赴京二百门,徐光启计划在此基础上再仿造二百门,大鸟铳的传播和使用逐渐成为常态。

对于明代鸟铳技术关系图,见图3.7。

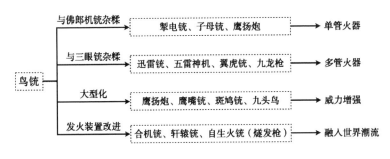

图 3.7   明代鸟铳技术谱系

第三节   鸟铳技术在战争中的试炼

鸟铳技术在明朝主要由东南沿海传播而来,在战争中,南北方之间呈现出不同的发展态势,并得出"鸟铳宜南不宜北,三眼铳宜北不宜南"的结论。南方无论是在制造还是使用方面都发展得较为成熟,作为这种技术成果外溢的表现,隆庆年间谭纶、戚继光、俞大猷等抗倭将领北上整顿蓟辽防务是鸟铳技术在北方传播的重要努力。此后在明清鼎革战争中,鸟铳技术亦传播至后金,成为最重要的单兵作战火器,且最终

---

① 韩霖:《守圉全书》卷3之1,台湾"中央研究院"傅斯年图书馆藏崇祯刊本。
② 王重民辑校:《徐光启集》(上册),中华书局1963年标点本,第295页。

发展成为大鸟铳，并成为主流火器。

一　鸟铳技术在东南沿海的传播

鸟铳技术在东南沿海的传播，有多种记载，爬梳地方志，我们可以看到诸多明军使用鸟铳的记载，如嘉靖三十六年（1557）六月，倭寇入犯淮安庙湾，被明军用鸟铳打沉倭船二十余只，伤死倭贼无算。① 三十八年（1559）五月，明军平江北，巩固了胜利成果。可见，鸟铳作为一种制敌利器在明军的对外作战中已得到较多应用，且随着在战争中的运用而逐步成熟。

在与倭寇作战的过程中，明军掌握了不少鸟铳的应用之法。如明军俘获原籍广东揭阳的日本赘婿李七师，指出盐水渍絮被可障鸟铳。② 而且，他们认识到鸟铳"虽三放铳热不可再放，若每人以布数尺用水打湿，三放之后，以布湿铳，可以长放不歇"③。但是，明军与倭寇在鸟铳技术方面的差距不仅仅是器物方面的，士兵的心理素质和鸟铳使用的熟练程度是更重要的。对于鸟铳的实战，郑若曾指出："短兵相接乃倭奴所长，今鸟嘴铳反为彼之长技，而我兵鸟铳手虽多不能取胜。或铅子坠地，或药线无法，手掉目眩，仰天空响。"④ 明军一直倚靠大中小型多种火器协同作战，来抵消自己在鸟铳技术及实战方面的劣势。

但是，经过多次战争的推动，明军在鸟铳制造和使用方面有了实质性的进步，这一点成为日后南兵的优势和技术特色所在，一直持续到明末。万历十年（1582），工科左给事中李熙在《陈末议以裨戎务疏》中指出："佛郎机、鸟铳二器，往往用于浙福广东沿海地方，惟彼处工匠惯造得法。南匠之惯造二铳，亦犹北匠之惯造弓箭盔甲也……令浙省将每年造解弓箭等项军器，今后只造解一半，其一半钱粮改造鸟铳若干门，逐年并解兵部，转发京营应用。盖以鸟铳浙江所造独精也。令福建广东将每年造解弓箭等器，只造一半，其一半钱粮改造佛郎机若干门，逐年

---

① 民国《阜宁县新志》卷8，民国二十三年铅印本。
② 崇祯《太仓州志》卷11，明崇祯十五年刻本。
③ 范景文：《师律》卷10，明崇祯刻本。
④ 郑若曾：《筹海图编》，中华书局2007年标点本，第928页。

并解部，转发京营应用。盖以佛郎机乃闽广工匠所造独精也。"① 明朝所制鸟铳的威力也逐渐增加，"八十步之外能击湿毯被二层，五十步之外能击三层四层"②。在东北边患日盛时，徐光启也曾建议访求闽、广、浙、直精巧工匠，制作火器，并访取其惯习火并作速训练。南方工匠和南兵（尤其是浙江士兵）成为掌握明代鸟铳技术的代表，也成为明朝对内对外战争的撒手锏。

明人范涞在《两浙海防类考续编》中系统地总结了明朝东南沿海抗倭的成功经验，对日本的长技鸟铳做了论述，并提出对其进行改进的建议：

> 倭奴长技有二，惟鸟铳、双刀。鸟铳纵能命中，所伤不多，亦中国所有者。各镇所用火器，惟三眼枪最胜。一器三发，可以备急，然多而不准。倭奴鸟铳前后星门对准方发，极称利器，然准而不多。一发后，旋即无用。今酌量于两者之间，制为二器，前后星门一准倭奴鸟铳，而加以三眼、五眼，其机则更易使，点放由人，前后对准，星门平放，一百三十步命中。③

经过多年的发展，鸟铳不仅在东南沿海的陆战、海战和守城中皆被置于重要地位，而且轮射之法已经得到应用，这一点与之前战争中的慌乱无措相比有很大进步。与西方已经非常成熟而且记载极多的轮射之法相比，中国的轮射之法记载较少，明代兵书中论及鸟铳时多用"装放不及时，未及再放敌已将近"这样的语句描述。戚继光在训练军队的过程中较多地用到了轮射之法，其在《纪效新书》（十八卷本）中说道："贼至小百步之内，听本总放铳一个，每掌号一声，鸟铳放一层。连掌号五次，五层俱放毕。"④ 在《纪效新书》（十四卷本）中，戚继光将其细化为"每队有十铳，若分两层，每层五铳；若分五层，每层二铳；若不分

---

① 吴亮：《万历疏钞》卷37，明万历三十七年刻本。
② 宋应昌：《经略复国要编》，浙江大学出版社 2020 年标点本，第 80 页。
③ 范涞：《两浙海防类考续编》，台湾学生书局 1987 年影印本，第 1364—1365 页。
④ 戚继光：《纪效新书》（十八卷本），中华书局 2001 年标点本，第 140 页。

层,十铳一列"①。一些西方学者甚至认为戚继光在其著作中清晰地显示出他对鸟铳的重视,以及其按照轮射之法对鸟铳队伍进行组织和训练要早于欧洲和日本。②

在其他一些文献中,我们也可以看到对鸟铳轮射之法的记载,见图3.8。《军器图说》载:"夷虏最畏中国者火器也,惟虑装放或滞,临阵未必能应手耳。今为轮班发铳之法,更番迭进,则连发竟日响不停声,

图3.8 轮流放铳

资料来源:毕懋康:《军器图说》,《四库禁毁书丛刊》子部第29册,北京出版社1997年影印本,第346页。

————————

① 戚继光:《纪效新书》(十四卷本),中华书局2001年标点本,第136页;[美]欧阳泰:《从丹药到枪炮》,张孝铎译,中信出版社2019年版,第141页。

② Tonio Andrade, *The Maritime Defence of China*:*Ming General Qi Jiguang and Beyond*,Singapore:Springer Singapore,2017,p.73.

敌无不败衄者矣。"① 而且在地方志史料中我们可以有新的发现，隆庆四年（1570），漳州府同知罗拱辰议呈战守事宜："鸟铳放发不快，必须铳手众多，更番迭进，罔有间歇，乃能制胜。此惟平原旷野为利。"② 可见，轮射之法的应用，不仅得到军事将领的关注，而且也得到了一些地方官员的关注。

二　鸟铳技术与北部边防的巩固

经过抗倭战争，明朝在东南沿海历练了一支纪律严明且战斗力强的军队，并出现了诸多了解鸟铳和其他火器技术的军事将领。而鸟铳被视为战房长器，北人不习，北匠造作不如法，为南兵惯熟。③ 北部边防的压力使朝廷考虑将南将、南兵调往北部作战，以期获得实效。

抗倭名将谭纶的北上便是这一大背景下的重要举措，他在出任蓟辽总督后，于隆庆二年（1568）四月上疏，"今中国长技为敌所甚畏者无如火器，而火器之利则又莫有过于鸟嘴铳者。臣莅镇之初，即驰入教场点视军器，见各军所持火器虽多，率自名为快枪，其长仅仅一尺。又制造弗精，点放无法。其所谓鸟铳手，每一营三千人中仅得一十八人，又皆浙产。细究其故，咸谓北人不能习此。寻于武库，搜得敝坏不堪鸟铳数十百架，盖皆前此当事者强人习学不成，不但伤损其铳，又因逼逃其军，遂弃之不讲。以甚利之器置之无用之地，真可惜哉"④，力陈北部边防的积弊，并提出了一系列对策。

谭纶认为，若想训练战兵三万应付即将到来的秋防，其中必须有三千人为冲锋破敌之用。他向皇帝建议，由兵部责令戚继光等从浙江的温、台、金、衢等地招募善放鸟铳者三千人前来支援，获准。八月，招募的鸟铳手抵达，两千人分散到蓟镇十一路守卫，一千人由戚继光统领训练，以备缓急应援。这一观点得到了徐阶的赞同。

---

① 毕懋康：《军器图说》，《四库禁毁书丛刊》子部第29册，北京出版社1997年影印本，第346页。
② 万历《漳州府志》卷7，明万历元年刻本。
③ 戚继光：《戚少保奏议》，中华书局2001年标点本，第91页。
④ 谭纶：《谭襄敏奏议》卷5，明万历二十八年刻本。

戚继光也指出，"一营之卒为鸟铳手者，常十七不知兵法"①，要求进行整肃和训练。戚继光练兵过程中有关于"鸟铳本为利器，击虏第一倚赖者也。夫何各军兵不思倚赖之重"的疑问，反映了明朝士兵对于鸟铳这种新式武器依然不够熟悉，以至于"俱不平执铳身、贴腮面、对照星放打，却垂手低执，与快枪一同"②。在实战中由于人众聚杂，烟雾冲扰，使士兵无心完成举铳、贴腮、对照准星等动作，鸟铳形同虚设，他们习惯的依然是传统的打法，不分高低左右的乱放。

戚继光对北方兵士恃有火器却失败的原因进行了分析，"鸟铳尚未传至北方，知用者少。临阵无有捍蔽，铳尽发则难以更番，分发则数少不足以却聚队。手铳打制，腹口欠圆，铅子失制，发之百无一中，则火器不足以与虏矢敌矣"③。南方长期的抗倭战争培养了南方兵士对鸟铳的熟练使用，而北方则长期以三眼铳对付蒙古和满洲的骑兵，对鸟铳使用生疏，这也是一个重要的原因。

除将抗倭将领和南兵调往北部充实边防之外，明廷也更加重视鸟铳这一利器在北方的应用。万历三年（1575）正月，工科左给事中李熙等上言：御虏长技火器为先，而今营中绝少，宜将浙江岁造军器内一半改造鸟铳，工部覆得旨。④ 万历三十年（1602），奉督抚军门刘宪牌行仰都司取解新制噜嘧铳五十门⑤。万历四十二年（1614），两浙监院杨鹤上疏《内地承平日久人心摇动可虞敬遵职掌申饬海防以固东南保障事》，指出："鸟铳佛郎机六十年前始有之，然昔年之铳倭与我同，而迩年之铳倭与我异者。彼日习日精，我日疏日拙也。彼重购珍藏视之如拱璧，我滥恶苦窳视之若瓦砾也……铳之用略有三等，大者为大将军，中者直用佛郎机，小者纯用鸟铳，仿噜嘧、西洋式样制造。"⑥ 由此也可以看出，明代的鸟铳技术一直是在葡萄牙、土耳其、日本三种来源的影响下发展的。

---

① 《明穆宗实录》卷28—30，隆庆三年正月乙卯，北平图书馆红格本。
② 戚继光：《练兵实纪》，中华书局2001年标点本，第100页。
③ 戚继光：《练兵实纪》，中华书局2001年标点本，第241页。
④ 《明神宗实录》卷34，万历三年正月庚申，北平图书馆红格本。
⑤ 范涞：《两浙海防类考续编》卷6，明万历三十年刻本。
⑥ 王圻：《重修两浙鹾志》卷21，明末刻本。

三　明清鼎革之际的鸟铳技术

在明朝与后金交战的初期，双方火器技术的差距悬殊，如范世文在《敬陈征剿方略疏》中指出："奴酋之长技不过马力之冲突，弓矢之劲利而已。我之长技火器为最。"① 针对后金骑兵马力之强和冲突之猛的优势，范世文建议利用明军的火器技术优势，在百步之远时以将军炮阻遏其冲势，在百步之内时用鸟铳和佛郎机铳击其马首使弓箭不易发，从而改变明军忌惮不敢战的劣势。但是，这一局面随着战事的进行而逐渐被打破："近日东奴亦用火器，插酋亦有鸟铳四五千，皆我内地之奸人有以诲之。"② 万历三十八年（1610）四月，浙江道御史王万祚上《建酋悔祸非真乞救边臣修备伐谋疏》，指出对方"日夜制造盔甲，取中国匠鸟铳，火器归彼矣"③。而且，后金的盔甲精坚，徐光启在奏疏中认为要想制其坚甲，必用更长更大的鸟铳。这样精利的鸟铳所需资费也更高，中价非四两不可。④

虽然明军在火器技术上占据优势，但是在与后金军队的战争中却常处于下风。鸟铳这种在南方得到充分应用的火器，即使经过蓟镇的练兵和改革，也依然没有能够在北方成为实战性极强的单兵作战火器，北兵不善鸟铳，临阵作战能力极差。熊廷弼在《辽左情势危急乞务求战守长策疏》中指出："打鸟铳者，据地按膝手战战然，半晌不得入铅药。及其发也，又东的西向而不一中，一切器械皆朽钝。"⑤ 自万历四十六年至天启元年，明廷发往辽东鸟铳六千四百二十五门。⑥ 但糟糕的是，在战败之际，数量巨大的鸟铳及其他火器被后金军队俘获。在徐光启的奏疏中有大量关于明朝晚期火器的论述，把鸟铳作为一种克敌制胜的利器。但是，从其诸多奏疏中亦可以看出，直到明朝晚期的崇祯朝，鸟铳在明军中的使用依然没有普及，也不占据主流，将领和兵士们也未能做到对

---

① 程开祜：《筹辽硕画》卷21，明万历刻本。
② 陈仁锡：《无梦园初集》卷6，明崇祯六年刻本。
③ 施沛：《南京都察院志》卷30，明天启三年刻本。
④ 程开祜：《筹辽硕画》卷30，明万历刻本。
⑤ 程开祜：《筹辽硕画》卷1，明万历刻本。
⑥ 《明熹宗实录》卷20，天启二年三月庚戌，北平图书馆红格本。

其熟练掌握。"虏之畏我者二：丙寅（1626 年）以后始畏大铳，丙寅以前独畏鸟铳。所见将士多称未习，然习之非难事也。"① 徐光启认为，快枪、夹把、三眼枪之类，不及远，不命中，且费药费弹者，皆可尽弃不用。他认为鸟铳之法如果能教成万人以上，再造大鸟铳万门，以备城守，则可以保证完全无患。建议城上旧用快枪夹把的镇守之军，改习鸟铳，与城下援兵声势相应，可以御敌。

徐光启对于鸟铳的威力非常推崇，"凡鸟铳之精者，一发必毙一贼，以小推大，以一推百，贼之不能支，亦易见矣。所以然者，此器弹必合口，药必等分，发必命中，不惟易于残敌，兼用药不多，易于防火故也"②。徐光启的呼吁未能挽救明朝的败势，后来随着后金威胁的增大，其着力访求红夷大炮和制西铳之法，因此注意力也发生了转移。再加之明朝后期明廷更看重大型火器的作用，而忽略单兵作战火器的威力，也是鸟铳技术未得到普及的一个重要原因。这一点与日本不太相同，日本更重视单兵作战火器，称其为"铁炮"，在明朝援朝战争中就可以看出，倭人重鸟铳，明朝重大型火器。

明朝的鸟铳有葡萄牙、日本、土耳其三家技术来源，在其交互影响之下，形成了明朝鸟铳技术的知识谱系，以及与之相伴的弹药技术理论化，显示出明代单兵作战火器的最高发展水平。明朝引进的三大火器技术——佛郎机铳、鸟铳、红夷大炮，如果说佛郎机铳和红夷大炮解决的是中大型火器的问题，那么，鸟铳解决的就是小型火器的问题。但是，它们的命运不同，佛郎机铳和红夷大炮引入中国后很快成为全国的主流火器，但是鸟铳的影响力却有限，仅限于南方，比它落后的三眼铳一直在明军中作为单兵作战火器主流存在。

明代鸟铳技术的来源是多元的，其传入和应用也是多样化的，从官方记载到文人笔记，在当代学者提及较多的几个传入、仿制的时间节点前后，均可搜寻到关于鸟铳的记载。透过它们，我们可以看到一幅鸟铳在明朝传播和流变的历史图景。我们现在已经很难分辨某一处提及的鸟

---

① 王重民辑校：《徐光启集》（上册），中华书局 1963 年标点本，第 282 页。
② 王重民辑校：《徐光启集》（上册），中华书局 1963 年标点本，第 281 页。

铳到底属于哪种来源。但是，倭铳无疑是影响最大的。而朱纨、胡忠宪、卢镗、谭纶、戚继光、俞大猷、赵士桢，以及后来的徐光启等，均是明朝鸟铳技术发展史上起关键作用的重要人物。经由抗倭战争，鸟铳技术在东南沿海发展成熟，进而向北转播。明清鼎革之际，随着明军的节节败退，鸟铳从制敌利器转而成为后金俘获之利器，加速了明军的败亡，不得不说是一种历史的讽刺。清朝立国，中国鸟铳技术进入新阶段。

第四章　佛郎机铳在明代的本土化

　　佛郎机铳是明朝从西方引进的一种重要火器，在明代火器技术发展中长期占据主导地位，并经过引进、改进和应用几个过程，逐步实现了本土化，成为明朝对内对外战争中非常倚重的"长技"。明代军事技术家对于佛郎机铳的技术要素的认识逐渐深入的过程就是一种本土化，标志着这种西方的火器技术知识逐渐转化为明代火器技术知识的一部分。他们在对佛郎机铳技术要素深入认识的基础上，开始了对佛郎机铳的改进，掺入了明代火器技术的本土化元素，改造出更适应于明军实战需要的本土化佛郎机铳。本土化佛郎机铳在战争中广泛应用于陆战和海战，成为装备明朝军队最多的火器品种，取代了传统火器的主流地位，实现了明代火器技术的变革。

　　佛郎机铳自明代正德年间传入中国以来，经历了一系列的仿造和改进。明朝具有代表性的军事技术家翁万达、赵士桢、戚继光对其进行了改进，创制了百出先锋炮、掣电铳和无敌大将军，使佛郎机铳在明代实现了本土化。佛郎机铳本土化有两种趋势，一种是对传统火器进行佛郎机式的改造而成的中型和大型火器，一种是佛郎机铳技术与鸟铳技术结合而成的小型单兵火器。佛郎机铳广泛用于陆战和海战，成为明代对外对内战争倚重的利器，在红夷大炮引进之前一直是明朝最先进和重要的火器。

第一节 佛郎机铳的技术要素

佛郎机铳是 16 世纪在西方非常流行的一种后膛装火器，主要通过葡萄牙传入中国。因为其在军舰上使用时威力巨大，受到明朝政府边防官员的重视，用其国名称呼这种火器，名为"佛郎机"。佛郎机铳传入中国的时间在正德年间，据《明会典》记载，明朝政府第一次大规模仿制佛郎机铳是在嘉靖二年（1523）。虽然对于佛郎机铳的传入、仿制时间有诸多争论，但是明朝政府真正比较完整掌握佛郎机铳的时间无疑是嘉靖时期的事情。

最初接触佛郎机铳的明朝官员广东按察司金事顾应祥，对装备有佛郎机铳的葡萄牙舰船的威猛火力有深刻的印象。他对其子母铳结构、铁箍木裹、最大射程和有效射程等技术要素都有过详细的了解，并得出葡萄牙舰船恃此横行海上的原因，见图 4.1。在其笔记《静虚斋惜阴录》里对佛郎机铳做了如下记述：

> 佛郎机铳，原出于佛郎机国。正德间予为广东按察司金事，蓦有番舶三只至城下，放铳三个，城中尽惊……铳乃其船上带来者，铳有管，长四五尺，其腹稍大，开一面以小铳装铁弹子，放入铳腹内，药发则子从管中出，甚迅。每一大铳用小铳四五个，以便轮放。其船内两旁各置大铳四五个，在舱内暗放，敌船不敢近，故得横行海上。彼时正值海盗猖獗，遣兵追捕，备侨卢都司命通事取一铳送予应用，其外又用木裹，以铁箍三四道束之。询之，曰："恐弹发时，铳管或裂故也。"翌至教场，试之，远可二百步，在百步内能损物，远亦无力。[1]

---

① 顾应祥：《静虚斋惜阴录》卷 12，《四库全书存目丛书》子部第 84 册，齐鲁书社 1995 年影印本，第 207—208 页。

图 4.1　佛郎机铳

资料来源：郑若曾：《筹海图编》，《中国兵书集成》第 15 册，辽沈出版社 1990 年影印本，第 1261 页。

在此可以看出，佛郎机铳最初进入明朝视线是其在海船上的应用，在舱内暗放，使敌船不敢靠近，成为一种制敌利器。与传统火器相比，其最大的不同之处就在于使用了子铳，轮流装发，因此射速较快。顾应祥还叙述了其有效射程为百步，最大射程为二百步的实战情况。这是一种较为精确的射程描述，后来在茅元仪的《武备志》等兵书中描述的射程则有夸大之嫌。①

佛郎机铳胜过中国传统火器之处在于其巨腹长颈，子铳轮流装发，而且前有照星后有照门，讨准精要全在于此。其优点主要有：射程远、射速快、散热快、弹药量恒定、准确度高。由于炮身又细又长，比起碗口铳那样的扩展型火器更易把火药产生的强大冲击力都聚集在一起，使射出的弹丸更远更有杀伤力。子铳若干，均为提前把发药和弹丸装放好的统一体，省去了临时装填之繁，而且保证了药量和弹量的恒定，经过子铳轮流装发避免了母铳管内温度升高得过快而导致铳管损伤。戚继光在《练兵实纪》中详解了其形制：

①　刘鸿亮：《关于 16—17 世纪中国佛郎机的射程问题》，《社会科学》2006 年第 10 期。

其造法，铜铁不拘，惟以坚厚为主。每铳贵长，七尺更妙，则子药皆不必筑矣；五尺为中，三尺仅可耳，再短则不堪也。腹洞与子口同，乃出子有力。若子铳口大，母铳口小，必致损伤；子铳口小，母铳腹大，出则无力。每佛郎机一架，子铳九门，铁闩二根，铁凹心送一根，铁锤一把，铁剪一把，铁锥一件，铁药匙一把，备征火药三十斤，合口铅子一百个，火绳五根。①

由此可以看出，佛郎机铳的主要量化标准有两点：铳长不得短于三尺，七尺最妙；子铳与母铳要确保合口，以防发射时导致铳管损伤或者射出无力。保证了这两点，才可以发挥出佛郎机铳胜过传统火器的战力。相比于中国传统火器的铳管长短没有定制，火药和弹丸都是从炮口装入，其便利程度无疑是提升了许多。在子母铳结构之外，佛郎机铳另一个重要特点是有前后准星对照的瞄准器，大大加强了其精准程度。《筹海图编》有评论曰："其妙处，在前后二照星。后柄稍从低，庶不碍托面，以目照对。其准在放铳之人，用一目瞄看，后照星孔中对前照星，前照星孔中对所打之物。"② 将其安放在一个可以上下左右旋转的支架之上，可以调整其射击角度，使三点一线的瞄准方法得到更好的应用。

最初的佛郎机母铳都用铜制成，因其体轻便于移动，后来由于铜的价格昂贵以及铁的廉价和易得，明代的佛郎机铳制造逐渐趋向使用铁作为材料。子铳一般均为熟铁打造，这样抗膛压能力更强，而且减轻了对母铳的膛压。后来还出现了木制的佛郎机铳，曾任兵部尚书的谭纶就是这种廉价轻便佛郎机的积极倡导者，但是赵士桢在《神器谱》里极言此类佛郎机的缺陷和不可行之处。梳理一些边关战争的火器装备情况，我们可以看到，这种木制佛郎机确实没能够成为大量装备明军的武器。明代的佛郎机铳种类繁多，大到千余斤的无敌大将军，中到几百斤的普通佛郎机铳，小到十几斤重的万胜佛郎机铳和马上佛郎机铳，各个类别都已具备。在袁崇焕于宁远之役（1626 年）中证实红夷大炮的强大威力之

---

① 戚继光：《练兵实纪》，中华书局 2001 年标点本，第 313—314 页。
② 郑若曾：《筹海图编》，中华书局 2007 年标点本，第 902—903 页。

前，佛郎机铳一直作为明军最重要的火器发挥着作用，每年进行大量的生产。

《武备志》记载了汪鋐对其仿制情况和佛郎机铳的分类：

> 汪诚斋鋐为兵部尚书，请于上，铸造千余，发与三边。其一种有木架，而可低可昂，可左可右者，中国原有此制，不出于佛郎机。每座约重二百斤，用提铳三个，每个约重三十斤。用铅子一个，每个约重十两。其机活动，可以低，可以昂，可以左，可以右，乃城上所用者，守营门之器也。一号长九八尺，口必容铅子，每丸一斤，用药一斤。二号长七六尺，口必容铅子，每丸十两，用药十一两。三号长五四尺，口必容铅子，每丸五两，用药六两。四号长三二尺，口必容铅子，每丸三两，用药三两半。五号长一尺，口必容铅子，每丸三钱，用药五钱。①

与传统火器相比，佛郎机铳的穿透力非常突出，利能洞甲。《战守全书》中记载："守城鄙见曰，每分地须用一条鞭铳数管，大佛郎机一架。盖边铳只能击无遮牌之处，若有被有牌之寇，非佛郎机不能制也。"② 佛郎机铳穿透力强，但爆破力不如传统火器，广泛用于海船和战车之上，用于守城亦可，用于攻城和陷阵则威力不如传统的将军炮。

第二节　佛郎机铳的本土化改进

经过明朝兵仗局的大量仿造和发边使用后，佛郎机铳技术深入了中国的边防重镇。很多军事技术家对其进行了改进和应用，比较突出的有翁万达的百出先锋炮、赵士桢的掣电铳和戚继光的无敌大将军。随着佛

---

① 茅元仪：《武备志》卷122，载任继愈主编《中国科学技术典籍通汇·技术卷》五，河南教育出版社1994年影印本，第1011—1012页。

② 范景文：《战守全书》卷12，《四库禁毁书丛刊》子部第36册，北京出版社1997年影印本，第444页。

郎机铳技术的拓展，更是将火器取代冷兵器的趋势推广到了战车和战舰上，造成了前所未有的军事大变革。

一　翁万达的贡献

翁万达（1498—1552），字仁夫，号东涯，潮州揭阳（今广东揭阳县）人。翁万达的仕途开始于广西，历任户部广西司主事、梧州知府、广西征南副使等职，治理民族地区，征讨安南叛乱，屡建奇功。后来因为安南一役的功绩受到嘉靖皇帝赏识，历经四川按察使、陕西布政使，再迁陕西巡抚，最终擢升为兵部右侍郎，总督宣府、大同、山西三边军务。其总督三边军务的时间为嘉靖二十三年（1544）至嘉靖二十八年（1549），其间抗击蒙古俺答骑兵的侵扰，取得多次胜利，修筑大同至宣府间的长城，使边关得以安宁，立下了赫赫战功。在与蒙古骑兵作战的过程中，翁万达深深地认识到火器是中华第一长技，夷狄所绝无，认为只有如此长技才能抗御飞驰而来的蒙古骑兵。他多次上疏要求工部速增拨铅铁、硝磺，以供其尽快督造。佛郎机铳在嘉靖年间进行大量仿制后，便广泛地应用于边防上，翁万达镇守的宣府和大同是明朝抵御蒙古骑兵最重要的边关，因此得以大量接触这种火器。在熟练掌握佛郎机铳技术的基础上，翁万达对其进行了改进，克服了士兵服习过程中的种种不便，创造了更适宜于实战的百出先锋炮。在其上奏朝廷的《置造火器疏》中对其具体形制有如下描述：

　　　　百出先锋炮，仿佛郎机而损益之也。火器莫利于佛郎机，大率筒长三尺有奇，而小炮止于五。夫筒之长以局其气，使发之迅也。小炮五以错其用，使迭而居也。先锋之制，则损其筒十分之六，状若神机，而加小炮以至于十。曰气可局而不使有余也，炮可错而用不使不足也。用则系火绳于筒外，而纳火器于筒内。毕则倾出之，连发连纳，十炮尽则更为之，循环无间断也。筒仍酌其处，鉴通一机转动消息，倒击不流，倾卸不碍。末有铳锋如戈形，无耳，长六寸，以代铁枪之用。远击近刺，其用传矣。夫佛郎机为器也，升之者四人，临发持者一人，放者一人，是六人发五炮也。况火露筒外，出炉人手，安炮或离于度，则爆裂反伤。非善用者，临时惊惧，心志不定，高下无准。先锋炮持放者一人，不必布机于地，即马上亦宜之。是一人发十炮也。①

这种火器比筒长三尺有奇的佛郎机铳缩减十分之六，子炮则由五个增加到十个。其优点是火药产生的冲击力可以聚集而不使有泄，子炮可轮流错用而不使不足。用时将火绳系在筒外，将子炮放于筒内。用完时将其倾出，连发连纳，可以将十个子炮轮流使用以达到循环无间断的效果。一般的佛郎机铳在作战时，升降需要四人，临发持者一人，放者一人，共为六人发五炮（子铳）。改进后的先锋炮仅需要一人持之便可发射，不必局限于放在地上，马上也可使用，大大地加强了其机动性和便利性。而且是一人发十炮（子铳），所以翁万达评论道："盖一人所执，不啻性时，十余人所执者，斯不亦简而便耶？"② 翁万达共创新并制造了四种火器，认为百出先锋炮是其中最便利者，为古制所无，实应成为抗击北部边患的长技。在镇守边关的几年里，百出先锋炮发挥了很大的作用。虽然翁万达总督宣大，但是其制造的百出先锋炮也影响和扩展到了别的边关，如延绥镇的志书中就有记载："兵家言火攻者，非若今日之佛郎机、三出连珠、百出先锋、母子火兽布地雷、十眼铜炮、四眼神枪诸器。"③ 其中的三出连珠、百出先锋、母子火兽布地雷都是翁万达创制的火器，可见其在各个边关的传播情况。将百出先锋炮与传统佛郎机铳并列，也说明了其威力得到认可，已经是一种成熟的火器品种，而不是很多兵书中批判的那种花样繁巧但无实用价值的火器。

二　赵士桢对佛郎机铳技术的应用

赵士桢（1552—1611），字常吉，号后湖，浙江乐清人，生活于嘉靖和万历年间，明代杰出的火器研制专家。他一生中研制改进了多种火

---

① 朱仲玉、吴奎信校点：《翁万达集》，上海古籍出版社 1992 年标点本，第 378—379 页。
② 朱仲玉、吴奎信校点：《翁万达集》，上海古籍出版社 1992 年标点本，第 378—379 页。
③ 康熙《延绥镇志》，《中国地方志集成·陕西府县志辑》第 38 册，凤凰出版社 2007 年影印本，第 36 页。

器，善书能诗，著有《神器谱》《神器杂说》《神器谱或问》《防虏车铳议》等关于火器的论著。因为自幼生长于海滨，深受倭害，从小就立志要杀寇报国，曾经访求戚继光、胡宗宪等部，收集众多火器知识。后来经由游击将军陈寅的介绍，结识了噜嘧国（今土耳其）来华朝贡并留京多年的使者朵思麻，向其请教制器之法，将噜嘧铳技术介绍到明朝。赵士桢还将佛郎机铳的子、母铳分离技术应用在鸟铳上，造掣电铳，并于万历二十五年（1597）将其进献朝廷。将鸟铳的精准和佛郎机铳的便利结合在了一起，排除了以前鸟铳装放不便的弊端，加强了其实战性。为了避免子铳和母铳的空隙间喷出的烟气熏伤眼睛，赵士桢还特意在掣电铳的后部安装了遮牌，以保护铳手，见图4.2。

在赵士桢的《神器谱》中对于掣电铳的具体技术要素有如下描述：

> 约长六尺许，重六斤。前用溜筒，后著子铳，子铳各有火门。子铳腰间用一铜盘压住，盘上打眼为照门。子铳长七寸，重一斤。用药二钱四分，弹二钱。①

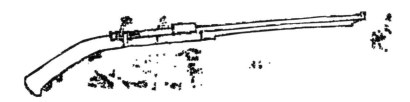

图 4.2　掣电铳

资料来源：何汝宾：《兵录》，《四库禁毁书丛刊》子部第9册，辽沈出版社1997年影印本，第709页。

另外还有一种晚于掣电铳出现的子母鸟铳，其构造原理与掣电铳相似，应该是受赵士桢的影响，仅在何汝宾的《兵录》中有记载：

> 鸟铳必于管长，然后中的无遗。而管长装药不速，是乃易以子铳也。仿照佛郎机式，开作铁槽，谓之母铳。自槽后至管端长官尺

---

① 郑诚整理：《明清稀见兵书四种》（上册），湖南科学技术出版社2018年版，第43页。

二尺四寸，重可六斤。槽中装子铳，后加铁栓。子铳一样四个，每个仅重一斤，如狼机铳子之式。长七寸，上有小铁牌作拿手，中开小眼以照前星。大与母铳相称，子母口务要紧密，以免药烟冲目。①

掣电铳和子母鸟铳的共同特点都是将佛郎机铳技术应用在鸟铳技术之上，从而形成一种新的单兵火器。这显示了明代的火器技术基础雄厚，能够很快地将外来技术进行吸收、转化和再创造。鸟铳的装放速度得到提升，在短时间内增加了发射次数。而且避免了以前的鸟铳每次装发不得过三次的弊病（因为会使管壁过热），子铳的换发不会增加母铳管内的温度。子母鸟铳比掣电铳稍长，子铳也稍重，威力比掣电铳大一些。由此可以看到佛郎机铳技术在中国发展的两种趋势：一种是将子母铳结构移植到中型或大型火器之上，一种是将子母铳结构移植到小型火器，即单兵火器之上。

三 戚继光对佛郎机铳的改进

在西方的佛郎机铳技术传入中国之前，明朝最主要的传统大型火器为大将军、二将军、三将军。但其体重难移，填装不便，发射时屡有炸损之虞。预装火药弹丸容易使线眼生涩，临时装则势有不及，一发之后需要稍作冷却才可再次装放。而且在装放时往往需要将其直起，数十人才能举起。戚继光在练兵的过程中对其进行了改进，将佛郎机铳的子母铳技术植入，制成了无敌大将军（也称作无敌神飞炮），见图4.3。其具体形制为：

> 无敌神飞炮，每位子炮三门。铸时减口一寸，则身分俱减。而其厚只当加，不必减。生铁子，每出一百丸，每丸一两。每子炮一门，备二出。用坚重木厚阔者作槽，匣母炮于内。其放法与佛郎机同。②

---

① 何汝宾：《兵录》卷13，载任继愈主编《中国科学技术典籍通汇·技术卷》五，河南教育出版社1994年影印本，第688页。

② 戚继光：《纪效新书》（十四卷本），中华书局2001年标点本，第271页。

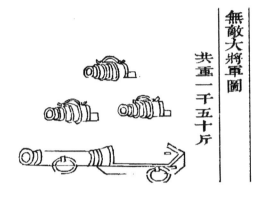

图 4.3   无敌大将军

资料来源：戚继光：《练兵实纪》，《中国兵书集成》第 19 册，辽沈出版社 1990 年影印本，第 635 页。

经过改进的无敌大将军比戚继光划分的五种佛郎机铳的最大型号者还要大，威力也很大。《练兵实纪》对其优势有如此描述：

> 此器所以击众也。夫虏马动以万数拥来，毋论沟堑，须臾堕溢，踏之而过。快枪等器，一铳一子，势小难御，但能击死有限之虏，不能阻其直前之冲，我军以故每每不支而败。旧有大将军、发烦等器，体重千余斤，身长难移，预装则日久必结，线眼生涩，临时装则势有不及，一发之后，再不敢入药，又必直起，非数十人莫举。今制名仍旧贯，而体若佛郎机，亦用子铳三，倬轻可移动，且预为装顿，临时只将大将军母体安照高下，限以木枕，入子铳发之。发毕，随用一人之力，可以取出，又入一子铳云。一发五百子，击宽二十余丈，可以洞众，固有不惧而退者。①

在明朝边防著作《四镇三关志》中将无敌大将军与将军炮同类并举，显示其作为一种改进后的火器已经在边关得到了广泛应用，见图 4.4。经过裁减后的无敌大将军体重依然是个问题，不利于机动作战，更

---

① 戚继光：《练兵实纪》，中华书局 2001 年标点本，第 311—312 页。

多的是用于防守和攻城等不需频繁移动的战斗之中。在红夷大炮传入之前，传统大型火器装药不便、佛郎机铳威力不够之时，此种火器无疑是相对而言将装药便利和威力巨大二者结合得较为理想的一种大型火器，因此受到了诸多明军将领和军事技术家的重视，在其奏章和军事著作中多有体现。

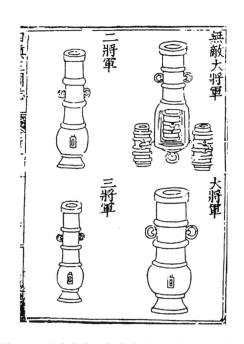

图4.4 无敌大将军与大将军、二将军、三将军

资料来源：刘效祖：《四镇三关志》，中州古籍出版社2018年标点本，第21页。

此外，在明代兵书中，还有一种和无敌大将军类似的大型佛郎机铳，叫作发熕，也是传统火器经佛郎机式改造而来，见图4.5。

> 每座约重五百斤，用铅子百枚，每个约重四斤。此攻城第一利器，倘遇大敌，亦可用击。石弹大如小斗，石之所击，人畜遇之则成血漕，山遇之则深入几尺。不但石子不可犯，凡石所击之物，转相搏击，无不立毁。甚至人之肢体血肉，被石溅去亦必伤坏。又不

图 4.5　铜发熕

资料来源：何汝宾：《兵录》卷 12，载任继愈主编《中国科学技术典籍通汇·技术卷》五，河南教育出版社 1994 年影印本，第 684 页。

但石子如是，火药一蓺之后，其声能震杀人，其风能搧杀人，其气能毒杀人。故欲举发熕，须令司火者先掘土坑藏身，然后药线与火气上冲，可以免死。仍防敌人抢夺。然便于攻高而不便于攻下，利于陆战而不利于水战。①

四　万胜佛郎机

在结构方面，一种是保留了佛郎机铳的子铳后装模式，即上述翁万达、赵士桢、戚继光的改造；一种则是子铳前装模式，子铳从母铳口前端装入。万胜佛郎机属于后者。具体发明者已难考究，在《武备志》中有对其形制的记载：

---

① 何汝宾：《兵录》卷 12，载任继愈主编《中国科学技术典籍通汇·技术卷》五，河南教育出版社 1994 年影印本，第 684 页。

　　母炮长一尺六寸，底上少许有孔，旁紧铁销，底至火门一寸六分。子炮长一尺七寸，底销上有门，底至火门一寸。此器盖仿佛郎机而略为更易者也。佛郎机重大，利于船，不利于步骑，且提炮短小，气泻无力。今改子炮，子炮三套九位，身长气全而有力，一装一放，循环无端。照星、照门，对准方放。平放二百余步，每用药三钱，铅子一枚重三钱，可佐威远与连炮。①

　　万胜佛郎机采用前装填模式，更独特的是其子铳（一尺七寸）要比母铳（一尺六寸）长，外露一部分，见图4.6。相对于以前的子铳短小而无力，这种子铳长出很多，射程可以更远，有巨大的冲击力，平放达到二百余步，达到了大鸟铳的射程。从形制上看，万胜佛郎机属于一种小型佛郎机铳，是装备士兵的单兵火器，正是针对佛郎机铳重大且利于船而不利于步骑发明出来的。

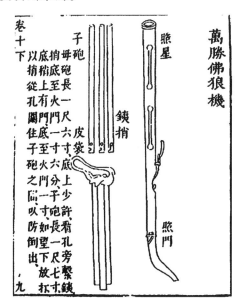

图4.6　万胜佛郎机

资料来源：范景文《师律》卷10，明崇祯刻本。

———————

　　① 茅元仪：《武备志》卷125，载任继愈主编《中国科学技术典籍通汇·技术卷》五，河南教育出版社1994年影印本，第1046页。

第三节　本土化佛郎机铳在战争中的应用

汪鋐在嘉靖八年（1529）上疏《奏陈愚见以弭边患事》，详解佛郎机铳的技术要素以及威力，并力荐明廷进行仿造后，紧接着又在嘉靖九年（1530）上疏《再陈愚见以弭边患事》，力图使佛郎机铳在战争中得到更加广泛的推广和应用：

> 臣窃惟西北之虏为中国患，其来已久。我国家相度形胜，沿边各设重镇，如陕西则有甘肃、延绥、宁夏，山西则有大同、宣府，此五镇也，实西北之大捍蔽也。然而贼寇之来，所向无前，一遇交锋，彼胜我负，损伤官军，动至千百。为今之计，惟当用臣所进佛郎机铳。小如二十斤以下，远可六百步者，则用之墩台。大如七十斤以上，远可五六里，则用之城堡。五里一墩，十里一堡，比比相因，要害之处，无不皆然。照依式样，多造佛郎机铳，人人教之，熟晓放铳之法。一墩三人守之以一铳，一堡十人守之以三铳。①

按照汪鋐的设想，五里一墩、十里一台的兵力配置结合对佛郎机铳的熟练使用，可以在军事技术和威力方面占据优势，进而实现西北边防的稳固。佛郎机铳的威力被前线军事将领敏锐地认识到，进而很快将其引入改进用于战争和巩固边防，这也体现了明朝中期对先进技术的积极态度。

佛郎机铳本身不具有机动性，必须附着在舟船或者战车之上。俞大猷在镇守大同时，写有《大同镇兵车操法》，阐述了战车与佛郎机铳的配合使用，列有三种战车的车制，是明代最早论述二者关系的专著之一。② 其"车第一式"载：

---

① 黄训：《名臣经济录》卷43，明嘉靖三十年刻本。
② 周维强：《佛郎机铳在中国》，社会科学文献出版社2013年版，第96页。

独其轮，直施大木二股，前横一木，并上面两直小木。共装大枪头四件，大佛郎机一件，挨牌二件，小月旗二面，布幔一副。车身并轮并车上铳、牌、枪，共重不满三百斤，以十六人分班推之。行则布以为阵，止则列以为营。[1]

每辆战车上配大佛郎机铳一座，辅以各种轻型火器，取代了以前战车上以弓弩等冷兵器为主的格局，标志着明军车战由冷兵器时代进入火器时代的突破，见图4.7。戚继光和谭纶在蓟镇练兵时，也对战车与佛郎机铳的结合进行了大量改进，并且创立了车营，进而影响到京营的军制。戚继光创立的车营装备佛郎机铳情况为："车上安大佛郎机二架，每车见派军士二十名，分为奇正二队。正兵一队军士十名，以六名管佛郎机二架，每架三名。奇兵一队军士十名，以鸟铳手四名在内放鸟铳。"[2]

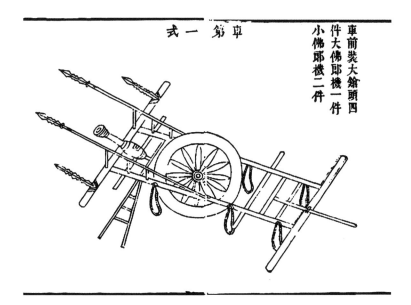

图4.7　配有佛郎机铳的战车

资料来源：俞大猷：《正气堂集》，卷11，清道光二十一年刻本。

---

① 俞大猷：《正气堂集》卷11，道光二十一年刻本。
② 戚继光：《练兵实纪》，中华书局2001年标点本，第332页。

用此抵御蒙古骑兵，真可谓是有足之城，不秣之马，极大地发挥了火器这一中国之长技的优势。每一个车营有战车 128 辆，装备 256 架佛郎机铳，2304 门子铳，这一数量是相当大的。

配备在战车上的佛郎机铳不仅增加了机动性，更成为防边和对外战争的利器，在壬辰之战中，明军就是凭借着佛郎机铳的火力优势压倒了以鸟铳见长的日本军队。因为按照两国的习惯，倭人更喜欢鸟铳，并将其称为铁炮，明人更喜欢佛郎机铳。在被红夷大炮取代之前，佛郎机铳在中国军队中的使用程度远远地胜过了以大将军为代表的中国传统火器。这一点与鸟铳不同，鸟铳在中国，尤其是在北方，其使用程度并没有胜过传统单兵火器快枪和三眼铳。

1984 年 5 月于北京延庆发现两门明代马上佛郎机铳，皆为子铳，长 15.4 厘米、口径 2.8 厘米，通身置四道箍，刻有"嘉靖庚子年兵仗局造"和"马上佛郎机铳贰仟肆百肆拾号重壹斤拾两""马上佛郎机铳贰仟伍佰伍拾柒号壹斤拾贰两"字样，见图 4.8。①

郑和下西洋显示了中国先进的造船能力。体现在兵船上就是对载有火器的战船的修造，尤其是有一种专门适用于佛郎机铳的蜈蚣船，在当时使用很广泛。在《筹海图编》中有记载：

> 船曰蜈蚣，象形也。其制始于东南彝，专以架佛郎机铳。铳之大者千斤，至小者亦百五十斤。其法之烈也，虽木石铜锡，犯罔不碎，触罔不焦。②

明代佛郎机铳广泛装备于各种大小兵船，使明军的海战能力大大提升，远远胜过倭人，在陆上勇猛的倭人在海上最惧怕的莫过于明军的战舰。而且，佛郎机铳成为最适宜装备战舰的大中型火器，虎蹲、灭虏、大将军等炮非必须则不敢轻用，原因在于"其气力重大，虽能碎彼船，恐于我船亦不免有伤"③。根据戚继光编练的水兵营制可以看出佛郎机铳

---

① 程长新：《北京延庆发现明代马上佛郎机铳》，《文物》1986 年第 12 期。
② 郑若曾：《筹海图编》，中华书局 2007 年标点本，第 876 页。
③ 宋应昌：《经略复国要编》，浙江大学出版社 2020 年标点本，第 74 页。

图 4.8　马上佛郎机子铳

资料来源：程长新：《北京延庆发现明代马上佛郎机铳》，《文物》1986 年第 12 期。

的装备情况：其中一号船装备无敌大将军二位，大狼机八位，合计十位佛郎机铳；二号船装备无敌大将军一位，大狼机六位，合计七位佛郎机铳；三号船装备无敌大将军一位，大狼机五位，合计六位佛郎机铳；四号船装备无敌大将军一位，大狼机四位，合计五位佛郎机铳；五、六号船装备狼机三位；七、八号船装备狼机一位。[①] 可见，在明军水兵营的主力战舰上都装备了无敌大将军和大狼机这两种大中型佛郎机铳，在非主力舰上也装备了小型佛郎机铳，再配以大量的鸟铳、喷筒等单兵火器，使明代水兵也实现了由冷兵器时代步入火器时代的跨越。

　　由上观之，可以看到佛郎机铳无论是在明军的车营还是战舰上都成了最普及和流行的火器，成为克敌制胜的利器。对于其制造与使用也达到了较为成熟的程度，实现了佛郎机铳技术的本土化，在理论和实践上

---

　　① 戚继光：《纪效新书》（十四卷本），中华书局 2001 年标点本，第 258 页。

都有所拓展。

佛郎机铳从西方传入中国后，经历了认识、熟悉、仿制、改造的本土化过程，激起了明代军事技术家们极大的兴趣，并传播开来，在明朝对外战争中起了很大的作用，成为明代非常倚重的一种火器。在被红夷大炮取代之前，它的作用和地位一直都是标志性的。明代军事技术家们对其进行了改进，使之更适合中国的战争需要。其中有的是对既有传统火器的改造，如从大将军到无敌大将军的变化；有的是对新技术的变异，如从佛郎机铳到百出先锋炮；有的是对新技术的合并，如结合了鸟铳和佛郎机铳技术优点的掣电铳、子母鸟铳。改造后的命运也是多样的，无敌大将军和百出先锋炮得到了广泛的应用，但是非常先进和便利的掣电铳、子母鸟铳却流传非常有限，相关记载也很少。其原因是多样的，这与赵士桢不是统兵将领有关系，无法将其自制的火器进行直接推广，更与中国北方士兵不服习鸟铳，鸟铳一直都没能取代三眼铳、快枪的地位有关。鸟铳没得到推广，比鸟铳更为精巧复杂的掣电铳就更难推广了。

明代军事技术家对佛郎机铳的本土化改进和应用有两个趋势：一种是对传统火器进行佛郎机铳式的改造，以中型或大型火器发挥作用；一种是将佛郎机铳与鸟铳结合，以小型单兵火器发挥作用。在改进后的结构方面也有两个趋势：一种是子铳后装模式，如掣电铳；一种是子铳前装模式，如万胜佛郎机。纵观这些改造过程可以看出，佛郎机铳的子铳母铳分离结构是最让人关注的核心技术要素，改造出的新型火器大都以此为参照系。但是其前后准星的瞄准结构却较少受到重视和应用，在相关兵书和奏疏中也较少论及，即使到明代中后期，具有前后准星结构的中型和大型铳炮依然很少。这与中、大型铳炮对瞄准器需求较少有关，它们更重视的是射击的角度和高低，这个问题是到红夷大炮引进之后解决的，即铳规和铳尺的应用。

佛郎机铳作为一种附着于车上和舟船上的火器，获得了机动性，全面覆盖了古代中国所具备的军种——陆军和水军，大大地拓展了其影响力，成为红夷大炮引进之前明军内外战争中最倚重的神器。它代表了一个时代，标志着明代中国火器技术发展的高峰，与鸟铳、红夷大炮并列为明代中后期最值得关注的军事技术器物。

应当注意的是，明廷在仿制佛郎机铳的过程当中，结合边防与海防的实际，对佛郎机铳进行了一系列的仿造和改进：发展出大中小型佛郎机铳，大利于守，小利于攻；结合北方边防的实际，制造出适合骑兵使用的马上佛郎机铳；为抵御倭寇的入侵，又制造出适合江防与海防的水上佛郎机铳；明代一批优秀的军事技术家如翁万达、赵士桢、戚继光等，将佛郎机铳与传统火器相结合，制造出了百出先锋炮、掣电铳、无敌先锋炮和万胜佛郎机，实现了佛郎机铳的本土化。

依据文献记载，万胜佛郎机母铳长 1 尺 6 寸，子铳却长达 1 尺 7 寸，子铳长于母铳，明显已不适用于后装填式。而其子铳加长显然是为了解决传统佛郎机铳由于子铳短小，当子铳装入母铳时，子铳与母铳之间存在接缝，导致铳气泄露，打放无力的状况。子铳铳长大于母铳，则打放之时，弹丸全然不经过母铳的铳管，而是直接从子铳铳管打出，不会造成铳气外泄的状况发生。然此种方式却明显不适用于中大型佛郎机铳，只适用于小型佛郎机铳。但无论如何，子母铳结构作为佛郎机铳的核心结构特征，是没有疑义的。

佛郎机铳为子母铳结构，每门佛郎机铳配备子铳九门，每个子铳配备火药十出，铳身有前后二照星，有些还配备有木制炮架，在使用时还配备有其他部件，铁拴二条、铁锤一把、合口凹心铁送一根、铁剪一把、铁锥一把、铁药匙一把，以便装填火药，发射铅子之用。明代仿制的大中小型佛郎机铳，根据其质量大小和体型大小，大致有五种型号。不同规格的佛郎机铳在炮管长度、炮身重量、弹丸大小、装药量多少方面都存在差别，因而炮管长度、炮身重量、弹丸大小、装药量多少显然并非佛郎机铳的核心技术特征。而有无前后照星也不应当视为佛郎机铳的核心技术特征，这是不言自明的，虽然前后照星为佛郎机的打放提供了便利，但是具备前后照星的火器却不仅仅有佛郎机铳，且佛郎机铳也并不都有前后两照星，如万胜佛郎机便仅有一照星。

佛郎机铳的母铳长径比多在 20：1—45：1，子铳的长径比多在9：1—12：1，当然马上佛郎机子铳除外，马上佛郎机子铳长径比为5：1。许多学者依据现代火器理论，探讨倍径（火门至炮口之距离与口内径的比例）技术在明代火器制作过程中的应用与影响，其中自然不免涉及佛郎机铳的倍径问题，然而笔者认为倍径这一概念不适合对佛郎机系火器制作技术的探讨，这主要是由于彼时的机械制造精度不高，导致火药的爆炸气体常从子铳与母铳的接缝处泄出。且明末所制佛郎机铳，"今人不谙此义，以铳身后截，既为半径托铳，盖托铳既窄，则子铳必小而薄，合之母铳，竟小数分……弹才脱口，而母铳宽大熿荡，药力散漫。若此者，是犹无母铳矣，又何取于筒长，欲远中而力猛也"①，即佛郎机母铳的铳长，对于佛郎机铳的射程和弹丸出铳管的初速度，起不到太大作用。这与16世纪末17世纪初出现的前装滑膛式火器有着极大的区别，倍径技术只适合于对前装滑膛式火器的探讨，而不适用于对明代佛郎机系火器母铳的探讨。

---

① 焦勖：《火攻挈要》，载任继愈主编《中国科学技术典籍通汇·技术卷》五，河南教育出版社1994年影印本，第1294页。

第五章　西方传华火器技术主要内容

随着传教士东来以及火器技术理论知识的流布，明末军事技术家吸收了很多西方火器技术理论知识，见表5.1。利玛窦带来的西方数理知识深深震撼了徐光启、李之藻、孙元化等明末士大夫，使他们认为要想发展中国火器，必须明度数之学，中国火器技术的内容开始向"明理识算"的趋势发展。

表5.1　　　　　　　　西式火器技术著述一览

书名	作者	完成年代	存佚情况
西洋火攻图说	张焘、孙学诗	—	佚
西洋城堡制	韩云	—	佚
守圉全书	韩霖	崇祯十年（1637）	存
购募西铳源流	韩霖	—	佚
西法神机	孙元化	崇祯五年（1632）	存
火攻挈要	汤若望、焦勖	崇祯十六年（1643）	存

第一节　倍径技术

《西法神机》和《火攻挈要》中按照西方的火器分类方法，将火器分为战铳、攻铳、守铳三种类型，并对铳口倍径技术分别进行了描述。铳口的内径是恒定的，前后如一的平直铳膛，不同的是因周墙厚度不同导致的外围周长由前到后逐渐增大。由铳口、铳耳、火门三处的外围周长确定了整个铳管的厚度从铳口到火门逐渐增加的趋势，这与火药发射时膛压从火门到铳口逐渐减弱的趋势正好相应。而且，以铳耳为界的铳身前后也呈现一定的比例关系，大多数是 6 : 4 的比例，铳耳处于靠后的地方，以保证铳炮放在炮架上时前后平衡。因此，倍径技术体现在具体的参数上就是：铳口后空径并周墙实径、铳耳前空径并周墙实径、火门前空径并周墙实径；铳口外围、耳前外围、火门前外围；以铳耳为界的铳身前后之比。①

一　战、攻、守铳倍径技术

1. 战铳的倍径技术

一般的战铳较为细长，其主要功能在于射远，利于野战。铳口空径为 3—4 寸，铳身（铳口到火门）为铳口空径的 33 倍，其余部分（铳耳长和宽、火门距铳底距离、尾珠）都与铳口空径成比例关系。铳口后空径并周墙为 2 径，铳耳前空径并周墙为 2.5 径，火门前空径并周墙为 3 径。与此相对应的外围分别为：铳口外围 6.3 径，耳前外围 7.9 径，火门前外围 9.5 径。铳口至铳耳 19.6 径，铳耳至火门 13.4 径，以铳耳为界的铳身前后比例为 6 : 4。

另有子母铳结构的战铳，为了达到不同的作战效果，具有不同的倍径关系。关于母铳身长、子铳身长、铳口空径并周墙实径、外围，都有确切的与铳口空径的比例关系。《西法神机》记载的大号佛郎机铳、子母铳的母铳身长为铳口空径的 50—55 倍，子铳身长为母铳铳口空径的 4 倍，与子铳相关的配件也与母铳铳口空径成比例关系。母铳铳口后空径并周墙 3.1 径，耳前空径并周墙 3.5 径。与此对应的母铳铳口外围为 10.6 径，耳前外围为 11 径。关于身长 50 径佛郎机铳比例分配，母铳口至铳耳处 29 径，铳耳 1 径，母铳耳至子铳火门处 20 径，可得铳耳前后之比为 6 : 4。如果是身长 55 径的佛郎机铳，则在耳前加 2.7 径，耳后

---

① 冯震宇、高策：《明末西方传华火器倍径技术应用及其影响》，《山西大学学报》（哲学社会科学版）2012 年第 1 期。

加 2.3 径，所得前后之比例与身长 50 径佛郎机铳相同。《火攻挚要》记载的飞龙铳，铳口空径 3—5 寸，身长 55 径，子铳长 5 径。铳口至铳耳为 32 径，铳耳至子铳火门为 22 径，耳 1 径，前后依然是六四比例。无论身长是多少，都以铳耳为界，前后形成固定的比例。①

2. 攻铳的倍径技术

一般的攻铳铳口空径为 5 寸—1 尺，铳身为铳口空径的 17—18 倍。铳口后空径并周墙 1.75 径，铳耳前内口空径并周墙 2.5 径，火门前空径并周墙 2.9 径。与此相对应的外围分别为：铳口外围 5.5 径，耳前外围 7.1 径，火门前外围 9.1 径。铳身长 17 径的攻铳，铳口至铳耳 10 径，耳长 1 径，铳耳至火门 6 径，以铳耳为界的前后二者比例为 6:4。如果是身长 18 径的攻铳，则在铳耳前加 0.6 径，铳耳后加 0.4 径，所得前后之比例与身长 17 径攻铳相同。攻铳的铳腹样式比较多样化，有屈底平正式，有屈凹圆样式，有底窄推弹式，但是对于倍径技术的遵循都是相同的。

较为特别的攻铳有虎唬铳和飞彪铳，与一般的攻铳稍有差别，其倍径比例情况如下。

虎唬铳，空径 6 寸—1 尺，身长为铳口空径的 23—25 倍，超出了一般攻铳的倍径比。铳口后一径处内口空径并周墙实径共 3 径，铳耳前铳口空径并周墙实径共 3.5 径，火门前铳口空径并周墙实径共 4 径。与此相对应的外围分别为：铳口外围 9.3 径，耳前外围 10.7 径，火门前外围 12.4 径。铳身较战铳加厚 3—5 分。身长 23 倍径的虎唬铳，火门至铳耳处 9 径，铳耳长 1 径，铳耳至铳口处 13 径，耳前与耳后的比例为 6:4。如果是身长 25 倍径的虎唬铳，则在耳前加 1.2 径，耳后加 0.8 径，所得前后之比例与身长 23 径虎唬铳相同。

飞彪铳口径最大，通常有 2 尺之宽，铳身为铳口空径的 4—5 倍。铳口、耳际的空径并周墙实径为 3 径（空径 1 径，实径 2 径），火门前装药处铳腹空径并周墙实径为 3 径（空径 0.5 径，实径 2.5 径）。对应的外围

---

① 孙元化：《西法神机》卷上，载任继愈主编《中国科学技术典籍通汇·技术卷》五，河南教育出版社 1994 年影印本，第 1237—1239 页。

分别为：铳口处 9 径，铳耳处 9 径，火门处 9 径。铳身为 5 径的飞彪铳铳口至铳耳 3 径，铳耳至火门 2 径。铳身为 4 径的飞彪铳铳口至铳耳 2.5 径，铳耳至火门 1.5 径。耳前与耳后的比例均为 6∶4。这是一种极为特殊的攻铳，前后外径相同，为圆柱体，不同于一般攻铳的由前到后逐渐增粗的形制。而且，其内部也不是前后如一的空径，而是铳口到铳耳之间内部较宽，铳耳到火门之间内部较窄，这主要是为了填装体积更大的弹丸，以及增大火药燃烧后产生的推动力。飞彪铳没有遵循一般的攻铳铳身为铳口空径的 17—18 倍这一倍径技术规律，因其是一种近距离攻城火器，主要利用对抛物线弹道学规律的掌握，将弹丸抛入城内。这是西方传华火器弹道学知识和倍径技术相结合的结果。①

3. 守铳的倍径技术

一般的守铳铳口空径为 3—5 寸，铳身与铳口空径之比与攻铳相同，为 17—18 倍。由于守铳是在城上坚守，敌人进攻，因此不需远射，铳管不需要太长。铳口空径并周墙实径共 2 径，铳耳前空径并周墙实径共 2.8 径，火门前空径并周墙实径共 3.1 径。对应的外围分别为：铳口处 6.3 径，铳耳处 8.8 径，火门处 9.6 径。铳口至铳耳，铳耳至火门的倍径数及耳前后比例都与攻铳相同。不同的是守铳周墙实径和外围倍径数往往比同等条件下的攻铳多 3 分，原因在于守铳长久置于铳台之上，磨损增加，铳身需要更为厚实。相对于战铳和攻铳而言，守铳受到的关注较少，而且其种类也较少，基本上都是按照上述标准设计的一般守铳。而且，其发挥作用很大程度上取决于铳台的修建是否合理，射击死角是否覆盖，这些技术在孙元化的《西法神机》中有详细论述，而且在明末的军事实践中多有体现。这是西方传华筑台技术和倍径技术结合的结果。

由此可见，西方传华火器倍径技术并不是一种孤立的技术，它与同时期传入中国的弹道学知识、铳台技术等相关要素是相辅相成的，在明末实战中配合发挥作用。而且，火器倍径技术并不是死板的几种比例关

---

① 孙元化：《西法神机》卷上，载任继愈主编《中国科学技术典籍通汇·技术卷》五，河南教育出版社 1994 年影印本，第 1237—1241 页。

系，它有着很多变体，如大佛郎机铳、虎唬铳、飞彪铳等，都是结合了一般的倍径技术而又有自己独特的设计，从而发挥出独特的作用。[1]

二　关于火器倍径技术的几点思考

对于《西法神机》和《火攻挈要》中所叙述的火器倍径技术内容，由于在同时代的其他军事著作中难以得见，因此很多人认为其只是一种没有推行到明代火器实践中的理论知识，只停留在纸上。但是，仔细考察明代火器史就可以发现事实并不如此，由此引出几个值得我们深思的问题。

1. 明代前期和中期火器制造中是否不自觉地意识到了倍径技术？

倍径技术主要针对中型和大型火器而言，单兵作战火器对此原则不太遵循。纵观明代前期和中期的各种传统大中型火器，通过其数量关系，可以看出当时对倍径技术的理解程度。根据整理数据所得，可见表5.2。

表5.2　　　　　　　　**明朝传统大中型火器倍径比例关系**

铳炮名称	初创时期	口径	身长	口径与身长之比
碗口铳	洪武	75 毫米	318 毫米	1∶4.2
洪武大铁炮	洪武	210 毫米	1000 毫米	1∶4.8
小型佛郎机铳	嘉靖	22 毫米	630 毫米	1∶28.6
大型佛郎机铳	嘉靖	32 毫米	1310 毫米	1∶41
虎蹲炮	嘉靖	40 毫米	350 毫米	1∶8.7
灭房炮	嘉靖	77 毫米	666 毫米	1∶8.6
威远炮	万历	73 毫米	932 毫米	1∶12.8
大将军炮	万历	100 毫米	1430 毫米	1∶14.3

资料来源：王兆春：《世界火器史》，军事科学出版社2007年版，第96—102页。

明代前期火器威力小的原因在于铳管与铳口空径的比例不当，铳身太短所致，火药在铳内的燃烧不充分，没有获得足够的弹道推射长度。表5.2中的碗口铳、洪武大铁炮口径与身长之比大多在1∶4—1∶5，这

---

[1]　孙元化：《西法神机》卷上，载任继愈主编《中国科学技术典籍通汇·技术卷》五，河南教育出版社1994年影印本，第1243—1244页。

样的火器只能用作守城或攻城，不太适于野战。因此，在正德和嘉靖年间，明朝边防军队首次接触葡萄牙战舰上的佛郎机铳时，为其强大的威力所折服，认为"巨腹长颈"是其能够横行于海上的原因。当时的佛郎机铳身长与口径之比远远大于中国传统火器的相应比例，能够射得更远，而且安装了铳耳，可以上下旋转调整射角，再结合前后准星等瞄准设备，更加强烈显示出了双方火器技术之间的差距。

在嘉靖时期开始大规模仿制佛郎机铳之后，明代军事技术家开始接触倍径技术这个影响火器射程的核心技术要素。如表5.2所看到的，这个时期造出的大型佛郎机铳口径与身长之比达到了1:41，小型佛郎机铳也达到了1:28.6，这样的铳管长度能够保证发弹致远的目的。可以看出，明代军事技术家在佛郎机铳引进之后已经意识到了火器倍径技术的一些科学要素，但是未能充分理解倍径技术的核心。他们更在乎的是铳身的长度，而没有发现铳身长度与铳口空径之间具有规律性的比例关系。而且，在别的部件与铳径的比例关系方面更是没有形成任何认识，如对铳耳、尾珠、壁厚、底厚等与铳口空径的比例关系就没有进行过相关论述。

综上所述，可以得出，明朝前期对于火器倍径技术没有任何认识，这一状况在明代中期引进佛郎机铳技术后得到了改观，明代军事技术家开始留意铳身的增长所带来的威力。但是，显而易见的是在明末西方火器知识通过传教士大规模传入中国（尤其体现在《西法神机》和《火攻挈要》上）之前，明代军事技术家对于火器倍径技术的认识并没有上升到科学理论的高度，而且对其重视不够。这体现在戚继光的军事著作《纪效新书》《练兵实纪》，以及明代军事百科全书《武备志》等重要军事著作里，对各种火器的技术，只描写身长、体重，绝少描写铳径多少，更没有描写铳径与身长之间的比例关系。因此，明代前期和中期对火器倍径技术的认识是随着佛郎机铳技术的传入开始的，但是没有形成知识谱系，在主要的军事著作上没有提及。

2. 倍径技术传入后在明末实战中的应用如何？

万历末期，西方的红夷大炮传入中国，明代火器技术发展到一个新的阶段。伴随而来的是一套全新的铳炮技术，以及铳规、铳尺等辅助设备，铳炮倍径技术是其中的核心技术之一。在大学士徐光启的主导下，朝廷多次从澳门购进红夷大炮，并且在天启六年（1626）的宁远之战中利用红夷大炮击败了后金，这是明朝与后金作战以来的第一次重大胜利。其后，明朝开始按照新法仿制西洋火器。徐光启于崇祯三年（1630）二月至八月，仿制红夷炮 400 余门。① 在上奏朝廷的奏章中，徐光启、李之藻等人对西方火器的倍径技术已经有较深的认识，"臣尝询以彼国武备。其铳大者一丈，围三四尺，口径三寸，中容火药数升，杂用碎铁碎铅，外加精铁大弹，亦径三寸，重三四斤。其制铳或铜或铁，锻炼有法。每铳约重三五千斤，其施放有车，有地盘，有小轮，有照轮。所攻打或近或远，刻定里数，低昂伸缩，悉有一定规式"②，认识到口径、身长、外围、弹丸直径之间都有一定的数量关系。而且，徐光启还通过自己的好友及门生推进西方火器技术的传播，并派葡萄牙士兵和传教士去山东登州帮助自己的学生孙元化用新式方法造炮和训练炮兵，使登州成为明朝火器技术中心。虽然徐光启在崇祯六年（1633）去世，但是他的造炮理念和影响并没有消失，两广总督王尊德和熊文灿都进行了以倍径技术为重要标准的造炮活动，其造出的火器威力巨大，品质优良。

崇祯二三年，王尊德以澳门购来的大铳为样品，铸成 200 余门大炮，并将其解运至京，以抵御后金军队的进攻。这种火力强大的铳炮，一长258 厘米，铳口空径 14 厘米，空径与身长之比为1：18；一长 253 厘米，铳口空径 11 厘米，空径与身长之比为 1：23。③ 符合攻铳和守铳的一般标准。《大铳事宜》对炮重、弹重、装药量的比例关系也做了叙述，对以铳径为中心的铸炮问题进行了记载。王尊德在实践中和理论中所强调的铳炮、弹药与铳径的比例关系其实是对倍径技术认识的一种深入和成熟。熊文灿于崇祯六年（1633）督造的小型铁炮，长 4.4 尺，内径 0.21尺，铳口空径与身长之比为 1：21，现藏于中国军事博物馆。④ 此外，还有宣大总督卢象升于崇祯十一年（1638）督造的"神威大将军"铁炮，

① 刘鸿亮：《徐光启与红夷大炮问题研究》，《上海交通大学学报》（哲学社会科学版）2004 年第 4 期。

② 王重民辑校：《徐光启集》（上册），中华书局 1963 年标点本，第 179 页。

③ 黄一农：《明清之际红夷大炮在东南沿海的流布及其影响》，《中央研究院历史语言研究所集刊》2010 年第 4 期。

④ 黄一农：《明清之际红夷大炮在东南沿海的流布及其影响》，《中央研究院历史语言研究所集刊》2010 年第 4 期。

长 285 厘米，内径 10.5 厘米，铳口空径与身长之比为 1：27，这是一种更为猛烈的战铳。

徐光启去世后，崇祯帝命传教士汤若望负责铸炮，以应对进攻势头不断增强的后金军队。汤若望铸造的火器大都直接用于东北战场，因此留存到现在的实物也较多。山海关城墙上的崇祯末年制造火器，"口径 10 厘米，口外径 31 厘米，炮口至火门 227 厘米。炮口至炮耳中轴 142 厘米，炮耳直径 11 厘米"①。空径与身长之比为 1：22.7，以炮耳为分界的炮身前后比例为 6：4，符合《西法神机》和《火攻挈要》中所表述的西方传华火器倍径技术标准。由此可见，在明末实战中，铳口倍径技术已经从理论走入实践，成为明末军事技术家在造炮上所遵循的标准。从传教士到徐光启等朝中大员，到各地总督，造炮的热情不断高涨，以倍径技术为中心造出了质量过关的火器。

3. 倍径技术对明代以后的火器技术有何影响？

明朝灭亡后，支持南明政权的郑成功一直在东南沿海坚持抗清战争，其于永历九年（1655）铸造的永历铜炮是按照西方传华火器倍径技术设计的一种攻城炮。具体形制为口径 11 厘米，炮长 210 厘米，口径与身长之比为 1：19。② 在郑成功收复台湾的过程中也大量使用了这种铜炮，炮身上的嘉禾瑞草纹不同于中国传统式样，具有西洋铜炮的风格。这种结合中外铸炮技术特点的铜炮，由于铳口与铳身倍径比例合理，炮身长，因而射程和威力都较大，适合于陆地和海上的各种战争，在郑成功的对外作战中起到了很大的作用。郑成功的军队由于累年战争而需要制造大量火器，而西方传华火器倍径技术成为一种成熟的模式应用于铸炮过程中。如果在明末时这种倍径技术还没有被广泛认识和掌握，那么在明亡之后的南明政权时代，对这一技术知识的掌握已经成为常态。

明亡之后，在清廷工作的传教士是南怀仁，他于康熙十三年（1674）担任钦天监监正，并奉命铸炮。康熙朝所造的大小铜炮、铁炮

① 王兆春：《世界火器史》，军事科学出版社 2007 年版，第 287 页。
② 朱捷元：《郑成功铸造的永历乙未年铜炮考》，《厦门大学学报》（哲学社会科学版），1979 年第 3 期。

多达905门，其中半数以上是在南怀仁主导下制造的。[1] 这些火器，在康熙朝最重要的三大政治事件——平定三藩、统一台湾、抗击沙俄侵略中，都发挥了重要作用。南怀仁所铸的炮中比较重要的有两种：神威无敌大将军炮和武成永固大将军炮。神威无敌大将军炮长7.7尺，口内径3.7寸，口外径1尺，铳口空径与身长之比为1：21，是一种长管攻城炮，在雅克萨自卫反击战中起到了巨大作用。武成永固大将军炮为铜铸，现存于中国历史博物馆，炮口内径15.5厘米，炮口外径46.15厘米，炮尾底径52.87厘米，火器通长362厘米，膛深330厘米。铳口空径与身长之比也为1：21。这两种火器都严格遵循了制造铳炮的倍径技术，对口内径、口外径、底径、铳长都进行了严格界定，并保证了1：21这个较为成熟和固定的倍径比例，使造出的火器具备了强大的威力，在清朝对内平息动乱和对外战争都做出了贡献。

从明末开始的火器倍径技术经过清朝的传播和扩展，不仅在造炮实践中得到了认识和遵循，而且在理论上也得到了提升。火器倍径技术不再仅仅停留在《西法神机》和《火攻挈要》这样的书籍中，作为对西方先进技术的介绍和引进，开始融入明末之后的中国火器技术之中。清朝军事技术家龚振麟在《铸炮铁模图说》里对铳炮倍径技术不仅有消化和吸收，而且有了新的认识，对通常的四六比例之法进行了修正，认为4.8：5.2的比例更适用于火器的实战：

> 西法有比例推算之说，要皆以膛口空径为则。譬如一炮，约定膛口空径为一寸，则炮墙近尾处应厚一寸，近耳处厚七分五厘，口边应厚五分。故自外观之，口锐而尾丰。耳之圆径及耳之长俱应一寸，比例相生作为定率推步。炮耳前后有四六比例之法，以轻重计之。自耳中心至炮口，十居其四二；自尾珠至耳中心，十居其五八。[2]

---

[1]　舒理广：《南怀仁与中国清代铸造的大炮》，《故宫博物院院刊》1989年第1期。

[2]　龚振麟：《铸炮铁模图说》，载任继愈主编《中国科学技术典籍通汇·技术卷》一，河南教育出版社1994年影印本，第1110页。

纵观火器倍径技术的发展及传播过程，可以看出，倍径技术对明末及其后的火器技术影响巨大，成为清朝和近代中国制造火器遵循的准则，广泛应用于大规模造炮的过程之中，而且在军事技术家的著述中多有记载和改进，与模铸技术、造弹技术、瞄准技术（弹道学知识）、筑台技术等火器制造和使用技术一起成为西方传华火器技术的核心要素。

西方传教士与中国军事技术家成为沟通中西方火器技术的桥梁。在利玛窦、汤若望、南怀仁等几位传教士前赴后继的努力下，明末的火器倍径技术已经非常完善，再结合后来出现的铁模铸炮技术，中国的火器技术曾达到了很高的水平。此时中国的火器技术与西方的差距是在逐渐缩小的，但是由于明朝的灭亡以及清朝康熙之后对火器技术的漠视，使中国与西方火器技术差距开始重新拉大，使中国在近代与西方的角逐中在武器上也落后于西方，这是非常令人痛惜的。

第二节　铳台技术

《守圉全书》中记载的西洋铳台之法是较系统和专业的西方传华铳台技术，而且包含了徐光启、李之藻、孙元化等重要人物对铳台之法的相关论述。对其进行研究，我们可以看到明末的铳台技术理论等所达到的水平，由此形成一幅完整的明末西方传华火器及其相关技术（制器、造药、筑台）的发展图景。

一　西方铳台法与中国传统铳台法之比较

中国传统的铳台有诸多弊病，"为砖石小台，与城墙各峙而立，势不相救。军士暴立于暑雨霜雪之下，无所藉庇。军火器具如临时起发，则运送不前，如收贮墙上，则无可藏处"①。而且，敌人来攻之时，向高处四射，守卒难以立足。在如此情境下，明朝中期戚继光提出建造"左右

---

① ［英］李约瑟：《中国科学技术史》第 5 卷第 6 分册，钟少异译，科学出版社 2002 年版，第 298 页。

相救，骑墙而立"的空心铳台的建议①，使军火器具和士卒在防御敌人时有了安身立命所在。但是，相对于西方铳台，空心铳台依然显得落后。

《守圉全书》对于明代传统铳台的描述如下：

> 敌台之制，紧靠城之外身，贵于长出，不贵横阔。台脚基长出一丈五尺，则收顶止有一丈一二尺矣。台基横阔一丈二尺，则收面止有八九尺矣。原城有二丈高者，台比城身再高三四尺；城无二丈高者，台比城身再高五六尺。台上左右垛墙平腰之半，各开三垛口，每口要阔一尺四寸，以便抛打砖石，放发矢弹。墙脚下中央各开一孔，方圆八寸，以便放打佛郎机、百子铳。各台地步相去或二三百步，或二百余步，或七八十步，随其城之屈直迴折，以为远近不必拘泥也。②

如图 5.1 所示，韩霖批注为"旧制马面台不合法，新制三角形合法"。与西方铳台相比，中国传统铳台有着明显的缺陷。首先，在于其形制为四角马面铳台，易于在三面遭到敌人的攻击；而西方铳台则为三角形（有大锐角台和小锐角台两种），一边贴近城墙，外露的只有两边，受到敌人攻击的只有两面，而且相互之间更易于支援。其次，中国传统铳台修筑的铳眼专为佛郎机铳设计，无法容纳庞大的红夷大炮③；而西方铳台则是在红夷大炮兴起后设计的铳台，可放置红夷大炮威力巨大。

红夷大炮第一次抵达北方作战在天启元年（1621），天启年间已经广泛用于抗御后金的作战中④。而西方铳台技术直到韩霖写成《守圉全书》的崇祯八年（1635）时，依然是"亘古未发之秘，因未呈御览，不

---

① 戚继光：《练兵实纪》，中华书局 2001 年标点本，第 326 页。

② 韩霖：《守圉全书》卷 2 之 1，《四库禁毁书丛刊补编》第 32 册，北京出版社 2005 年影印本，第 490 页。

③ 对于红夷大炮地位的评价，徐光启曰："东事以来，可以克敌制胜者，独有神威大炮一器而已。一见于宁远之歼敌，再见于京城之固守，三见于涿州之阻截。"（《徐光启集》，第 288 页）

④ 孙文良、李治亭：《明清战争史略》，江苏教育出版社 2005 年版，第 176 页。

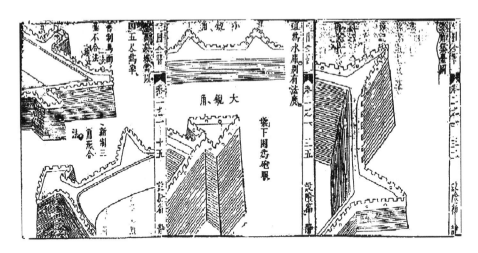

图 5.1　中国传统马面敌台与西洋铳台

资料来源：韩霖：《守圉全书》卷 2 之 1，《四库禁毁书丛刊补编》第 32 册，北京出版社 2005 年版，第 490、498、500 页。

敢付梓，略采数端，当其修订成书传布海内"①，不为世人所知。由此可以看出，明末引进红夷大炮后，铳台技术的发展是滞后于火器技术的，无法配合并发挥出红夷大炮的最大战力。引进、传播、仿造西式铳台已成为实战中的必需，更成为明末战争技术向前发展的必需。

二　西方大城铳台之法

按照所学西方铳台技术知识，韩霖将敌台分为正敌台、匾敌台和独敌台三类，这是以前中国兵书中从未有过的新概念和新知识。而且，分别指出了其不同的用途，并具图式。在这三类铳台之外，还出现了双敌台、双鼻敌台等变体，更便于相互救援，见图 5.2。无论是其形制，还是用途，都远远胜过中国传统铳台。《守圉全书》描述如下：

> 敌台亦有三类：造于城角，一也；或于城角居中造之，二也；

_____

① 韩霖：《守圉全书》凡例，《四库禁毁书丛刊补编》第 32 册，北京出版社 2005 年影印本，第 425 页。

或于城外另作，三也。城角上者，谓之正敌台，此必不可无者。城墙居中者，因其角钝，谓之匾敌台。另作于城外者，谓之独敌台。匾敌台之为用，盖缘城墙太长，二台相去甚远，彼此难于救援，故于其中再建一台以为犄角。其台之颐鼻眉眼以及铳所皆与正敌台同，但二颐所交之角为极钝之形，取其便于用也。独敌台者，对城门外，建以掩门，此更为固守难攻计也。盖欲攻他台，必先攻此，即使攻破，尚在城外，何损于守乎？其形皆如他台，但此不作道，用桥从城上达之。又有双敌台，其左右各有铳眼，用以守山谷或湖海之夹洲则建之。又有双鼻之台，此乃建于极锐角式之城者，其鼻分作二角，便于相救。①

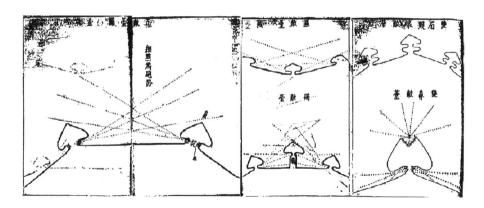

图 5.2　正敌台、匾敌台、独敌台、双鼻敌台、双眉双眼敌台

资料来源：韩霖：《守圉全书》卷2之1，《四库禁毁书丛刊补编》第32册，北京出版社2005年版，第501—502页。

面对大量存在的中国既有传统铳台，韩霖还根据西洋造铳台法，提出了对旧城的修葺方法。《守圉全书》中一共指出了五种情况下的修葺方法，能将传统铳台改造成功能先进的西洋铳台，如改正方形为三角形、去掉相距太近的铳台、改造圆形铳台等。

----

①　韩霖：《守圉全书》卷2之1，《四库禁毁书丛刊补编》第32册，北京出版社2005年影印本，第500页。

旧城者，或其墙垣倾圮，隍池壅塞，故至不难于攻，守者全无所措，此虽有而实无者也。或不谙铳力，垒垣鉴池，虽则坚完，难御强敌。然此二者，皆可因其形势如法修葺。即不能尽如崇台厚垣之全美，而犹庶几守之者，可以制敌云。一或倾圮者或坚完者，皆当于隍中开鉴，倍深倍广，即用其圭，帮厚墙垣，将城对砧，外培令稍高。二或先有敌台，为正方形，人守于内，亦可御外。即以此台为新法之入，而别加作眉颐等类。三或旧台相去太近，不及一箭之地，当去其一，改作稍远。四先有台或太小，或为圆形，预须如法，帮筑广大。盖圆而小，不便用铳也。五原有壅门，在城外者当改作为城内，庶便台铳彼此救援。①

按照西洋法改造成功后的铳台，分为上下两层，每层各三丈。下面用砖瓦藏于深渊，上面用土筑，攻守两便。上面的护墙厚二丈五尺，最薄处为五尺。不用垛口，再猛烈的铳炮击之也无大碍。望敌有眺台，击敌有铳室，其质之善，无以加矣。

另外，《守圉全书》中对于岛屿上的西法造台之术也做了描述，见图5.3。岛屿上的铳台与陆地上的铳台最大的区别在于其修筑的是内外两层的重台，内层铳台高高雄起，可以远眺外围，也可以在外层被攻破时，继续居高临下进行抵御。《守圉全书》描述如下：

湖海岛屿，恐寇猝临，可于扼要水口，创一重台以守。将台址下钉筑巨椿，垒以大石。上围砖垣，其高一丈，亦有护墙。四方设铳之所，突兀向外，仿佛城之敌台。居中建一浮屠，周开铳窗，内藏各项守器，屯以戍卒。塔顶燃烽，夜可远瞭。守用短铳石弹，更利击舟，不作高大土垣者，缘攻铳用于舟上，力衰故也。②

---

① 韩霖：《守圉全书》卷2之1，《四库禁毁书丛刊补编》第32册，北京出版社2005年影印本，第511页。

② 韩霖：《守圉全书》卷2之1，《四库禁毁书丛刊补编》第32册，北京出版社2005年影印本，第517页。

图 5.3　岛屿重台与基址

资料来源：韩霖：《守圉全书》卷 2 之 1，《四库禁毁书丛刊补编》第 32 册，北京出版社 2005 年版，第 517—518 页。

三　西方小城铳台之法

以上介绍的是针对较大的城堡的铳台之制，在《守圉全书》中还记载了针对较小的城堡，即相当于中国县甚至更低一级机构所造铳台的要求。韩霖指出了小城防守的四点优势，分别为：易守、易作、难攻、不惧内乱。另外，小城还作为大城的卫城存在，互为犄角，起到双重保险的作用。

> 西国建置，郡邑斯为大城，其或村落结聚居民，或地势难筑城池，或费不足用，或兵不足守，则相度形势，围一小所，谓之小城。然亦有建重台者，亦有备诸法者，其损其益，恒相等焉。城之小者，间阎相接，奸宄无所藏匿。呼吸可通，缓急互相保。守于兹者，举凡军火等器，以至戍卒储量较守大城不过十之二三。若非其皆欲全备，方能久据，是益于易守，一也。建小城便于择

所，或湖海之隅，或山岭之巅。费既不多，不碍民家农地，城外不过筑建五六敌台，即可御寇，是益于易作也，二也。小城以全法筑之较易，大城则难。且城小其守军必鲜，惟挑选最勇悍者屯之，乘墉拒攻，无不十以当百，是益于难攻，三也。大城五方杂居，一有寇警，则内外戒严，经营者出入不能自由，土著者疲于官司奔命，或不逞之徒，与敌人为内应，则开门延寇之患，恐所不免。矧人情厌常喜新，困苦之余，必乐于从乱。小城则比屋可语，人不杂而守得专。假使内有乱萌，又可从眺台眺望，是益于不惧内乱，四也。西国大城之外，欲互相守为掎角，亦有别筑小城者，盖此或被破，犹可退保于彼。①

韩霖还以自问自答的形式，解答了为什么按照西洋法郡邑不修筑内外两层的重城。原因在于守军之心，防守外城的军士认为外城被攻破后还可以退守内城，因此便不会有破釜沉舟的决心奋勇杀敌。而敌人一旦占有了外城，还可退而凭高内击，反而有利于敌人。因此，西洋法一般都不作重城，只以一层者为便。

四　铳台技术在现实中的应用

1. 《守圉全书》记载的明朝士大夫对铳台技术的认识

在《守圉全书》中，韩霖对旧有的铳台之制提出了批评，认为其鲜有合法者，并指出主要的五点弊端。其中第二点指出"敌台之顾未必得宜，而马面敌台三面受敌，火器矢石难于施放"，认为旧制马面台不合法，新制（即西洋法）三角形合法。其他一些重要人物也对引进西方铳台法的重要性进行了论述。

针对辽东形势，徐光启在《谨申一得以保万全疏》中提出："盖火攻之法无他，以大胜小，以多胜寡，以精取粗，以有捍卫胜无捍卫而已。"② 最后一点的意义就在于建立附城铳台，以台护铳，以铳护城，以

---

① 韩霖：《守圉全书》卷2之2，《四库禁毁书丛刊补编》第32册，北京出版社2005年影印本，第552—553页。

② 王重民辑校：《徐光启集》（上册），中华书局1963年标点本，第173页。

城护民，实为万全无害之策。徐光启认为一台之强可当雄兵数万，而且指出其与蓟镇诸台不同，此乃西洋诸国所指的"铳城"。孙元化在《防守京城揭》中指出"铳以强兵，台以强铳"，更指出"今日之事，非铳不可用兵，非台不可用铳"①，强调了面对奔驰而来的后金骑兵，只有凭借于层台之上使用远铳才能排除士气不坚的弊端，而远铳能不能发挥作用，与铳台的修筑是否合理有直接关系。这一观点也为明末名将袁崇焕所认同，他坚持了"凭台固守，坚壁清野"的战略，将大炮架设在城台之上，而不是以前设于城外的方式，由此取得了宁远大捷——明朝与后金作战以来所取得的第一次胜利。

孙元化的《铳台图说》对西方铳台技术有较为详细的记述：

今筑城则马面台宜为小锐角，城之四隅，宜为大锐角；若只筑台，则或于四隅为大锐角，或于四面各出小锐角。城虚而锐角皆实，故城薄而锐角皆厚。台则体与角皆实皆厚矣。城用大铳于角，而鸟铳弓矢助之于墙。台用大铳于中，而弓矢鸟铳助之于角。用大铳之处，旁设土筐，一以防铳，二以代堵。角之锐也，外洋法也。②

孙元化对西洋铳台的看法和认识已经非常成熟和专业，③并有一定实践经验，再加上长期担任军事将领，其从老师徐光启和传教士中得到的专业知识得以进一步拓展，他与徐光启、韩霖均为明末铳台技术发展的关键人物，《守圉全书》中还有多篇别处不存的孙元化对于西方铳台之法的论述。

何良焘④的铳台之说也有一定的代表性，其知识内容具有独创性。

---

① 韩霖：《守圉全书》卷1，《四库禁毁书丛刊补编》第32册，北京出版社2005年影印本，第452页。

② 孙元化：《西法神机》卷上，载任继愈主编《中国科学技术典籍通汇·技术卷》五，河南教育出版社1994年影印本，第1249页。

③ 方豪：《明末西洋火器流入我国之史料》，《东方杂志》1944年第1期。

④ 何良焘的这些记述在范景文的《战守全书》（《四库禁毁书丛刊》子部第36册，北京出版社1997年影印本）中也有收录，包括《铳台说》和《卫城铳台说》两篇，文字与《守圉全书》中略有不同。

不仅论述了各种城制和铳台（圆城、直城、方形马面台）的弊端，还指出了于城角建台，角角有台、台台相顾的方法。而且，对于铳台和铳炮的配合分析得很具体，认为二者是缺一不可的关系。其在《筑造卫城铳台说》中论述如下：

> 城有不可用铳者三：一曰圆城，谓铳能直放不能角放也；二曰直城，谓铳能仰前不能俯下也；三曰方形马面台，谓方台只能顾城脚，不能顾台脚也。似此三种以致贼虏临城，我铳不及，故得填壕思逞，筑土内窥，主客胜负，事未可定。则所称卫城之台，可不于间暇时一究心乎？卫城之台，不宜筑于城正面处，当筑于城之四隅，城委角处也。城有五六角者，台亦宜有五座六座。盖城委角处，左右顾盼，历历分明，角角有台，则彼此又互相照应。台式作三角形，每台置大铳六门，台基击以石砧木杵，垫以大石。台墙砌以砖用沙、毛屑、石灰三和土筑之。筑尺许，以糯米汁沃之，或以片糖汁沃之，日久坚硬如铁。送发猛铳，可保无虞。台之中砌一砖窑，以藏火药。若城门正面有月城者，恐左右铳台又为月城所间，宜于城角外另建方台。而斜形广袤各十五丈，务必远过月城。俾左右得相应援，即月城亦在所管顾也。台门窥于城角，夹以石墙，备防外盗窜入，其筑基、砌墙、挖窖如前。每台之铳编成字号，一铳有近法有远法，知铳方可用台，乘台即可识铳，惟在讲明对照约度之法而已。①

明朝官员陈仁锡②曾目睹过西洋铳台的先进，激发起其依西法仿建铳台的兴趣，并论述了西式铳台的具体形制以及铳台与火器的相依关系：

> 夫守城之最得力者，莫利于神炮。今神炮已贮，而铳台未筑，

---

① 韩霖：《守圉全书》卷2之1，《四库禁毁书丛刊补编》第32册，北京出版社2005年影印本，第498页。

② 陈仁锡（1581—1636），字明卿，江苏长洲（今苏州）人。天启二年进士，授翰林编修，官至国子监司业。精通历法、方舆、水利、兵法等学，著有《皇明世法录》《无梦园集》等书。

是有用之器置之无用之地也。询历览海岛，见濠镜澳夷所筑铳台，制度极精。大约造之城上，于城头雉堞之下，做一石窟以便发铳。城内仍加厚一层，以防铳之伸缩。其坚固之极，活动之甚，比之宁远铳台专为佛郎机等铳用者，大不相同。今京师及边关险隘之处，宜仿此式造之。①

由此可见，在明末政权飘摇之时，一些士大夫和军事将领对随着传教士东来的西方铳台技术还是有很深刻的认识的，而且他们都积极地提出建议，要求朝廷依照西法建立敌台，抵御后金的进攻，拱卫京师，并进而收回东北的失地。韩霖的《守圉全书》收集了徐光启、孙元化、李之藻、崔景荣、熊明遇、王尊德、何良焘、陈仁锡等人的相关论述，可见明末已经有一批熟悉西洋铳台规制的知识群体。

2. 徐光启和孙元化关于西法铳台的奏疏

虽然以徐光启为代表的知识分子一再上疏请愿，但是因为政权濒危，风起云涌的农民起义和东北边患的夹击，使明朝政府没有心思和精力自上而下地进行一次军事大变革。

徐光启早在万历四十七年（1619）就有《辽左阽危已甚疏》，提出亟造都城万年铳台以为永久无虞之计，并在蓟镇等边防重地进行仿造，认为周城需要建立十二座铳台，再将旧制铳台改为三角空心式样，暗通内城，如法置放。② 而且，在徐光启看来，造台制铳多有巧法，毫厘有差，关系甚大，须在其荐举的人才中择取精通数理度数之学者，进行指导和教授。徐光启在天启元年（1621）五月至七月连上《台铳事宜疏》《移工部揭》《略陈台铳事宜并申愚见疏》三疏，③ 对铳台建造的具体规制、材料用量、财务预算等细微问题都做了详细论述，并再次呼吁"有铳而无台，犹手太阿之剑而无柄也"，极言铳台的重要性。可以说，徐光启对于铳台技术的提倡可谓殚精竭虑。

---

① 参见韩霖《守圉全书》卷2之1，《四库禁毁书丛刊补编》第32册，北京出版社2005年影印本，第497—498页。

② 郑诚：《守圉增壮——明末西洋筑城术之引进》，《自然科学史研究》2011年第2期。

③ 陈子龙等：《明经世文编》卷259，中华书局1962年影印本，第5391—5446页。

兵部尚书崔景荣在天启元年（1621）上的《为制胜务须西铳敬述购募始末疏》中也提出"器得人而尽利，人藉器以用神，然必得地以护铳，而后可藉器以护人"①，对徐光启提出的建立西式铳台表示赞同，并指出刑部尚书黄克缵、吏部左侍郎邹元标②对筑台之学实有真知灼见，宜与工部详议而行。

孙元化在天启二年（1622）连上《上王经台清营设险呈》《议三道关外造台呈》《上王经台乞定三道关山寨铳台揭》三疏，指出建立敌台的迫切性：

> 远杀人之器，则铳是；独杀人之法，则台是。铳台之法，实非众人所知，实非烟墩、敌台、箭楼之比。宜于关外傍海倚山凭高御远，先造一台，设远击十数里之异铳。敌不能困我，我得击敌。筑台宜远不宜近，宜要不宜多。若台法不行，不惟不能用铳，并不能守铳。不能用，但无铳之利；不能守，并有铳之害矣。害在一时则敌资以反攻，害在日后则我更无救着矣。故地不善必不敢筑台，台不成必不敢造铳。非吝台而私铳也，政恐以不得地之台为敌设垒，以不得台之铳为敌助器也。③

以上三疏都是孙元化外赴边关，进行实地考察后上奏的建立铳台之建议，具有很强的实用性。④ 强调建立铳台的位置要与各边关的位置相适应，并能补边关形势之缺陷，于倚靠峻岭、远望汪洋之处建台，占据地利之先。在奏疏中，孙元化强调地势之善对于铳台能否发挥作用的重要性，并进而推之铳台对于铳炮的重要性，最后达于铳炮对于城守的重要性。在这之中，选址、造台、用炮、防守，是一个环环相扣的过程。

---

① 王重民辑校：《徐光启集》（上册），中华书局 1963 年标点本，第 182 页。
② 明末知西方铳台、火器之学者多为对西学持友善态度的士大夫，除本书涉及的这些人物之外，还有叶向高、鹿继善、孙承宗、熊明遇、陈亮采、韩云、王徵、瞿式耜等人也值得关注。
③ 参见韩霖《守圉全书》卷 2 之 1，《四库禁毁书丛刊补编》第 32 册，北京出版社 2005 年影印本，第 515—516 页。
④ 郑诚：《守圉增壮——明末西洋筑城术之引进》，《自然科学史研究》2011 年第 2 期。

但是，西方铳台技术最终没有得到大力的推广和应用，尤其是重要的大城市和边关防守，都未见有建造新式铳台的痕迹①。大多数奏疏的后面都有皇帝的御批"着工部速议奏"，可是每次或者因为对西学持敌对态度的官员阻挠，或者因为财力和物力缺乏而搁浅，让人叹息不已。以至于韩霖在节录徐光启和孙元化的奏疏后不无失落地评论道："乃屠龙之技无用，广陵之散不传。惟西洋大炮，功已见于天下，而人不知谁之功。铳台之议，终作道旁之筑。惜哉！"②

3. 西方铳台技术在边堡中的作用

天启年间，孙承宗经略蓟辽，采纳袁崇焕、孙元化等崇尚西学将领的建议，修筑了宁远城。与一般城墙不同的是，"四角台皆照西洋法改之。形如长爪，以自相救"③。这种铳台三面突出于城外，火器可三面击打，克服了传统的方形城墙"凡敌至城下则铳不及矣"的缺点，在敌人冲到城脚之下时可以形成交叉火力杀敌。但是，这依然是一种并不先进的铳台，距离《守圉全书》中的三角铳台还是有差距的。可见，在当时集合了最先进的红夷大炮和铳台技术的宁远，西洋三角铳台法也没有得到应用。

韩霖推广西洋铳台法的努力最多还是体现在对其家乡的铳台和筑城方法的改善上，其在《绛州修城呈辞》《募修绛州城疏》《上吴道尊议修铳台揭》中对当时的地方官员有如下建议：

> 城守要务，铳台第一。城北旧有两敌台，毁之乃半，惟有因其基址仍作大台，数倍旧制。用炮守之，可远望而击，则贼断不敢屯兵城下。此万年之利也。次则东北、东南各作一台，用炮夹击。西南、西北，止因旧台稍一料理，可万无虞矣。此议与西洋高先生道之，想相见必道其详也。绛城形势，及应作台图，并绘

① 王兆春：《中国古代军事工程技术史》（宋元明清），山西教育出版社2007年版，第370页。

② 韩霖：《守圉全书》卷1，《四库禁毁书丛刊补编》第32册，北京出版社2005年影印本，第446页。

③ 张小青：《明清之际西洋火器的输入及其影响》，《清史研究集》第4辑，四川人民出版社1986年版，第99页。

呈台览。①

韩霖在家乡的筑台成果后来得到了历史的检验。无论是明末陕西农民起义进入山西，还是清朝初年大同总兵姜瓖反清复明导致山西战乱，绛州都因为修筑有西式铳台，凭城用炮而没有受到战争的蹂躏。这些在山西地方志中都有明确记载。

西方铳台技术是伴随着西方火器技术（明末主要是红夷大炮）传入中国的一项重要军事技术内容，二者相互配合，才能发挥出更好的效果，实现"守圉"的目的。明末众多士大夫和军事将领都认识到了这一点，并极力上疏言明铳台技术的重要性，及其与火器的配合关系。但是很显然，这样的努力始终没有得到重视而推广开来。新引进的红夷大炮依然安置在不适合其施展的中国传统方形马面敌台上，无法发挥出最佳效果。或者列营列炮于城外，面对飞驰而至的后金（清）骑兵，大量先进武器悉数为对方缴获。东北的连次作战失败，使后金军队缴获的先进火器越来越多，到后来甚至出现了其数量和质量超过明朝军队的趋势，② 使得痛心疾首的徐光启发出了"我中华之长技与彼共之"的感慨。究其原因，与没有修筑配合西方先进火器（红夷大炮）的西式铳台是有极大关系的。而且，修筑西式铳台的理想最终只在明末的某些小城堡里得到了实践，并且验证了其合理性，这不能不说是一个让人遗憾的结果。

《守圉全书》中记载的西洋铳台之法是较系统和专业的西方传华铳台技术，而且包含了徐光启、李之藻、孙元化等重要人物对铳台之法的相关论述。对其进行研究，我们可以看到明末的铳台技术理论及其认识所达到的水平，由此对明末西方传华火器技术（制器、造药、筑台）的发展图景有较完整的认识。无论是从文献意义方面，还是从中国科技史方面，《守圉全书》都值得进行深入研究和再发掘。

---

① 韩霖：《守圉全书》卷5之4，《四库禁毁书丛刊补编》第33册，北京出版社2005年影印本，第65页。

② 黄一农：《红夷大炮与皇太极创立的八旗汉军》，《历史研究》2004年第4期。

第三节　对于西方火器操作技术的认识

一　火器弹道学知识

文艺复兴以来，西方科学家对物体运动进行了新的思考，近代动力学诞生。对于抛物体（包括炮弹）的运动，中世纪的理论认为其首先以直线向前运动，然后突然垂直地落在地面上①。文艺复兴的发源地意大利科学家塔尔塔利亚在军事方面最先对这种现象做出了不同的解释，在其1537年出版的《新科学》中，涉及了弹道学和炮学的抛物线原理。但是，真正对抛物线原理做出科学解释的是同为意大利科学家的伽利略，他在1638年出版的《两门新科学的对话》里总结了自己先前对于物体抛物线运动的认识："物体在竖轴方向下落做匀加速运动，在水平轴方向以恒定速度做匀速惯性运动。当这两种运动合成在一起时，该物体的运动轨迹就是一条抛物线。"②伽利略意识到抛物线原理在弹道学和炮学方面的实用性，在其后还推出了一些详细的数学表，上面列出根据大炮的仰角所对应的理想射程。可见，文艺复兴以来的科学已经开始解释火器技术的发展，并为之提供理论指导和依据。

传教士的东来，也将火器弹道学知识传播到了中国，孙元化所著《西法神机》和焦勖笔录《火攻挈要》代表了明末军事技术家对火器弹道学理论和技术问题的认识水平，保存了中国最早的对于弹道学认识的史料。

孙元化在《西法神机》中对"点放大小铳说"论述如下：

> 点放欲知几远，须为器以度之。每高一度，则铳弹到处较平放更远。推而至于六度，远步乃止。高七度，弹反短步矣。假若平放，

---

①　［美］弗·卡约里：《物理学史》，戴念祖译，广西师范大学出版社2008年版，第32页。

②　［美］詹姆斯·E. 麦克莱伦第三、哈罗德·多恩：《世界科学技术通史》，王鸣阳译，上海科技教育出版社2007年版，第330页。

必须铳身上水银点滴不走。方是，则弹远到二百六十八步。仰放，高一度，则弹较平放远到三百二十六步，共五百九十四步。高二度，较高一度又远二百步，共七百九十四步。高三度，较二度又远一百六十步，共九百五十四步。高四度，较三度又远五十六步，共一千十步。高五度，较四度又远三十步，共一千四十步。高六度，较五度又远十三步，共一千五十三步。以上每步几二尺，此其大略。若推广，则有徐宫詹之几何编、测量法，及李太仆容圆较义、同文算指焉。①

按照孙元化在此书的规则，将现代几何学中的90°（铳规的度数）分为十二度，那么，一度就相当于现代几何的7.5°。文中对应的抬高度数分别为7.5°、15°、22.5°、30°、37.5°、45°。将内容整理为表5.3，可以看出，随着仰角度数的增加，火器的射程会渐次增加，但是增加的幅度越来越小，从最初抬高一度增加的326步降到了最后抬高六度增加的13步。而且，从平放（0°）到六度（45°），射程达到了最远的距离，这也是火器射程的极限，再往上抬高角度（高七度），则会发生射程变小的情况。其后，孙元化对于战铳和攻铳的射程进行描述时，主要描述每种弹药量不同的火器"平放"和"仰放"射程数，作为其衡量标准。其中的"平放"便是仰角为0度时的最小射程，"仰放"便是特指仰角为六度（45°）时的最大射程，见表5.3。

表5.3   火器仰角度数增加与射程变化

度数	射程	每度增加数
0 度（0°）	268 步	0 步
一度（7.5°）	594 步	326 步
二度（15°）	794 步	200 步
三度（22.5°）	954 步	160 步
四度（30°）	1010 步	56 步

① 孙元化：《西法神机》卷下，载任继愈主编《中国科学技术典籍通汇·技术卷》五，河南教育出版社1994年影印本，第1260—1261页。

续表

度数	射程	每度增加数
五度（37.5°）	1040 步	30 步
六度（45°）	1053 步	13 步

资料来源：孙元化《西法神机》卷下，载任继愈主编《中国科学技术典籍通汇·技术卷》五，河南教育出版社 1994 年影印本，第 1260—1261 页。

　　焦勖在《火攻挈要》中提出，应该将各种火器分定等次，挨次编立字号，并事先测出其用弹用药量、平放射程、仰放（从一度到六度）射程，统一记在一本册子上。再依照小册子上的内容，将相关参数刻在相关火器上之后，将小册子分造三册，一本存铸铳官留底，一本存帅府备查，一本存本将教练。要求司铳军士详记所司火器的各种参数，以备演习和实战，无论战、守、攻铳皆所必用。① 可见，这种对于火器弹道学的理解是应用于明军的火器实战的。焦勖还在《火攻挈要》中介绍了不同战法所适合的不同放法，如竖放之法只用于飞彪铳，可以设为十一度（82.5°）、十二度（90°）进行攻城战；倒放只适合守铳，倒放一度（7.5°）至四度（30°），攻击城下之敌；平放之法最宜用于战阵，百发百中，万无一失。

　　但是，并不能刻板地认为平仰发弹所到之处是定则，焦勖更深层次地认识道：

　　　　盖火力迅急，多有弹已落地，仍复激起而去数里。若是，乃余气之所飘至，实非正力之所推击。此等苗头，不但难于定准，且强弩之末，虽中亦无用也。其法只以弹着靶者为准。②

　　这些分析体现出焦勖对于火器射击的惯性运动和有效射程这两点弹道学知识的认识。虽然没有能够像西方学者那样用科学用语表述，但是

　　① 焦勖：《火攻挈要》卷中，载任继愈主编《中国科学技术典籍通汇·技术卷》五，河南教育出版社 1994 年影印本，第 1306 页。
　　② 焦勖：《火攻挈要》卷中，载任继愈主编《中国科学技术典籍通汇·技术卷》五，河南教育出版社 1994 年影印本，第 1306 页。

已经十分难能可贵，其所体现的知识原理是一样的。这文中的"余气之所飘至于"，即是惯性。焦勖认为，铳弹落地由于惯性所至的射程不能算作实际射程，而且在这样的情况下即使射中目标也无济于事，因为已经是强弩之末。所以，有效射程必须是按照铳弹命中靶子的那一距离计算，见图5.4。

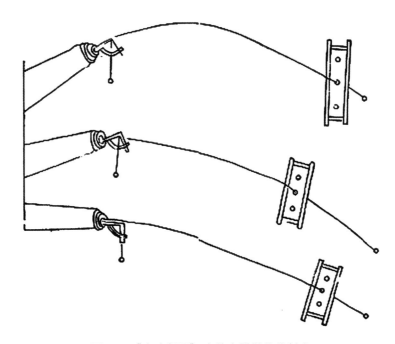

图 5.4　《火攻挈要》中的火器抛物线射击

资料来源：焦勖：《火攻挈要》，载任继愈主编《中国科学技术典籍通汇·技术卷》五，河南教育出版社 1994 年影印本，第 1281 页。

二　射击辅助工具——铳规、矩度与铳尺

西方传华火器技术的一个重要优势就是命中率高，而且瞄准技术更加趋向计量化，这一切都是由于使用了射击辅助工具，主要有铳规、铳矩、铳尺。这些工具由于西方几何学的发达而应用在炮学实践中，在明末天主教徒所著火器著作中均有解析。

1. 铳规

铳规主要用于测定铳炮的仰角和不同仰角下的射程，是一个 L 形的仪具，呈直角，分为十二度，每度为 7.5°，中垂权线，见图 5.5。《西法神机》中描述的铳规如下：

　　状如覆矩①，以铜为之。勾长尺余，股长一寸五分。以勾股交为运规心，只作四分规之一。规心透窍系以线，线末用锤，循规绕边匀分十二度。用时以勾入铳口内，则是，此勾即同铳身也。以线所直度为高下数，以测远近之步，即可知铳弹到处。此测量而兼以药力究竟也，然必度铳身及口，折中之，不能虚度，以例推耳。②

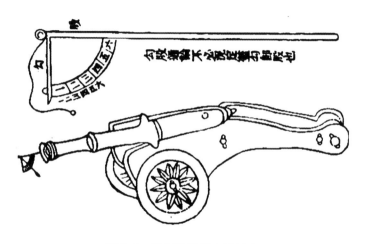

图 5.5　铳规及使用方法示意

资料来源：孙元化《西法神机》卷下，载任继愈主编《中国科学技术典籍通汇·技术卷》五，河南教育出版社 1994 年影印本，第 1263 页。

　　焦勗在《火攻挈要》中也对铳规有专门的论述，而且给出了铳规具体的标准。指出铳规阔四分，厚一分，股长一尺，勾长一寸五分。③

---

　　①　关于覆矩为何物，参见刘金沂《覆矩图考》，《自然科学史研究》1988 年第 2 期。

　　②　孙元化：《西法神机》卷下，载任继愈主编《中国科学技术典籍通汇·技术卷》五，河南教育出版社 1994 年影印本，第 1260 页。

　　③　焦勗：《火攻挈要》卷上，载任继愈主编《中国科学技术典籍通汇·技术卷》五，河南教育出版社 1994 年影印本，第 1291 页。

2. 矩度

与铳规量铳头高低的功能不同，矩度用于量敌营的远近。在实战时，可以先用矩度测量来敌的高下、远近，决定所用何铳（各种铳的平放和仰放射程都是经过铳尺的测量记录下来的），并以树或石头做标记。然后再用铳规测量，将铳头调整到合适的高低角度。临敌点放，便可提高命中率。可见，矩度与铳规是相互配合的火器测准工具，被孙元化称为"方与圆"，见图5.6。

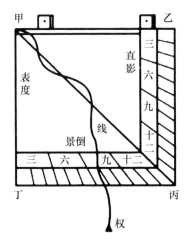

图 5.6　矩度形制

资料来源：徐光启：《测量法义》，载朱维铮、李天纲主编《徐光启全集》，上海古籍出版社 2010 年标点本，第 6 页。

《西法神机》中描述的矩度如下：

> 其器以铜板为之，见方六寸。上端有两耳，厚三分，见方一寸。横竖于板面之上，距两端各一寸。见方之中钻一细眼，彼此相平。板面先画一方楞，方楞角端为勾股交运规心。心系一线，线末用锤。循规作四分之一规，分十二度，亦如量铳法。用时务立表于地，而以铜板端之耳两见方细眼对视器所指之表，以线所直线何度，即知当用铳高几何度也。①

---

① 孙元化：《西法神机》卷下，载任继愈主编《中国科学技术典籍通汇·技术卷》五，河南教育出版社 1994 年影印本，第 1261 页。

在徐光启翻译的《测量法义》中，"论景"及其后十五题阐述了利用矩度进行远度与高度测量的原理。《测量法义》中矩度的结构与使用方法是当时西方测量学的知识，较中国古代传统的"表"等测量工具使用起来更为方便。矩度的外形为正方形的木板或铜板，相邻两直角边分别刻有十二度。另外两条边的一边上安装有两个小耳，小耳上有孔以通光窍，这两条边的交点悬有一权线。通过三角形相似原理可得观测距离与所测量远方目标的高度。

3. 铳尺

在火器点放时，除了测铳口高低仰倒角度和射程距离外，还要对各种铳炮对应的装弹量进行测量，以使火器的点放效果达到最佳。铳尺就是这一需求的产物，最初由伽利略发明，并意图用于军事。《火攻挈要》将铳尺与铳规放在一起进行了解说，并配有图（图5.7）：

> 权弹用药之法，则以铳规柄画铅、铁、石三样不等分度数，以量口铳若干大，则知弹有若干重，应用火药若干分两。但铁轻于铅，石又轻于铁。三者虽殊，柄上俱有定法。无论各样大铳，一经此器量算，虽忙迫之际，不惟不致误事，且百发百中，实由此器之妙也。[1]

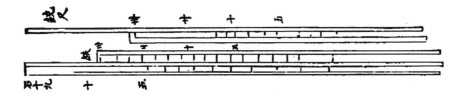

图 5.7　铳尺形制

资料来源：焦勖：《火攻挈要》，载任继愈主编《中国科学技术典籍通汇·技术卷》五，河南教育出版社 1994 年影印本，第 1274 页。

按照焦勖的解说，在两柄上刻画适应于铅弹、铁弹、石弹三种不同

---

① 焦勖：《火攻挈要》卷上，载任继愈主编《中国科学技术典籍通汇·技术卷》五，河南教育出版社 1994 年影印本，第 1291 页。

的铳弹的刻度，在量出铳口大小时，便可以看到三种铳弹所对应的三种刻度。此刻度值读出了所需铳弹的重量以及对应的火药使用量。因此，无论何种铳炮，经过铳尺测量后，便可以有一个数量化的弹药量需求数，司铳者照此填放即可，效率得到提高。

三　火药与铳弹的比例关系

火药与铳弹的比例关系在明朝中期就受到军事家们的关注，戚继光将其论述为"药多子轻，则未出腹而化如水；药少子重，则出腹至半途必坠地"①，但是没有上升到一种数量化的比例关系。随着西方火器技术的传入，明朝军事技术家开始认识到弹药之比的数量关系，尤其是中、大型火器的弹丸与火药应根据火器的不同、用途的不同进行匹配，讲求弹药相称的原则，以适应各种战争。

《西法神机》在"点放大小铳说""点放大小战铳合用弹药平仰步数法""点放大小攻铳合用弹药平仰步数法""点放大小守铳合用弹药法"这几个部分里对弹药比例问题做了详尽论述：

> 凡弹下铳腹，必须贴药，点放推出，方有力远到。其弹俱小铳内口一线，庶弹易出，而铳不坏也。弹自一斤至八斤者，药照弹配用；弹自九斤起至十七斤者，弹作五分，用药只四分；弹自十八斤起至二十六斤者，弹作四分，用药只三分；弹自二十七斤以上者，弹作三分，用药只两分。此皆大略也，诸铳用药有宜增宜减者，仍悉开于各铳之下。②

孙元化根据从传教士和其师徐光启那里得到的知识，结合自己的实战经验，发现各种炮所需装填的弹药重量比，常随着炮弹的不同而变化甚大。进而，得出了一般铳炮的弹药比例关系，即1—8斤重的铳弹，需要弹药比为1∶1的火药量；9—17斤重的铳弹，需要弹药比为5∶4的

---

① 戚继光：《练兵实纪》，中华书局2001年标点本，第320页。
② 孙元化：《西法神机》卷下，载任继愈主编《中国科学技术典籍通汇·技术卷》五，河南教育出版社1994年影印本，第1261页。

火药量；18—26 斤重的铳弹，需要弹药比为 4：3 的火药量；重 27 斤以上的铳弹，需要弹药比为 3：2 的火药量。这只是一般的比例关系，涉及具体的某种铳炮，用药量需要根据情况增减。西方火器技术按照炮弹的重量定义各类铳炮的名称，这种科学观念也体现在了西方火器技术传华后明末天主教徒的著述中。在《西法神机》里，孙元化对于战铳、攻铳、守铳的弹药比例关系进行了解析，见表 5.4。

表 5.4　　　　　　　　战、攻、守铳弹药比例关系

种类	名称	铳腹容弹量	弹药比例
战铳	半蛇铳	9—17 斤	1：1
	大蛇铳	18—25 斤	1：1
	大佛郎机	—	4：3
攻铳	鹰隼铳	9—13 斤	3：2
	鸟喙铳	14—18 斤	3：2
	半鸠铳	19—28 斤	5：3
	大鸠铳	29—39 斤	2：1
	倍大鸠铳	40—60 斤	2：1
	虎唬铳	60—100 斤	2：1
	飞彪铳	—	3：2
守铳	半喙铳	6—12 斤	1：1
	大喙铳	12—18 斤	5：4
	倍大喙铳	19—25 斤	4：3
	虎踞铳	26—50 斤	3：2

资料来源：孙元化《西法神机》卷下，载任继愈主编《中国科学技术典籍通汇·技术卷》五，河南教育出版社 1994 年影印本，第 1260—1263 页。

焦勖在《火攻挈要》中强调"量弹用药"的原则，认为小弹的弹药比为 5：6，中弹的弹药比为 1：1，大弹的弹药比为 6：5。[①]与孙元化论述的一般铳炮弹药比略有不同，同等条件下焦勖提出的火药量要多一点。焦勖认为这样可以达到"药多力猛而能远到"的效果。而且，焦勖还指

---

① 焦勖：《火攻挈要》卷下，载任继愈主编《中国科学技术典籍通汇·技术卷》五，河南教育出版社 1994 年影印本，第 1316 页。

出不同的铳炮适应于不材质的铳弹，如鸟铳等使用小弹的铳炮适合用铅弹，因为其体重透甲而能伤命；大小狼机、战铳、攻铳适合用铁弹，因为其体重便于击远、攻坚、破铳之用；近距离发射的短铳适合用石弹，因为其体脆，见火碎裂，散布范围宽而击众广泛。

　　两广总督王尊德在其火器著作《大铳事宜》（已佚）中也提出铸铳时对于弹药比例关系的讲求标准："铸铳一千斤重，用弹二斤半，药二斤十两；一千三百斤重，用弹三斤，药三斤；二千斤重，用弹四斤，药四斤；二千七百斤重，用弹七斤，药七斤，方相配合。"① 王尊德认为药少会导致送弹不远，药多会有炸膛的危险，尤其是打制成的铳炮，尤其不可药多。

---

① 王重民辑校：《徐光启集》（上册），中华书局 1963 年标点本，第 303 页。

第六章　明朝购募西炮西兵及其影响

　　以徐光启、李之藻、孙元化为代表的明末军事技术家，积极向西方来华传教士访求先进火器技术，并吸收和传播西方火器技术。明末最重要的火器技术实践是历经天启、崇祯两朝的三次购募西炮西兵活动和由此带来的大规模仿制红夷大炮的浪潮。

　　在这之前，虽然有徐光启、李之藻等官员的力倡，但是，西方火器技术并没有给明朝统治者带来确切的感知和震撼。直到萨尔浒之战的失利，使购募西炮西兵成为一个不得不试的办法。首次运回的四门大炮发挥了非凡的作用，在天启六年（1626）由袁崇焕指挥的宁远大捷中重创后金军队，并直接造成努尔哈赤的身亡，明军士气大振。其后更有崇祯三年（1630）规模更大的西炮西兵来华，不仅负责教习京营火器，而且还调往抵御后金的东北前线，使西方火器技术的实践成果扩展开来，传播到更大的范围。

　　由此，带动了明末天启、崇祯两朝的造炮活动，这一活动主要由西方来华传教士、铳师参与，得到徐光启、李之藻、孙元化等官员强有力的支持。

第一节　澳门的特殊作用

一　澳门与葡萄牙

伴随着地理大发现，新航路的开辟，以及文艺复兴促进的航海技术进步，西方文明跨越大洋，开始了殖民征服，向东方扩展。15 世纪末，葡萄牙成为第一个进行航海冒险的国家，在征服了非洲沿海地区，并绕过好望角进入印度洋之后，开始企图垄断东西方的海上贸易，开发东方殖民地。1511 年，葡萄牙攻占了明朝的"敕封之国"满剌加（马六甲），由此打开了通向中国东南沿海的大门。《明实录》载："海外佛郎机，前此未通中国，近岁并吞满剌加，逐其国王，遣使进贡。满剌加亦尝具奏求援，朝廷未有处也。"① 葡萄牙多次冒充成满剌加贡使，请求向明朝中央朝贡，以建立贸易关系，但都因被明朝官员识破而失败。

16 世纪，在征服马六甲这一重要交通要道之后，葡萄牙瞄准了中国的澳门，希图其能够成为向远东扩展的据点。葡萄牙战舰多次攻击广东沿海地区，都为明军所败，著名的有屯门之战（1521）、西草湾之战（1522）、双屿之战（1548），由此其认识到强硬进攻无法征服中国。1553 年，葡萄牙通过贿赂广东官员，以缴纳船税（每年二万两白银）和地租（每年白银五百两）的方式取得在澳门的居留地位。"嘉靖三十二年，舶夷趋濠镜者，托言舟触风涛裂缝，水湿贡物，愿借地晾晒，海道副使汪柏徇贿许之。"② 而且，由于厉行海禁政策使广东经济萧条，广东的地方官也倾向于默认葡萄牙在澳门的存在，以谋求通商带来的实利（可观的税收以及葡人给予的贿赂）。因此，在广东地方政府的默许下，16 世纪中叶后，越来越多的葡萄牙人聚居澳门，使澳门成为葡萄牙对东方贸易的一个中转站。

---

① 《明武宗实录》卷194，正德十五年十二月己丑条，台湾"中央研究院"历史语言研究所1962年影印本，第3630页。

② 郭棐：《广东通志》卷69，明万历三十年刻本。

葡萄牙人留居澳门之后，最初比较安分，遵守明朝政府的各项限定条件，比如不随意扩建住宅等。但是，随后就以各种借口修筑永久性住宅，而且修建炮台和城墙等军事设施，想造成占领并控制澳门的既定事实。而且，澳门葡萄牙人通过几次援助明军镇压沿海骚乱，开始恃功自傲起来，认为自己有功于明朝政府，理应在澳门获得更多权利。葡萄牙人在澳门的这些行为引起明朝一些有战略眼光的官员的警觉，如广东御史庞尚鹏、广东总兵俞大猷等，建议朝廷采取措施：

> 番舶抽盘，虽一时近利。而穷据内地，实将来隐忧。党类既繁，根株难拔，后虽百其智力，独且奈何？或谓彼利中国通关市，岂忍为变？孰知非我族类，其心必异，此殷鉴不远。惟督抚军门加意调停，从宜酌处。自后番舶入境，仍泊往年旧澳，照常交易。默夺其邪心，即祸本潜消失。①

但是，由于嘉靖时期明朝政治的混乱和低效，这一问题一直未能得到重视和解决。万历二年（1574），明廷在香山与澳门之间设关闸，以控制澳门葡萄牙人向北扩展的趋势，却反而使得葡萄牙获得了一个较为自由地管理澳门的环境。《澳门纪略》记载："蕃人之入居澳，自汪柏始，佛郎机即据澳。至万历二年，建闸于莲花径，设官守之。而蕃夷之来日益众。"② 1583 年，澳门议事会成立，③ 为在澳葡萄牙人管理澳门的自治机构，宣称澳门葡人臣服于明朝中央政府的统治，并逐渐演变为葡萄牙（1580—1640 年，葡萄牙为西班牙所合并）与明朝中央政府交往的中介机构。

明代中后期中葡、中荷的军事力量仍处于大致均衡的状态。在这种情况下，两广总督张鸣冈指出："壕镜在香山内地，官军环海而守，彼日食所需，咸仰于我，一怀异志，我即制其死命。若移之外洋，则巨海

---

① 陈子龙等：《明经世文编》卷 357，中华书局 1962 年影印本，第 3836 页。

② 印光任、张汝霖：《澳门纪略》，《中国地方志集成·广东府县志辑》第 33 册，上海书店出版社 2013 年影印本，第 26 页。

③ 黄鸿钊：《澳门史》，福建人民出版社 1999 年版，第 120—121 页。

茫茫，奸宄安诘，制御安施。"① 建议允葡人定居澳门，严格控制。此论一出，明政府终于做出了允许葡人租借澳门的决策。对于明朝允许葡人租借澳门的动因，主要存在着"葡萄牙人协助中国政府驱逐海盗得澳门酬劳"说和经济动因说两种。允许葡人租借澳门符合明政府对外关系的总构思，是明政府推行"以夷制夷"政策的需要，也是中西方初次交锋势力大致均衡的结果。同时，葡人卑恭的态度迎合了明朝统治者虚妄自大心理，这对允葡租澳起到重要推动作用。

1601 年，荷兰为了争夺对澳门的控制权，控制东方贸易，与葡萄牙进行了战争，最后以失败告终。但是，此战却成为葡萄牙在澳门修筑防御工事的理由，声称是为了自卫，和帮助中国维持澳门的领土和主权不受荷兰侵犯。其后，在 1622 年，荷兰再次大张旗鼓地进攻澳门，葡萄牙人顽强抵抗，再次挫败其占领意图。经过这两次战争，葡萄牙在澳门的防务更加明显，其火器、军人数量都呈现增长趋势。为了抵御荷兰的进攻，葡萄牙人还在澳门开办了制造火药和火器的工厂，不仅用于澳门的防御，还向中国和东南亚等地出口。② 澳门铸炮厂最大的贡献在于把欧式火器引介到了远东地区，明末从澳门购置的铳炮，大都为澳门铸炮厂制造。

二　澳门与传教士

葡萄牙是欧洲传统的天主教国家之一，其进行的对外扩张除了获得黄金等贵金属、促进贸易外，最重要的目的之一就是扩展宗教在世界上的影响力。葡萄牙与传教士相互借重，一方面传教士依托葡萄牙的物质力量对外发展，一方面葡萄牙依托传教士与明朝政府的关系发展中葡关系，保持自己在澳门的居留地位。澳门在葡萄牙人的经营下，逐渐成为西方宗教、技术、文化在东方的汇聚地，传教士则是穿梭其中的重要角色。葡萄牙之所以能够一直立足于澳门，并且能够顺利度过每一个危急时刻，依靠的就是传教士与明朝对西学持友好态度的官员建立密切关系

---

① 颜广文：《再论明政府允许葡人租借澳门的原因》，《中国边疆史地研究》1999 年第 2 期。

② 黄庆华：《中葡关系史》（上册），黄山书社 2006 年版，第 256 页。

的庇护。

由于澳门的特殊地位，以及葡萄牙的宗教背景，使澳门成为西方传教士来华的首站落脚点。根据罗马教皇的裁决，葡萄牙对东方享有"保教权"，各国传教士在前往东方之前都必须向葡萄牙国王宣誓效忠，然后作为其派遣的传教士，一律由葡船送往远东传教。1576年，罗马教皇格里高利十三世批准成立澳门主教区，[①] 辖区为中国、日本、朝鲜及其附近各岛。澳门主教区的建立，为传教士在远东传教提供了一个稳固的基地和跳板。1583年，在澳门的葡萄牙人成立了澳门议事会，进行自治。但是由于议事会官员全是冒险家、流亡者或海商出身，文化素质相对较低，更不具备政治和外交等方面的才能。因此，议事会自成立之初，乃至以后的若干年间的运作，都不曾脱离学识渊博的耶稣会士的参与。[②] 1594年，在传教士罗明坚等的倡议下，建立了圣保禄学院，作为对准备入华的传教士进行培训的机构。从此，澳门成为向远东，尤其是中国传播天主教的基地。

自明末清初，葡萄牙人来到澳门，欧洲的传教士大批来到中国，由此中西文化交流大规模地开始。最初进入中国内地的传教士大多在澳门进行了过渡，到澳门圣保禄学院学习中国语言和文字后，才向内地寻求传教机会。另外他们也在澳门了解中国的风俗习惯。第一批来华的罗明坚、利玛窦都是在澳门停留然后进入中国内地的，其后的其他传教士，莫不如此。澳门成为西方文化进入中国的桥头堡。

而且，传教士到中国内地结交明朝官员所需要的西方科技器物，以及个人生活费用，大部分是澳门葡萄牙人支援的。澳门议事会和在澳门的葡萄牙商人都乐意为入华传教士提供物质帮助，这一点从利玛窦时代就开始，一直贯穿天主教在华传播的整个过程。[③] 以至于在华传教士被明朝保守官员怀疑与澳门的葡萄牙人有勾结，并有不轨的图谋，因为他们在那里领有津贴。

---

① 吴志良等主编：《澳门编年史》第1册，广东人民出版社2009年版，第168页。
② 黄庆华：《中葡关系史》（上册），黄山书社2005年版，第222页。
③ 张廷茂：《16—17世纪澳门与葡萄牙远东保教权关系的若干问题》，《杭州师范学院学报》（社会科学版）2005年第4期。

三　澳门成为西方火器技术传华的中心

16 世纪以来，欧洲的科学技术取得突破性进展，影响了火器的革新，数理知识开始渗入。这一时期，最能代表先进火器技术发展方向的是葡萄牙、西班牙、英国、法国。与明朝接触最多的葡萄牙在 16 世纪正处于其海洋霸权的巅峰状态，其装备和使用的火器先进自不待言。自其居留澳门之后，更是获得一个连接西方与中国的节点，西方火器技术得以由此近距离地被明朝官员接触和认识。澳门葡人以抵御荷兰的进攻为契机，在 1622 年荷兰大举进攻澳门之前，修筑了大段的围墙和坚固的堡垒，并架设大口径火炮。而且，与之配套，成立了博卡罗铸炮厂，其火器制作工艺直接来自西方最前沿的技术，铸造各种铜质铁质大炮，质量精良，在远东具有强大的影响力。①

红夷炮是 16—19 世纪英制滑膛炮或同类大炮的通称，其特点有：一是弹药由前装，数量较大，重达数斤至十数斤不等，弹丸由石、铁、铅等材料制成实心弹，是以直接撞击目标而起破坏作用的，并可根据攻击目标的不同制成各种特殊形状；二是炮身长，长度 6 尺至 1 丈（1.86—3.11 米）余，口径多在 10 厘米以上，呈前细后粗型，口径大，二者之比多在 20—40，药室火孔处的壁厚约等于口径，炮口处壁厚约等于口径的一半；三是多系重型铁炮，也有铜制，自重 70 斤至万斤不等；四是尾部较厚，有尾珠，炮身中部有炮耳，炮身上装有准星、照门。②

明末，为了挽救危亡，徐光启不仅从澳门引进西洋大炮，从澳门招募葡萄牙炮师炮匠到内地教演、铸造大炮，还向崇祯皇帝推荐从澳门来的汤若望等西方传教士协助铸炮。崇祯九年（1636），崇祯帝命汤若望在皇宫旁设立铸炮厂，大批铸造西洋大炮。澳门当时所具备的条件也使这种引进成为可能。1625 年，葡萄牙当局在澳门成立王家铸炮厂，③ 负责铸造一切澳门防御需要的大炮，见图 6.1。澳门王家铸炮厂属于葡萄

---

① 费成康：《澳门四百年》，上海人民出版社 1989 年版，第 85 页。
② 刘鸿亮：《明清之际红夷大炮的威力概述》，《河南科技大学学报》（社会科学版）2003 年第 1 期。
③ 吴志良等主编：《澳门编年史》第 1 册，广东人民出版社 2009 年版，第 401 页。

牙王室机构，由澳门议事会管理，1630 年前主要生产铜炮，大量制造各式铜、铁大炮，工艺精良，被远东的葡萄牙人称为"世界上最好的铸炮工厂"，不仅能满足澳门自身的防御需要，还可以向中国和东南亚各国大量出售，使澳门成为远东最著名的铸炮基地。这就为中国的引进提供了技术上的便利。

图 6.1　澳门王家铸炮厂生产的西洋大炮

资料来源：吴志良等主编：《澳门编年史》第 1 册，广东人民出版社 2009 年版，第 401 页。

因为能够为明朝提供红夷大炮，居澳葡人和耶稣会士赢得了明朝的好感。博克塞在《1621—1647 年葡萄牙援明抗清的军事远征》中说道："在 1621 年 10 月，送来了神父和大炮。但在这一时刻，发生了一个多少预料不到的障碍。在到达广州之时，四名炮手被阻止，后来送回澳门，只让大炮被运。但提供大炮和炮手的行动给中国官方留下了良好的印象，葡萄牙人和神父们的威望也因此提高。"① 请求澳葡当局的军援是天启以来明廷的一贯政策，从天启元年到崇祯元年之间，明政府曾多次派人入澳请求葡萄牙的军事援助。

1644 年明朝灭亡后，残存的几个南明政权继续寻求来自澳门的火器援助。1645 年，福王政府和唐王政府都曾派传教士毕方济为使者去澳门寻求支援，由于福王和唐王两个政权旋即灭亡，所以葡萄牙人所提供的一批大炮与三百名士兵又转投桂王政府。1648 年，澳门葡人再次向桂王政府赠送了火枪百支，以助抗清。② 尽管葡萄牙人对南明永历政权的军事援助没能够从根本上改变其败亡的命运，但是此举凸显了澳门作为西

① ［英］博克塞：《1621—1647 年葡萄牙援明抗清的军事远征》，转引自冒亚军《明清之间耶稣会与中国政权及澳门关系研究》，硕士学位论文，广东省社会科学院，2007 年，第 22 页。

② 李巨澜：《澳门与明末引进西洋火器技术之关系述论》，《淮阴师范学院学报》1999 年第 5 期。

方火器技术传华基地的重要性。后来随着清朝南下铲除南明势力的军事行动，澳门葡人转向与新政权合作。

第二节　三次赴澳购募西炮西兵

万历四十七年（1619）萨尔浒之败是一个转折点，明军以绝对的优势兵力却败于后金，从此失去在东北的主动地位，与后金的对峙从攻势转为守势。萨尔浒之战为后金军队进军关内迈出了关键性的一步，奠定了多年后清朝开国的基业。这次战争也验证了后金军队快速移动的弓马骑射的优势，明军掌握的传统火器技术因其装填费时，发射之间间隔较长，以及制器不精，炸膛伤己现象屡见，威力不够猛烈等，未能发挥出其应有的作用。

《中国历代战争史》对于萨尔浒之战有如下评述，较为透彻地分析了双方的力量对比及其利弊：

> 就两军所使用之武器言：明军携有炮车、鸟枪等火器，亦有弓弩刀枪剑戟斧钺钩叉等兵器。而后金八旗兵只有弓弩刀枪等兵器，而无火器，是在战具上明军实居优势。后金之兵在作战之时，亦只有利用天候、地形以躲避火器之威力，本无对等战力之可言也，但明军虽有操必胜之武器，却以士卒未练，士气不振，未能发扬火器之威力。
>
> 就两军所有之机动力言：火器须用车载运行，施放时又须下载支架，故炮兵与使鸟枪者皆系步兵，只有使刀及弓箭者可以乘马，以此明军骑兵不多，主用步行作战，故其机动力量，限于步兵范围。后金八旗兵完全为乘马者，其机动能力大于明军数倍，以是之故，明军不能躲避敌人之攻击，也不能追逐敌人之退走。①

这次沉重的失败，使得明朝君臣开始思考明朝军事与政治的前途，

---

① 台湾三军大学：《中国历代战争史·清》（上），中信出版社 2013 年版，第 78—79 页。

纷纷就明军存在的弊病以及改进之法提出了建议。万历四十七年
(1619)，徐光启上疏朝廷，指出：

> 臣自三月下旬建议选练，就此时论，岂不迂缓？然臣策若用，
> 迄今三月，亦必稍有次第，何至乃如今日百无一备也。且遣将调兵、
> 措饷修守、一切救急之策，与臣之说，拮据并作，何相妨碍？盖急
> 着缓着，两者皆不可废，用一备二，更有得力之时，惟在速行之而
> 已。计开：一、亟求真材以备急用。一、亟造实用器械以备中外战
> 守。一、亟行选练精兵以保全胜。①

徐光启的奏疏受到朝廷的重视，其于当年九月升任为詹事府少卿兼
河南道监察御史，主持通州练兵，以防御京城。在所能征求的器甲和火
器等军事物资中，徐光启对广东提出的要求是：募选能造西洋大小神铳
巧匠十数名，（向澳门）买解西洋大小诸色铳炮各十数具。② 但是，由于
明末政治腐败，这些提议并没有能够得到及时的回应。徐光启在与李之
藻讨论后，决定利用私人捐资，派人赴澳门购募西洋大炮（广东购买的
西洋火器也来自澳门），聘请西洋炮师，以解燃眉之急，由此拉开了明
末引进西洋火器技术的序幕。徐光启提出从澳门引进更先进的红夷大炮
以抗衡后金的进攻，这一计划由徐光启及其门人主导。明末正式购募西
炮西兵主要有三次，都是通过与澳门的葡萄牙当局交涉实现的，得到了
西方传教士的大力支持。《守圉全书》收录的珍稀史料《委黎多报效始
末疏》对这一历史过程进行了记述：

> 万历四十八年东奴猖獗，今礼部左侍郎徐光启奉旨练兵畿辅，
> 给文差张焘、都司孙学诗前来购募，多等即献大铳四位及点放铳师、
> 通事、傔伴共十六名，到广候发。天启元年，奴酋陷失辽左，总理
> 军需、光禄寺少卿李之藻奏为制胜务须西铳等事，仍差原官募人购

---

① 王重民辑校：《徐光启集》（上册），中华书局 1963 年标点本，第 107 页。
② 王重民辑校：《徐光启集》（上册），中华书局 1963 年标点本，第 125 页。

铳，而多等先曾击沉红毛剧贼大船一只于电白县，至是复同广海官兵捞寻所沉大铳二十六门，先行解进。天启二年，遴选深知火器铳师、通事、傔伴共二十四名，督令前来报效，以伸初志。随于天启三年四月到京，奉圣旨："奥夷速来报效，忠顺可嘉，准予朝见犒赏，以示优厚。"铳师独命峨等，在京制造火药、铳车，教练选锋，点放俱能弹雀中的。天启五年，宁远城守，大铳奏功。崇祯元年七月，两广军门李逢节奉旨牌行该奥，取铳取人，举奥感念天恩，欢欣图报。谨选大铜铳三门，大铁铳七门，并鹰嘴护铳三十门。多等敕请管束训迪前项员役，一并到广，验实起送。①

引进西炮西兵的行动也受到了一些官员的反对，他们主要是因反对天主教进而反对西炮西兵西学。当时的礼科给事中卢兆龙于崇祯三年（1630）上疏称："堂堂天朝，精通火器、能习先臣戚继光之传者，亦自有人，何必外夷教演，然后能操威武哉。臣生长香山，知澳夷最悉，其性悍桀，其心叵测。"②虽然保守派官员的反对使徐光启主导的引进西炮西兵西学行动遇到了一些阻碍，但这三次购募西炮西兵的行动都历经波折最终成功，见表6.1。

表6.1　　　　　　　　　　三次购募西炮西兵过程

次数	时间	参与（主持）者	主要情况
第一次	万历四十八年（1620）—天启元年（1621）	张焘、孙学诗	运回四门大铳，其中一门用于天启六年（1626）的宁远大捷
	天启元年（1621）—天启三年（1623）		22门铳炮入京，传教士借机入华
第二次	崇祯元年（1628）—崇祯三年（1630）	陆若汉、公沙的西劳	最大规模的一次，西洋火器全面入华，徐光启进行军事变革
第三次	崇祯三年（1630）	姜云龙、陆若汉	因卢兆龙反对而失败，少量来华铳师赴登州火器营效力

---

① 韩霖：《守圉全书》卷3之1，山西省图书馆藏崇祯十年刻本。
② 《崇祯长编》卷34，台湾"中央研究院"历史语言研究所1962年影印本，第2053页。

一　第一次购募西炮西兵

第一次购募西炮在万历四十八年（1620 年），徐光启在萨尔浒兵败之后力倡引进西炮，并得到了李之藻、崔景荣等朝中官员的响应。徐光启致函李之藻，请与杨廷筠合议捐资，派遣李之藻的门生张焘与孙学诗前往澳门购炮。金尼阁在 1621 年报告中有如下记录：

> 光启在未知葡人是否愿来，并能援助中国之先，不欲奏陈皇帝。乃致函中国教会两大闻人，即李之藻与杨廷筠，嘱派遣一二新教友前往澳门，告以此行必大有利于国家，尤能为教会树立大功，张弥额尔（张焘）与孙保禄（孙学诗）遂应此选。[1]

同年十月，张焘与孙学诗以私人身份赴澳与葡人交涉，进展顺利，并准备以私资将所得四门大炮着力运回，同时雇用铳师四人、傔伴六人，以支持徐光启的引进西炮行动。但是，广州地方官认为此举会反衬出他们不为国尽力，乃宣称不奉上谕，不得准外国炮手入境。[2] 炮师只得在抵达广州后不久遣回澳门，唯大炮得以通行。此时恰逢徐光启在朝中遭到排挤称病去职，李之藻担心铳炮运到京城后付之不可知之人，不能被重视，因此要求张焘将四门大炮暂存于江西广信府（今江西上饶）。天启元年（1621）三月，辽阳、沈阳相继陷落，恐慌的明廷再次召回托病请辞的徐光启，商讨对敌之策。徐光启对敌我形势进行了分析，并提议取回滞留江西的四门大炮：

> 今京师固本之策莫如速造大炮。盖火攻之法无他，以大胜小，以多胜寡，以精胜粗，以有捍卫胜无捍卫而已。连次丧失中外大小火铳，悉为奴有，我之长技，与贼共之，而多寡之数且不若彼远矣。今欲以大、以精胜之，莫如光禄少卿李之藻所陈，与臣昨年所取西

---

① 方豪：《李之藻研究》，海豚出版社 2016 年版，第 229 页。
② 方豪：《明末西洋火器流入我国之史料》，《东方杂志》1944 年第 1 期。

洋大炮。欲以多胜之，莫如即令之藻与工部主事沈荣等鸠集工匠，多备材料，星速鼓铸。①

在徐光启看来，佛郎机铳和传统火器已经无法抑制后金的军队，而且，明朝生产的火器、火药偷工减料严重，已经比不上后来居上的后金制造的火器。如果想克敌制胜，只能靠引进更先进的、后金所无的红夷大炮。

此时，李之藻也被委任以制造兵器，训练军队把守京都城门。李之藻上"制胜务须西铳敬述购募始末疏"，力陈引进西炮的必要性，并认为必须同时招募铳师，以教授点放和制造之法。其疏包含三个要点：一是将暂留广信的西洋大炮取回，二是招铳师入京，三是招传教士传布火器图说。

> 近闻张焘自措资费，将铳运至江西广信地方。程途渐近，尤宜驰取。兵部马上差官，不过月余可得。但此秘密神铳，虽得此器，苟无其人，铸炼之法不传，点放之术不尽，差之毫厘，失之千里，总亦无大裨益。仍将前者善艺夷目诸人招谕来京，大抵多多益善。阳玛诺、毕方济等人，大抵流寓中土，其人若在，其书必存，亦可按图揣摩，是应出示招徕。②

李之藻的奏疏得到了兵部尚书崔景荣的支持，他力倡西炮西兵来华，并承诺待炮运抵京师后若验之有效，便会补偿张焘、孙学诗购募西炮的花费。而且，崔景荣提出通过广东巡抚招募在澳善铳者二十余人来京传授火器技术，西洋陪臣阳玛诺、毕方济等可以并敕同来。在徐光启、李之藻、崔景荣的奏疏里，都提到了在招徕铳师的同时访求传教士，以传授火器技术的理论知识。徐光启力倡引进西炮西兵的另外一个重要目的在于借此提高天主教在明朝统治者心中的地位，从而有利于其在中国的

---

① 王重民辑校：《徐光启集》（上册），中华书局 1963 年标点本，第 175 页。
② 陈子龙等：《明经世文编》卷 483，中华书局 1962 年影印本，第 4336 页。

传教。耶稣会士曾德昭曾有一段颇为详细的记载：

> 自南京教案以来，满人已对中国用兵六七年，战争颇为剧烈，中国军队被击破，辽东省有数城被陷，中国人对满人之前进无已，竟束手无策。时各教士谋能在国内公开传教，然最大困难，即无皇帝之许可，不能反其原上谕而行，吾教友与吾教诸博士，乃拟乘此对抗战之机会，向皇帝进奏。先陈战争所加于中国之不利，次述驱逐西洋教士之错误，以教士除道德可钦外，且具大才，而尤为优越之数学家，其学必有特别秘密及创获之处，为国家目前情形中所必需者。①

他们的主张得到了明熹宗的批准，天启元年（1621）年底，四门大炮经过多次波折后运抵京城，经过试射，威力巨大，远远超出明军既有的各种火器，见图6.2。这四门大炮中的一门后来辗转运送到了宁远前线，并在天启六年（1626）袁崇焕指挥的宁远保卫战中发挥了巨大的作用，《明实录》记载："虏众五六万人，力攻宁远，城中用红夷大炮奋勇焚击。前后伤虏数千，内有头目数人，酋子一人。"② 努尔哈赤在此战中受重伤，不久便郁愤而死。这是自后金与明交锋以来明军所取得的第一次重大胜利，史称"宁远大捷"。西洋大炮的实力得到了实战的证明，自此在明朝统治者心中的地位愈重，天启帝册封击毙努尔哈赤的这门炮为"安国全军平辽靖虏大将军"。这为崇祯朝引进西方火器埋下了伏笔。

天启元年（1621）十二月，明廷正式以钦差的名义再次派张焘和孙学诗二人赴澳门续购大炮，这是中国皇帝首次对澳门派遣钦差，受到澳门葡人的热烈回应。张、孙二人向澳门当局表达了明廷希望从澳门购募更多的大炮和炮师，炮师的作用尤其重要，希图其能够来华教习中国士兵操炮与用弹之法。而此时的澳门，恰好于前一年在附近沿海搁浅的英国船上获有大炮三十门，因此决定迎合明廷的请求，募集了一支火器部队。

---

① 康志杰：《耶稣会士与火器传入》，《江汉论坛》1997年第10期。
② 《明熹宗实录》卷68，天启六年二月甲戌条，台湾"中央研究院"历史语言研究所1962年影印本，第3211页。

图 6.2　天启年间明廷购募的红夷大炮

资料来源：王兆春：《中国古代军事工程技术史》（宋元明清），山西教育出版社 2007 年版，内封照片 12。

　　新购置的二十二门大炮，连同受募准备赴京帮助造炮练兵的夷目七名，通事一名，傔伴十六，共二十四人，[①] 于天启三年（1623）一并由张焘解送到京。兵部尚书董汉儒认为澳夷不远千里之程，远赴京都，忠顺可嘉。在一一阅看了其携来的火器之后，感觉均为精利之具，可以仿而造之，以一教十，以十教百，待其精熟以后，可以发往山海关抗御后金。董汉儒还提出对于来京的葡人，仿贡夷例赐之朝见，犒以酒食，赏以相应银币，以示优待。但是，澳门葡萄牙当局之所以欣然接受明朝的招募，更是欲借此伴送传教士入华，打破南京教难以来传教工作的停滞状态。[②] 1619—1621 年，阳玛诺、金尼阁、傅凡济、邓玉函等传教士皆借此潜入中国。董汉儒随即奏请派人向其学习制炮技艺，都得到了朝廷的允准。天启二年（1622），皇帝敕罗如望、阳玛诺、龙华民等，制造

---

　　① 《明熹宗实录》卷 68，天启六年二月甲戌条，台湾"中央研究院"历史语言研究所 1962 年影印本，第 3211 页。

　　② 方豪：《明末西洋火器流入我国之史料》，《东方杂志》1944 年第 1 期。

铳炮，以资戎行。天启三年（1623），艾儒略、毕方济奉召至京听用。①
这些传教士借着明廷因东北边患而增长的对于火器技术的需求，而以火
器专家的名义到达明朝政权中央，并受到重视。巴笃里在《耶稣会史中
国之部》中记载：

> 一六二三年（天启三年）之始，中国全国教会有一无可与比之
> 愉快而光荣之事，即教士因兵部之奏请与皇上之准许而得回返京中
> 也。此事之成，实徐光启与李之藻之劝，盖二人曾向兵部建议，招
> 致澳门葡军及炮手，并召教士来京，共御满人，以渠等均曾专习大
> 炮瞄准之术，正为中国人所不知者。②

但不幸的是，天启四年（1624）试炮时发生了葡籍炮手哥里亚被炸
死的变故，使明朝官员认为是不祥的预兆，而且对西方火器的实战效果
产生怀疑。再加之当时沈㴶等对天主教持敌视态度的官员上疏反对，朝
廷决定遣返已经来京的葡籍炮手，正处于良好发展势头的西炮西兵来华
行动戛然而止。再加之后来徐光启、杨廷筠等朝中支持西炮来华的官员
因排挤而再次去职，第一次购募西铳的行动由此停止。天启四年
（1624）后，明朝多年未有引进西炮西兵的痕迹。民国期间，天主教史
学家方豪在北平西便门外青龙桥发现葡籍炮手哥里亚墓碑，何乔远为其
写的墓志铭有如下记述：

> 奴酋作乱，失我辽左，于今五年矣。我所以御之者，莫如火攻，
> 火攻之器，铳最良；铳之制造，西洋国最良；发铳之法，西洋国人
> 之最良。天启元年，太仆少卿李之藻奉朝命制战车，炼火器。李公
> 言于朝，请招西洋之贾于广东香山者。遂有游击张焘、守备孙学诗
> 等率其族二十四人，至于京师，图形上览。上嘉其忠顺，宴劳至再。
> 居数月，教艺炼药，具有成绩。朝中诸公请演于草场，发不费，可

---

① 黄伯禄：《正教奉褒》，辅仁大学出版社2003年版，第476页。
② 转引自康志杰《耶稣会士与火器传入》，《江汉论坛》1997年第10期。

及远，诸公奇之。演三月，哥里亚炸殁矣。上闻悼惜，赐葬于西便门外青龙桥之阳。怀远人也，奖忠义也。①

二　第二次购募西炮西兵

崇祯帝即位后，诛杀魏忠贤，重新起用徐光启、李之藻、孙承宗、袁崇焕等在天启朝因得罪阉党而被罢免的官员，这些官员都是引进西炮西兵的力倡者。而且，天启六年（1626）的宁远大捷，其得力多借西洋大炮，西洋大炮的威力使明政府更加深刻地认识到西洋火器装备对军事防御的重要性。② 在这样的氛围下，明廷自澳门购募西炮西兵的想法再度兴起。徐光启和李之藻认为可以使葡人按照欧洲的方法训练中国军队，并且教练他们使用西式大炮。而且，来华的葡人还可以为明廷铸造新的大炮。③ 徐光启再次力陈引进西炮的重要性，并得到了崇祯帝的支持，由此开始了明末第二次购募西炮西兵的行动。

崇祯元年（1628），明廷委派两广官员李逢节、王尊德向澳门葡人提出，请求派遣 10 名炮手和 20 名教官到北京，帮助教授放炮和造炮，以抵御后金的进攻。葡人统治下的澳门议事会决定派出以公沙的西劳为统领的运铳队伍，其中有统领公沙的西劳，随军神父陆若汉，铳师 6 名，通官 1 名，通事 1 名、匠师 4 名、驾铳手 15 名、傔伴 3 名，共 32 名。④ 共携大铜铳 3 门、大铁铳 7 门（共 10 门大铳），鹰嘴铳 30 支。运铳队伍于崇祯元年（1628）九月从澳门出发，一路上得到了各地官员的优待，如运铳队伍到达广州时，两广总督王尊德派兵沿途护送。队伍的行进一直为徐光启和孙元化所关注，并派在天启年间有过解送火器经验的孙学诗前去襄助。队伍于崇祯二年（1629）行进过程中因物资不足，向当时的徐州知州韩云（韩霖之兄）求援，得到了韩云慷慨接济的 200 两白银。⑤

---

①　方豪：《方豪六十自定稿》，台湾学生书局 1969 年版，第 307—308 页。
②　刘小珊等：《明中后期中日葡外交使者陆若汉研究》，商务印书馆 2015 年版，第 295 页。
③　[德]魏特：《汤若望传》，杨丙辰译，知识产权出版社 2015 年版，第 193 页。
④　汤开建：《委黎多报效始末书笺正》，广东人民出版社 2004 年版，第 84 页。
⑤　韩霖：《守圉全书》，卷 3 之 1，山西省图书馆藏崇祯十年刻本。

崇祯二年（1629）十一月，队伍向北行进到达涿州，恰逢后金军攻掠京畿，在城内人心惶惶，很多人开始出逃的时候，他们协助防守涿州，稳定军心和民心，置炮于城上，击退了后金的进攻。后金退走，不敢再来。崇祯三年（1630）正月，陆若汉等奉圣旨留下大炮四门以资涿州城防，携其余六门大炮入京（一共十门大炮，鹰嘴铳是单兵使用的大鸟铳），并向崇祯帝献上大炮车架样品两具。陆若汉上"贡铳效忠疏"：

> 崇祯元年，两广军门李逢节、王尊德奉旨购募大铳，查照先年靖寇、援辽、输铳，悉皆臣汉微劳，遂坐名臣汉劝贡大铳，点放铳师前来。臣等从崇祯元年九月上广，二年十一月至涿州，闻房薄都城。十二月，警报良乡已破，退回涿州。臣汉、臣公沙亲率铳师造药铸弹，修车城上，演放大铳。昼夜防御，人心稍安。奴虏闻知，离涿二十里，不敢南下。兹奉圣旨，议留大铳四位保涿，速催大铳六位进保京城。臣等荷蒙皇上恩庇，于今年正月初三日到京。如持此大铳保守都城，措置得宜，传授点放诸法，可保无虞。如欲进剿奴巢，则当听臣等置用中等神威铳车及车架，选练大小鸟铳手数千人，必须人人皆能弹雀中的。仍请统以深知火器大臣一员，总师一员，臣等愿为先驱，仰仗天威，定能指日破虏，以完合澳委任报效之意。[①]

认识到西洋火器威力的崇祯帝命京营总督李守锜同提协诸臣，设大炮于都城冲要之所，精选将士习西洋大炮点放法，赐炮名神威大将军。[②]为了证明西洋大炮的实际效果，陆若汉还邀请明朝官员观看了其在城墙上的演练，得到了大多数人的认可。二三月间，葡萄牙铳师即在北京帮助明廷训练两批炮手，200余人。[③]由此，开始了徐光启按照西方兵学方

---

①　韩霖：《守圉全书》卷3之1，山西省图书馆藏崇祯十年刻本。

②　《崇祯长编》卷30，崇祯三年正月甲申条，台湾"中央研究院"历史语言研究所1962年影印本，第1639页。

③　王兆春：《中国古代军事工程技术史》（宋元明清卷），山西教育出版社2007年版，第309页。

法的军事改革与明廷对西洋火器的大量使用和仿制，推进了明末火器技术的发展。其后，无论是在保卫京师还是抗御东北边患方面，西洋火器都发挥了重大作用。运来的大炮一部分留在京营，一部分运到了东北战场，成为明军抵御后金进攻的重要倚靠。

通过购募西炮西兵，徐光启对于仿造西炮形成了自己的一些看法，面对朝臣的疑虑，他在崇祯三年（1630）九月进呈皇帝的"钦奉圣旨复奏疏"中指出：

> 窃照大铳之法，来自海外西洋诸国，东事以来，澳夷屡次献铳效劳，流传入于天朝。职依仿制造，若如原法，则弹药一斤四两，该铳重五百斤；今职所造只重三百二十斤，亦用弹药一斤四两，则分量已满。再惟火攻之法，一在铳坚，二在弹药相称，三在人器相习，相称相习，可以连发不损，则其益多矣。若多加弹药，恐一二发后不能再用。所以澳夷传有秘法云：数发之后，铳体既热，便须稍减其药。盖铳体热，药性自猛，虽少与多同力也。今合口之弹，对准之药，而求连发不损，职所明也；若多加骤加，职所疑也，是以不敢不详陈于皇上之前也。至于工费颇奢，职亦自觉其然。然炼铁欲熟，不得不费料；制造欲如式，不得不费劲。①

此次西炮来华规模较大，影响也较大，并为明朝最高统治者所认可，是西方火器技术来华难得的一次成功。由此，再次激起了徐光启、李之藻、孙元化等利用西洋火器技术进行军事变革的意念。此后徐光启进行的军事改革和孙元化借助西炮西兵在登州建立第一支西式火器部队均与之有关。这些将在下文中进行详细讨论。

三　第三次购募西炮西兵

在第二次购募西炮西兵取得良好效果，并受到崇祯帝赏识之时，徐光启经与公沙的西劳、陆若汉讨论后，于崇祯三年（1630）四月再次上

---

① 王重民辑校：《徐光启集》（上册），中华书局1963年标点本，第302—303页。

疏力陈从澳门购募西炮西兵以对抗后金的动议：

> 近来边镇亦渐知西洋火器可用，各欲请器请人。但汉等只因贡
> 献而来，未拟杀贼，是以人器俱少，聚亦不多，分益无用。近闻残
> 虏未退，生兵复至，将来凶计百出，何以待之？只令汉等前往广东
> 濠镜澳，遴选铳师、艺士常与红毛对敌者二百名、傔伴二百名，星
> 夜赶来。往返不过四阅月，可抵京都。汉等再取前项将卒、器具，
> 愿为先驱，不过数月可以廓清畿辅，不过二年可以恢复全辽。①

陆若汉与徐光启都认为要想改变后金军队随时来袭的被动局面，进
而解除后金对明朝的威胁，最好的办法仍然是积极向澳门求得军事援助。
指出如果再派遣二百名铳师前来，则数月可以解除首都面临的威胁，两
年可以恢复辽东之土。

崇祯帝应允了徐光启的奏请，派中书舍人姜云龙与掌教陆若汉、通
官徐西满等前往澳门置办火器，并聘请善炮西洋人赴京应用。② 姜云龙
是抗击后金名将孙承宗的幕僚，天启年间受阉党对东林党的打击影响而
去职，崇祯帝即位后打击阉党而复职。姜云龙的同僚中有不少人接触西
炮西学，如孙元化、茅元仪、沈棨、袁崇焕等③。再加之姜云龙是徐光
启的同乡，且于同年中举，因此成为徐光启推荐的人选。当时张焘在辽
东鹿岛担任赞画游击，孙学诗则在是年正月才率第二次购募西铳的队伍
抵达北京，在两人都无法领命的情况下，徐光启选择了姜云龙。

姜云龙等于崇祯三年（1630）六月从北京出发，八月抵达澳门。澳
门议事会经过讨论，虽然认为向明朝派遣军队会削弱自己在澳门的防务，
但是在意识到援助明朝能够得到明廷的政策支持和优待后（此时的葡萄
牙澳门当局面临荷兰、英国的威胁，迫切需要得到明朝政府的支持），

---

① 王重民辑校：《徐光启集》（上册），中华书局1963年标点本，第299页。
② 《崇祯长编》卷33，崇祯三年四月乙亥条，台湾"中央研究院"历史语言研究所1962
年影印本，第1957页。
③ 黄一农：《明末至澳门募葡兵的姜云龙小考》，《中央研究院近代史研究所集刊》2008
年第4期。

便决定派兵帮助明朝。最终的结果是准备派出葡萄牙人 160 名，澳门人 100 名，非洲人和印度人 100 名，共 360 名。①

但此举遭到朝中新的保守派代表——祖籍广东香山的礼科给事中卢兆龙的强烈反对，卢兆龙连上三疏进行猛烈抨击。他认为："中国将士如云，貔貅百万，及今教训练习，尚可鞭挞四裔，攘斥八荒，何事外招远夷，贻忧内地，使之窥我虚实，熟我情形，更笑我天朝无人也。且澳夷专习天主教，其说幽渺，最易惑世诬民。前东兵未退，臣言之，恐夷目生心致有他变。今各城已复，内患宜防，辇毂之下，非西洋杂处之区，未来者当止而勿取见，在者当严为防间，以贻后忧也。"② 而且，卢兆龙将天主教与明末白莲教相提并论，称其祸害中国的邪教，伴随西炮西兵来华的传教士会威胁明朝的统治。害怕其贸易独占权受到影响的广东商人也趁机鼓动，声称愿意赔偿此次募兵所耗费的一切费用。崇祯帝决心动摇，再加上当时后金的进攻暂时缓和，于是便接受了卢兆龙的意见，收回任命。

传教士曾德昭写的《大中国志》，对于以卢兆龙为代表的朝中势力之所以反对赴澳购募西炮西兵的真实目的进行了剖析：

> 作为葡人贸易伙伴的中国人，在广东跟葡人交易，从中获得巨大利益。他们现在开始感到葡人这次进入中国，肯定可取得成效，他们将轻易得到进入中国的特许，并进行贸易，售卖自己的货物，从而损害这些中国人的利益。所以在葡人出发前，他们极力阻止葡人成行，呈递许多状子反对此事。③

崇祯三年（1630）十月，正当陆若汉带领三百多人的队伍，携带大批铳炮，行至江西南昌时，接到了皇帝的命令，只准陆若汉等少数人运解火器进京，其余人员一律返回澳门。十二月，卢兆龙再度弹劾姜云龙

---

① 吴志良等主编：《澳门编年史》第 1 册，广东人民出版社 2009 年版，第 431 页。

② 《崇祯长编》卷 34，崇祯三年五月丙午条，台湾"中央研究院"历史语言研究所 1962 年影印本，第 2055—2056 页。

③ ［葡］曾德昭：《大中国志》，何高济译，上海古籍出版社 1998 年版，第 126 页。

贪渎冒饷，皇帝要求将其革职调查。

明朝在招募葡兵问题上形成两派，一派以徐光启、孙元化等为主，力倡西炮西兵来华；另一派则以广东籍官员为主，认为葡人此次进京定能获得成效，轻易取得进入中国的特许，绕开广东进行直接对华贸易，严重影响其既得利益，因此凭借各种理由进行反对。崇祯四年（1631）十月，后金的军事威胁又变得严重，徐光启最后一搏，再上"钦奉明旨敷陈愚见疏"，强烈呼吁再次引进西炮西兵：

> 盖教练火器，必用澳商；广中所解军需，悉皆精好，而同来工匠，又可令董率造作。速如旧年初议，再调澳商。昔枢臣梁廷栋议辍调者，恐其阻于人言，未必成行耳。后闻已至南昌，旋悔之矣。顷枢臣熊明遇以为宜调，冢臣闵洪学等皆谓不宜阻回，诚以时势宜然。且立功海外，足以相明也，况今又失去大炮乎？盖非此辈不能用炮、教炮、造炮，且当阵不避敌，已胜不杀降，不奸淫，不掳掠。待我兵尽得其术，又率领大众，向前杀贼，胜贼数次，胆力既定，便可遣归。①

徐光启认为从澳门引进火器和铳师依然是战胜后金的唯一希望，并提到昔日的兵部尚书梁廷栋为葡兵至南昌折返而后悔，熊明遇、闵洪学等皆支持葡兵来华，这些官员的意见不可忽略。而且，徐光启为了消弭朝内的反对声音，提出可以待我兵尽得其术，战而必胜后，将葡兵遣回。但是即使是这样也没能够使崇祯帝改变主意，明朝引进西炮西兵的行动由此终止。崇祯四年（1631）三月，陆若汉等人抵京，正值后金入侵朝鲜半岛之际，处于明与后金战争前沿阵地的登州显得尤为重要。徐光启派陆若汉和公沙的西劳带领硕果仅存的葡兵赴登州辅助登莱巡抚孙元化造炮练兵，登州火器营成为第三次购募西炮西兵的唯一成果。

---

① 王重民辑校：《徐光启集》（上册），中华书局1963年标点本，第311页。

第三节　西方火器技术与徐光启、
孙元化的军事改革

在与利玛窦等西方传教士接触的过程中，徐光启、李之藻、孙元化等人较为深入地接触了西方的自然科学知识和军事技术，他们一致认为西方火器技术是救亡图存、挽救大明王朝的利器，是反败为胜的关键。明末三次购募西炮西兵，使西方火器技术深入明朝内部，徐光启、孙元化等官员借此时机，进行了军事改革。在军事改革的过程中，他们得到了传教士汤若望、陆若汉、毕方济、龙华民，以及张焘、王徵等基督徒的襄助。

一　徐光启的军事改革计划

自万历四十七年（1619）的萨尔浒之战以来，后金在辽东攻城略地，步步紧逼，对明军的战争从被动变为主动。面对明军节节败退的颓势，徐光启提出一系列军事改革计划，以重振明军军威。其主要内容有三点，即多造铳器、建造铳台、构建车营。

第一，在多造铳器方面。徐光启认为，战守利器，莫如大铳。在引进西方火器的过程中，徐光启开始着力促使来华传教士和铳师教习中国士兵造器之法，刻意访求，进行仿制。对于造铳的数量，他认为须得小铳三百位，以实诸台；再造大鸟铳万门，以备城守，则万全无患。而且，所造铳器要达到西方火器技术的标准——弹必合口、药必等分、发必命中，不唯易于歼敌，兼用药不多，易于防火。徐光启还提出"视远则用远镜，量度则用度板"，要求士兵用西式测准工具使用西方火器。

第二，在建造铳台方面。徐光启在万历四十七年（1619）六月上《辽左阽危已甚疏》，提出各种御敌之法，其中一点便是亟造都城万年台以为永用无虞之计：

> 臣再四思惟，独有铸造大炮、建立敌台一节，可保无虞。造台

之法，于都城四面，用大石垒砌。其墙极坚极厚，高与城等，分为三层，下层安置大铳炮，中层、上层以渐差小。台大铳大，周城只须十二座，形裁或小，量应加添。再将旧制敌台改为三角三层空心样式，暗通内城，如法置放。①

徐光启建议在既有铳台之外，接建西式空心三层锐角台，此功若就，即可渐致大小炮位，以达到强有力的火力配置。这是天启六年（1626）凭城使用大炮取得宁远大捷后的一个总体战略，徐光启认识到只有如此才能发挥出引进的西方火器的威力，给后金军队以重创。再加上随着西炮西兵而来的西方铳台技术（三角形制的锐角台），可以使"闻敌仓皇，茫然定策"的窘境得到改观。崇祯三年（1630）正月，徐光启即上疏请求建造铳台，借鉴西法铳台，意在消除射击死角，充分发挥火铳效力。然此事亦不了了之。终明之世，北京未能以西法构筑铳台。②

第三，在构建车营方面，而这一点是军事改革计划最核心的内容。徐光启于崇祯四年（1631）十月上《钦奉明旨敷陈愚见疏》提出构建车营，以增强御敌能力的主张：

> 臣自东事以来，累次建言，皆以实选实练、精卒利兵、车营火器为本，不意荏苒至今，未获施用。而贼反用之，以至师徒挠败……夫车营者，束伍治力之法也。臣今所拟：每一营用双轮车百二十辆，炮车百二十辆，粮车六十辆，共三百辆。西洋大炮十六位，中炮八十位，鹰铳一百门，鸟铳一千二百门，战士二千人，队兵二千人。然后定其部伍，习其形名，闲之节制。行则为阵，止则为营。遇大敌，先以大小火器更迭击之；敌用大器，则为法以卫之；敌在近，则我步兵以出击之；若铁骑来，直以炮击之，亦可以步兵击之。此则实选实练所至，非未教之民可猝得也。③

---

① 　王重民辑校：《徐光启集》（上册），中华书局 1963 年标点本，第 111 页。
② 　郑诚：《守圉增壮——明末西洋筑城术之引进》，《自然科学史研究》2011 年第 2 期。
③ 　王重民辑校：《徐光启集》（上册），中华书局 1963 年标点本，第 310 页。

　　徐光启认为依托车营作战，才可以发挥出明军火器的多、精、习熟等优势，而且以车营为壁垒拒之，才可避免利器沦为他手。徐光启的宏伟目标是办成十五营，六万人，即每营四千人。而且他指出成就四五营则不忧关内，成就十营则不忧关外，成就十五营则不忧进取。如奏疏中所述，成就车营，需要实选实练的精良士兵充任，比一般的士兵要求要高。如何解决这个问题？徐光启将希望寄托在其门下弟子孙元化身上，建议速招孙元化于登州，令统兵而来，可成一营。再辅之以别处可选募之将领与兵员，配以广东等地向京城输来的西式火器，则可大幅度提升明军战力。

二　孙元化建立的中国第一支西式火器部队

　　崇祯三年（1630）进行的第三次购募西炮西兵因为卢兆龙等保守官员的反对而失败，行到南昌时被遣回澳门。仅留陆若汉带领几名葡兵继续北上，于崇祯四年（1631）三月到达北京，并向崇祯帝进献了各种西洋火器。此时，孙元化已任登莱巡抚，在登州练兵。徐光启便将陆若汉、公沙的西劳等及葡兵派往登州，协助孙元化造炮练兵，以图在抵御后金的最前线显示西洋火器的效用。由此，建成了中国第一支西式火器部队，践行了徐光启的军事改革计划。

　　利用传教士，从澳门引进威力巨大的红夷大炮，以及精通火器操作的人员，以使明朝军队在与后金军队战争中具有火器优势，是徐光启、孙元化等人用以抗击后金，挽救明朝危亡的最后努力。孙元化担任登莱巡抚后用西式火器武装起来的火器部队，其战力卓越，使得战局向着有利于明朝的方向扭转。只可惜，吴桥兵变后，一切成果付诸东流，先进的西方火器技术反而成为后金军队用来对付明朝的重要工具，改变了历史的走向。

　　孙元化在军中的崛起与明末辽东形势有着直接关系，万历四十七年（1619）的萨尔浒之战，是明与后金双方力量对比的交界点，此战的失败标志着明朝开始走向衰败。天启元年（1621），后金攻破沈阳、辽阳两处边外重镇，明廷震动，起用熊廷弼为辽东经略，抵御后金的进攻。

熊廷弼提出"三方布置"之策，① 其重心之一就是利用登州的火器部队以从海上牵制后金的进攻，这个重任便落在孙元化经营的登州火器营上。注入了西方火器技术的明朝军队，在短时期内取得了诸多成果，有力地阻止了后金的进攻态势。

以徐光启为核心建立的明末西方火器技术传播关系网，为孙元化具体推行徐光启的军事改革和施展军事抱负提供了支撑力量。兵部尚书孙承宗、梁廷栋、辽东经略袁崇焕等都先后大力提携孙元化，重视其筑台造炮的才能。崇祯三年（1630）五月，孙元化被兵部尚书梁廷栋举荐为登莱巡抚，认为其为桀骜不驯的刘兴治所惮，② 要求孙元化在除巡抚登州、莱州和东江外，兼恢复金州、复州、海州和盖州之责。

孙元化很快纠集精通西方火器技术的士友助其襄理军务，王徵被任命为登莱监军佥事，张焘被任命为登莱副总兵。孙元化、张焘、王徵等人便设法利用这些条件，在登州编练火器营。崇祯三年（1630）七月，徐光启又调在京教演火器的葡人公沙的西劳等到登州（今蓬莱）。③ 崇祯四年（1631）三月，葡人陆若汉携火器至京复命后，经徐光启安排，随即携带火器转赴登州，协助山东登莱巡抚孙元化造炮练兵，驻守该城；六月，又有 53 名葡籍炮师和造炮工匠，护送一批西洋炮自广州来到登州。④ 这些西人成为中国战争史上最早被雇用的西方军事技术人员。在陆若汉、公沙的西劳的协助下，葡萄牙铳师直接传授西式大炮的操纵点放之法，登州火器营拥有佛郎机铳二十余门，西洋炮三百余门，每门重二三千斤，⑤ 登州一时成为西方火器技术在中国的发展中心。

经过葡萄牙炮手的训练，登州明军在战力上得到明显提升。登州火

---

① 熊廷弼提出的"三方布置"之策为：由辽东经略镇守山海关，控制辽宁广宁、天津、山东登州三方，实现海陆联防，可以相救，形成对后金在辽东战场的战略包围和打击。

② 谈迁：《国榷》卷91，中华书局1958年版，第5539页。

③ 方豪：《明末西洋火器流入我国之史料》，《东方杂志》1944年第1期。

④ 寇润平、朱龙：《登州火器营及其对华贡献》，《鲁东大学学报》（哲学社会科学版）2007年第4期。

⑤ 刘鸿亮：《徐光启与红夷大炮问题研究》，《上海交通大学学报》（哲学社会科学版）2004年第4期。

器营的战果主要体现在明与后金在辽东沿海争夺的首次皮岛战役上。崇祯四年（1631）六月，后金军队进攻皮岛，明军由孙元化麾下精通西洋炮法的黄龙指挥，副总兵张焘参与作战，并派出公沙的西劳等葡兵助战。由于明军掌握大量火器，又有成批船只，习于水战，给予后金兵重大打击。西洋炮共施放了十九次，击毙后金兵约六七百人。后金军终究敌不过明军的猛烈炮火，被迫放弃进攻，"畏缩奔于八十里之外，不敢复进海岸"。张焘在发回朝廷的奏报中有如下记述：

> 职令西洋统领公沙的西劳等用辽船架西洋神炮，冲其正面。令各官兵尽以三眼、鸟铳骑架三板唬船，四面攻打。而西人以西炮打。计用神器十九次，约打死贼六七百官兵。张副总前初九日与贼遇战于身弥岛时，贼将一人中丸即死。以后复大战于宣沙浦，战舰蔽海，连日进击，炮烟四塞，声震天地。军兵之死填满沙浦，晾尸数日。东奴五月内抢岛，六月初回来，被炮打死两牛录、一孤山。又偷船三百名，只回一百。此海外从来一大捷！①

后金发动的这次皮岛之役以失败告终，伤亡惨重。明军利用引进的西炮西兵，占据了军事方面的优势，证明了孙元化主导的登州火器营的战斗力。火器技术更加受明朝重视，也使后金开始重视火器在海战中的使用。皮岛战役是以少胜多，以先进技术取得军事胜利的典范，是明末对抗后金可圈可点的几次获胜战役之一，也是孙元化的登州火器营最后的辉煌。

崇祯三年（1630）年十一月，兵部尚书梁廷栋上言曰，"登抚孙元化职任恢复，更定营制。有众八千（指登州驻军），合以海外三万有余（指东江各岛驻军），隐然可成一军"②，并提议朝廷接受孙元化对于其麾下黄龙（总兵，后赴皮岛受事）、张大可（负责登州海防）等善炮将领

---

① 台湾"中央研究院"历史语言研究所编：《明清史料·乙编》（上册），北京图书馆出版社 2008 年影印本，第 135 页。

② 《崇祯长编》卷 40，崇祯三年十一月丁丑条，台湾"中央研究院"历史语言研究所1962 年影印本，第 2391 页。

的任命，受到崇祯帝应允。

孙元化的登州火器营创立之初，受到了众多明末士人的襄助，如王徵、张焘等。崇祯四年（1631）二月，孙元化举荐丁忧服满的王徵出任辽海监军道。王徵为天启二年进士，他之所以愿屈就为举人出身的孙元化的下属，乃因两人是以道义相许的好友，如孙元化于天启七年遭罢归时，不避嫌忌，坐视行色的故交，仅王徵一人。而王徵在接任之初，还曾起意荐举李之藻，但李之藻于崇祯三年九月去世而未果。

王徵在出任监军后于崇祯四年六月疏奏建议：

> 计莫如收集见在辽人，令善将兵者，精择其勇壮而训练之。即辽人补辽兵，便可省征调招募之费。辽兵守辽地，尤可坚故乡故土之思。以辽地储辽粮，亦可渐减加添节省之投。于攘外之中得安内之道，此或可为今日东事之要著乎![1]

此一用辽人守辽地的主张，与孙元化同出一辙。崇祯四年（1631）六月，对西学相当倾心的熊明遇被起用为兵部尚书，熊氏也同样主张关外文武将士，唯辽人可用。在教中人士的辅助下，孙元化开始施展自己的抱负，但是，这一过程因为其后的吴桥兵变而被终结。

三　吴桥兵变及其影响

崇祯四年（1631）八月，皇太极发兵围困关外重镇大凌河城。兵部急调登州兵赴援。九月，孙元化即遣孔有德率领二千士兵前往救援。这支队伍曾受过公沙的西劳等葡籍炮手训练；同时，还配有红夷大炮 20 余门，大将军炮 300 余门。然而，当队伍行进至吴桥（今河北省沧州市吴桥县）时却因粮饷匮乏而发生哗变。孙元化几次招抚都未成功。十二月，孔有德率领叛军连破临邑、商河、新城等城，直趋登州，在山东造成了"残破几百里，杀人盈十余万"的后果。尤以持续了半年之久的莱州之战最为惨烈，出现了"百炮

---

① 黄一农：《天主教徒孙元化与明末传华的西洋火器》，《中央研究院历史语言研究所集刊》1996 年第 4 期。

对射、炮矢如雨"的场面。① 毛荆石的《平叛记》认为，这样大规模的炮战，在我国军事史上是空前的。崇祯五年（1632）正月，登州失陷，城中西洋大炮 20 余门，中炮 300 余门皆落入孔有德、耿仲明军队之手。② 吴桥兵变的发生，使关外明军处境更加恶化，导致大凌河城丢失。大凌河要地的火器，包括 10 门西洋大炮尽为后金所有。

传教士巴笃里对吴桥兵变有如下详细记述：

> 此事之发生，乃因三千士兵，在若干官吏辖境内，所受待遇恶劣。此等官吏对国家大事漠不关心，士兵为饥寒所逼，愤恨不平，遂出而抢劫。凡落彼等手者，且俱为所杀，事后畏罪避罚，乃逃往城郊掳掠。又因出走时，城内尚留下自卫之人员及武器甚多，恐贻后患，遂冒险于午夜袭城，以洗劫。孙元化与公沙的西劳，各率士卒，出而抗拒，终于不支。在极短时期中，公沙的西劳因立于城上，一手执灯，一手向叛兵发炮。其叛兵遂向执灯之目标放箭，箭中心胸，遂在士兵前倒地。不幸箭已穿透胸部，次日身死。居民为免祸起见，乃开城而降。渠等（孙元化与公沙的西劳所部）虽奋勇抵抗，但亦徒使城中人增加死亡而已，况其中葡人之数亦复不少，于是陆若汉乃偕炮手三名，自城上一跃而下，直奔北京。他们四人从高墙上跳落在很深的积雪中，逃到不远的一个村里，才算保住了性命。③

孔有德叛军在吴桥兵变中共掳获 7000 名士兵、300 余门火器，于崇祯六年（1633）四月以船百艘载 12000 余人，连同各种军械和火器，从鸭绿江口登陆降金。④ 此次叛变，导致徐光启苦心经营的以西洋大炮为

---

① 寇润平、朱龙：《登州火器营及其对华贡献》，《鲁东大学学报》（哲学社会科学版）2007 年第 4 期。

② 寇润平、朱龙：《登州火器营及其对华贡献》，《鲁东大学学报》（哲学社会科学版）2007 年第 4 期。

③ 转引自寇润平、朱龙《登州火器营及其对华贡献》，《鲁东大学学报》（哲学社会科学版）2007 年第 4 期。

④ 台湾"中央研究院"历史语言研究所编：《明清史料·丙编》（上册），北京图书馆出版社 2008 年版，第 57 页。

核心的军事改革受到重创，最先进的火器和精通炮术的士兵都为后金获得，明朝的火器技术优势由此丧失。从军事角度而言，崇祯四年（1631）发生的吴桥兵变是明清战局的重要转折点。叛变之将孔有德、耿仲明部拥有当时最先进的西方火器，而且受过前一年抵京的葡国铳师的训练。孔、耿投降后金，不仅极大地增强了后金炮兵的实力，而且将相应的造炮、操炮方法传入后金，明军在火器方面的优势自此不再。在吴桥兵变之前，后金虽然已能自行铸造火器并组建了自己的炮兵部队，但由于缺少施放火器的关键技术，不能承担攻打坚城的重任。

由于孙元化的部将孔有德和耿仲明突然发动叛乱，致使登州失陷，城中贮存的西洋大炮尽为叛军所得，参加守城的葡萄牙人也伤亡惨重，"登城失守，公沙的西劳、鲁未略等十二名捐躯殉难，以重伤获全者十五名"①，后来在陆若汉的率领下返回澳门。孙元化、张焘和王徵等逃到北京，朝野指责其无能，孙、张二人被崇祯帝处以大辟，王徵被遣戍。这对进行中的明末引进西洋火器技术事业是一个沉重打击。

孔有德和耿仲明的叛降，不仅后金获得大量精良的西洋火器，而且得到铸炮技术以及瞄准技术和仪具。而以叛军为主力之一的汉军炮兵部队，更与以满人为主的八旗步骑兵密切搭配，在鼎革之际形成一支几乎无坚不摧的劲旅，这样的兵种搭配，在后来的许多战役中，都发挥了极大威力。新式红夷大炮杀伤力，令其得以在城池的攻防战中扮演举足轻重的角色，中国传统的城墙构造自此不再具备足够的防御能力。②

从孙元化崇祯三年（1630）五月任登莱巡抚，到崇祯四年（1631）吴桥兵变发生，仅仅一年的时间，登州陷落，元化被执。崇祯五年（1632）四月，兵部尚书熊明遇曾上疏为在吴桥兵变中损失惨重的葡军请恤：

> 澳人募义输忠，见于援辽守涿之日，垂五年所矣。若赴登教练
> 以供调遣者，自掌教而下，统领、铳师，并奋灭贼之志。登城失守，

---

① 《崇祯长编》卷58，崇祯五年四月丙子条，台湾"中央研究院"历史语言研究所1962年影印本，第3357页。

② 黄一农：《崇祯朝"吴桥兵变"重要文献析探》，《汉学研究》2004年第2期。

公沙的西劳、鲁未略等十二名捐躯殉难，以重伤获全者十五名，总皆同心共力之人，急应赐恤。请将死事公沙的西劳赠参将，副统领鲁未略赠游击，铳师佛郎亚兰达赠守备，傔伴各赠把总职衔。仍各赏银十两，给其妻拿。其现存诸员，万里久戍。各给行粮十两，令陆若汉押回。而若汉倡道功多，更宜优厚，荣以华衮，量给路费，南还。仍于澳中再选强干数十人，入京教铳，庶见国家柔远之渥，兼收异域向化之功。①

疏中请求派陆若汉再返澳门，选数十人入京教铳，崇祯帝允可。该年年底，陆若汉返回澳门，陈上募兵之请求，但是此次没有得到澳门议事会的积极响应。同年，陆若汉死于广州。崇祯六年（1633），明末引进西洋火器技术最主要的倡导者和实施者徐光启病故。再加上崇祯三年（1630）去世的李之藻，崇祯五年（1632）被处决的孙元化，明末最重要的主导西方火器来华的骨干力量全部消亡，西方火器技术来华呈现停滞状态。其后，明朝发展火器技术的努力主要寄托在汤若望身上。

吴桥兵变造成的影响有二。

第一，严重地损毁了明朝内部力倡引进西方火器技术的中坚力量。孙元化、张焘被斩首，公沙的西劳战死，王徵被发配戍边。以前那种力倡西器西学西兵的氛围不复存在。晚年的徐光启受到如此打击，对军事改革心灰意冷，转而默默修订历法，于次年去世。此后，西方火器技术在明朝的传播陷入停滞困境之中。

第二，极大改变了明与后金之间的力量对比。有着西洋大炮和葡军教官指导的登州火炮营正在成长为明朝在东江抗击后金的重要力量，皮岛战役明军的胜利使其成为明朝政府改变东北战局的希望。但是，吴桥兵变使孔有德、耿仲明等精通西方炮学的将领携西洋大炮投奔后金，使后金掌握了红夷大炮制造与使用的技术，明朝对后金仅存的一点火器技术优势也不复存在，军事力量对比开始有利于后金。

---

① 《崇祯长编》卷58，崇祯五年四月丙子条，台湾"中央研究院"历史语言研究所1962年影印本，第3356—3357页。

第七章 西方火器技术在华传播关系网

明朝中期以来的海禁政策阻断了中西方的交流与融合，由此导致中国古代文化与科技的故步自封，保守不前。明朝末期，西方传教士来华，通过这一通道，西方文明与中华文明再次交融。传教士的初衷是传播天主教教义，扩展天主教的影响范围，但是在受挫后改为"知识传教"，以西方科技来打开中国的大门。当时正值明朝苦于应对东北边患的时候，因此，西方先进的火器技术受到了格外的关注。这一趋势由徐光启等在朝中力推，使西方火器技术的传播成为这一时期东西方交流的重要内容。

第一节 传教士东来与中国第一批天主教徒

一 第一批来华传教士与传教策略

传教士来华与16—17世纪的欧洲宗教形势有关，面对宗教改革运动，罗马教廷为了维护自己的地位，开始向欧洲之外的地区传教，拓展自己的势力范围。在向外传教的过程中，主要成立了方济会、多明我会、耶稣会等修会，但在华传教早期最为成功的是耶稣会。本书研究中所讨论的传教士均为耶稣会士。1550年，第一位来华的耶稣会士圣方济·沙勿略进入中国澳门，开始了传教活动，但是在没有踏上中国内地时就于1552年在广东上川岛去世了。沙勿略是天主教在东亚传播的先驱。最先在日本传教的沙勿略、范礼安等认识到，亚洲国家的具体国情和社会发展与美洲和非洲大为不同，不可推行之前的武力传教路线①，而应尊重当地的语言和文化，并适应当地习俗，以促进传教工作的开展。

1581 年，耶稣会派利玛窦和罗明坚到澳门，后来利玛窦于 1601 年（万历二十九年）抵达北京并受到了万历皇帝的召见，通过进献自鸣钟、玻璃镜、油画、古钢琴等西洋奇物，获得了皇帝的好感，耶稣会传教活动得到明朝政府的认可。耶稣会传教士采用"知识传教"策略②。

中国是礼仪之邦，自视为天朝大国，世界的中央，有着发达的儒家文化，自然很难接受外来的天主教文化。利玛窦认为，要想吸引中国人的目光，使其认识到自己民族文化的不足，就必须向其展示西方先进的奇器异术。而且，要努力寻找天主教与儒家文化的共同点，不能够破坏中国固有的生活方式和思想结构。所以，利玛窦在每次结交明朝文士和官员时，都会展示世界地图、地球仪、自鸣钟等器物，从而博得对方的好感。

走上层路线、研究中国学问，增进中国人对天主教的好感，是初来中国的传教士使用的方法之一。另一更重要的方法是介绍西方科学。利玛窦在写给罗马教会长的信中谈到了科学与在华传教的关系："借这些工作以及其他类似的科学工作，我们获得了中国人的信任和尊重，希望天主尽快为我们打开一条出路，能从事更重要的工作，就是在这些科学的工作上，我们也尽量把天主的要理与教会的规律渗入其中。"③ 利玛窦通过介绍数学、天文、地理等方面的知识引起士大夫们的好奇，进而结交权贵，转而论证天主教教义，引人入教；到了北京后更是和徐光启、李之藻等朝中重臣合作翻译西方科学技术著作《几何原本》《同文算指》《测量法义》等。利玛窦在 1594 年写给罗马耶稣会总长的信中总结他之所以能取悦于中国士大夫的原因有五点，其中两点事关西方的科学技术：一是瞿太素到处宣扬他是数学家，二是他带来了西方如三棱镜、地球仪、浑天仪、世界地图等科技器物。而他期望于中国人最大的，即为听天主

---

① 张铠：《庞迪我与中国》，大象出版社 2009 年版，第 81 页。
② 顾卫民：《天主教与近代中国社会》，上海人民出版社 2010 年版，第 23 页。
③ 罗渔泽：《利玛窦书信集》，台湾光启出版社 1986 年版，第 232 页。

教教义而对他感兴趣的人则不多。① 因此，后来派往中国的传教士大多为精通数理天文知识者，以宣传西方的科学文明为传教手段，而且携带各种新奇器物，用以吸引明朝统治者和士人的注意。

二　中国第一批天主教徒

在"知识传教"的策略下，有很多明朝官员受洗入教，其中最重要者为"耶儒三柱石"的徐光启、李之藻和杨廷筠。万历二十八年（1600），徐光启在南京第一次见到利玛窦，初次接触天主教这一新事物；万历三十一年（1603），徐光启领洗入教。徐光启利用师生等人际关系网宣扬西学和天主教，孙元化、韩云、韩霖等相继加入了天主教。

徐光启亲近利玛窦等传教士，最初是被西方科学知识所吸引。陈乐民称赞徐光启"是一位开中西交流风气之先的人"②，他与利玛窦的交往开启了中西交流的新时代。徐光启主修的《崇祯历书》成为此后 200 多年间中国的官方天文学体系，该书有不少天主教徒参与其中。从科学史的角度和历史影响来说，徐光启此项的功劳不可谓不大。当利玛窦将西方的先进科技知识介绍给徐光启时，徐光启就萌生了借西方先进科技弥补中国科技不足的愿望。在《利玛窦中国札记》中有记载："徐保禄（即徐光启）博士有这样一种想法，既然已经印刷了有关信仰和道德的书籍，现在他们就应该印行一些有关欧洲科学的书籍，引导人们做进一步的研究，内容则要新奇而有证明。"③ 正是在徐光启的主动请求下，利玛窦与徐光启开始合作翻译。在徐光启的主导下，翻译了《几何原本》《泰西水法》等重要科技著作。在晚明西学东渐的大潮中，徐光启以不懈的追求和探索，架起了中西文化相通的桥梁，推动了中西文明的实质性交融。他开创了中国学习西方先进文明的范例，为后来持开放态度的先进知识分子提供了历史借鉴。

李之藻与徐光启关系密切，并且热衷西学，翻译了大量经利玛窦介

---

① 罗渔泽：《利玛窦书信集》，台湾光启出版社 1986 年版，第 208—211 页。
② 陈丰：《给没有收信人的信》，广西师范大学出版社 2010 年版，第 346 页。
③ ［意］利玛窦：《利玛窦中国札记》，何高济等译，广西师范大学出版社 2010 年版，第 365 页。

绍而来的西方科学书籍。李之藻为利玛窦绘制的《坤舆万国全图》所吸引，惊讶地发现中国只是茫茫世界的一小部分而已，其后开始向利玛窦学习西方地理学和天文学知识。李之藻先后翻译、撰写、编著了《浑盖通宪图说》《圜容较义》《同文算指》等著作，将大量西方数学和天文学知识介绍给国人。李之藻后来参与了明朝的修历工作，并推荐庞迪我、龙华民、熊三拔等多位传教士进入历局，拓展了传教士在明朝政府中的影响。

在后来的火器技术传播过程中起了重要作用的明末第一批天主教徒有孙元化、张焘、孙学诗、王徵、韩霖、焦勖等人，他们从传教士那里吸取西方近代科技知识，为明末的科技发展所用。

孙元化，字初阳，号火东，江苏嘉定人，万历四十年举人。他曾师事徐光启习火器和算法，是明末西方火器技术传华的推动者和主导者之一，并创建了中国第一支使用西方火器技术和装备的部队，具有划时代意义。

张焘和孙学诗是明末三次引进西方火器和招募葡兵的具体执行者，多次往返于澳门与京都，为火器技术来华做出了重要贡献。而且，张焘还在孙元化的火器部队中效力，参与火器的制造和炮手的训练工作，是西方火器技术传播的忠实践行者。张焘是李之藻的学生，孙学诗是杨廷筠的学生，这体现了明末天主教徒之间的一种关系网，火器技术的传播与发展是以耶儒三柱石为核心，通过师生关系、同乡关系等构建起来的关系网推动的。

王徵，字良甫，陕西泾阳人。王徵最早接触的传教士是西班牙人庞迪我。天启七年（1627），邓玉函口授《远西奇器图说》，由王徵翻译，这是我国第一部介绍西方物理学和机械工程学的书籍。在孙元化任登莱巡抚后，王徵还利用自己获得的西方科技知识去襄助孙元化。

韩霖是明末山西的重要天主教徒，编写了《守圉全书》这部鸿篇巨制，记录了西方火器技术在明末的传播情况、古代中国的攻防作战之法、西方的筑台之法等重要内容。焦勖的贡献在于笔录了由汤若望口述的火器专著《火攻挈要》，该书为明末西方火器技术传播的重要理论成果，与孙元化的《西法神机》一起代表了明末火器技术理论的最高水平。

三　西方科技知识通过传教士传入中国

在"知识传教"策略的指引下，西方大量的近代科学知识被传教士们传播到了中国，而这些科学技术在中国影响最大的是历法和火器技术。

历法和数学是明末传入中国的西方科学的核心。西方历法知识多"发古人所未发"[①]，对中国自有的天文历法体系形成了强有力的冲击，使中国士大夫第一次意识到西方历法对于中国传统历法的优越性，进而纷纷建议使用西方历法。由此，也导致利玛窦、汤若望、南怀仁等传教士在明末清初的历法制定中处于主导地位。利玛窦来华后，在肇庆首次提出了西方的地圆说，并在《坤舆万国全图》的图解中进行了论证。而且，利玛窦还进行了诸多天文实践活动，如万历十二年和万历十三年在肇庆的两次观测月食，均对其进行了准确无误的推算。[②] 在肇庆知府王泮的支持下，利玛窦又制作了一批天文仪器，这些科学活动引起中国士大夫的好奇心。到达韶州后，利玛窦向他的第一位学生瞿汝夔传授了西方天文学知识，介绍了天球仪、日晷等天文仪器，这些活动都产生了广泛而深远的影响。万历三十一年（1603）对于日食的推算，利玛窦的精确度胜过了钦天监的精确度，提高了传教士的声誉，进而受到更多朝中大员的信任和重视。利玛窦等传教士带来的西方历法，在徐光启、李之藻等人主持修订崇祯历法时发挥了作用，《崇祯历书》是西方天文历法知识影响下的产物。

在数学方面，影响比较大的是《欧几里得几何》，瞿汝夔是第一个接触这些知识并将其翻译成中文的人。李之藻和利玛窦合作翻译的《同文算指》则对西方笔算法做了系统介绍，对中国影响较大。在此之前，中国算术还是筹算和珠算。[③] 除利玛窦口述、徐光启笔译的《几何原本》之外，还有《测量法义》《圜容较义》等数学著作传入中国，徐光启的学生孙元化也起了重要作用，贡献卓越。

利玛窦等带来的世界地图和地理知识，开拓了传统知识体系下的文

---

① 林金水：《利玛窦与中国》，中国社会科学出版社1996年版，第146页。
② 林金水：《利玛窦与中国》，中国社会科学出版社1996年版，第165页。
③ 李俨：《中国古代数学简史》（下册），中华书局1963年版，第261页。

人们的眼界，打破了以中国为中心的世界观。利玛窦自刻和别人翻刻的各种《世界地图》，经学者考证，有 12 种之多。[①] 通过这些地图，利玛窦为中国带来了全新的地理知识，如测量经纬度、欧洲地理新发现、五大洲观念、五带的划分等，引起明末有识之士如王泮、李之藻、徐光启、冯应京等的极大兴趣。

在这些西方科学技术传播的过程中，火器的传播具有特殊的地位，这与徐光启、李之藻、孙元化等人有着莫大关系。它不是传教士传播的重点，但却是明末统治者最为关注的问题，其后传教士得以在中国进行传教，很大程度上都仰仗于明廷对此技术的需求。火器技术的传播有传教士协助的直接引进红夷大炮的活动，有传教士口述、明末士人翻译的专著，也有传教士造炮和教授用炮的活动，方式可谓多样。这深深地影响了明末科学发展、知识结构、社会观念等。各地在抗击金兵的战争中所使用的火器，大都是徐光启、李之藻、杨廷筠、孙元化、王徵等与澳门葡萄牙技师和耶稣会士共同合作研制的。

第二节　传教士与西方火器技术

一　传播火器技术的矛盾

西方火器技术的东来所造成的附带效应便是促进了天主教在中国的传播。自沈榷发起的南京教案之后，西方传教士在中国失去了立足点。但是，在西方火器技术东来后，这种状况得到改善。当时中国一是历法失修，经常发生错误；二是边疆形势不稳，后金常来侵犯，这样，修历和造炮就成了传教士们得以施展其能力的良机。传教士们虽然在这些世俗事务上耗费了大量时间，但是对于他们的传教事业却很有利，使其重新获得在中国立足的机会。

利玛窦在与徐光启、李之藻的交谈之中提到了西方的很多兵学、炮学著作，但是并没有直接将其介绍过来。在《几何原本》的序言里利玛

---

① 曹婉如等：《中国现存利玛窦世界地图的研究》，《文物》1983 年第 12 期。

窦表达了他的看法，认为只有将几何学的方法应用在军事上，才能真正实现用科学技术推进军事防务进而克敌制胜的目的。

在明末辽东陷入危机时，徐光启、李之藻、崔景荣等人纷纷上疏，论证传教士精通数理之学以及在抗击后金方面能起到的作用，进而要求朝廷访寻散落在中国各地的传教士。徐光启在天启元年（1621）五月上奏的《台铳事宜疏》中，提出了访求传教士，以传播火器技术的建议：

> 此法传自西国，臣等向从陪臣利玛窦等请求，仅得百分之一二。今略参以己意，恐未必尽合本法。千闻不如一见，巧者不如习者，则之藻所称陪臣毕方济、阳玛诺等，尚在内地，且携有图说。臣于去年一面遣人取铳，亦一面差人访求，今宜速令利玛窦门人丘良厚见守赐荃者，访取前来，依其图说，酌量制造，此皆人之当议者也。[1]

刚开始传教士对于参与火器制造表示疑虑和反对，理由是，他们完全不懂战争武器及有关军事的一切情况。李之藻针对传教士们的疑虑做了这样的答复："神父们，别让这个干扰你们，因为以军事为理由，对于我们来说，不过像针和裁缝的关系而已，裁缝穿针引线，衣服于是告成，到时把针取掉；诸位师长一旦奉圣旨入京，打仗的武器将变为书写的笔。"[2] 打消了这些疑虑后，传教士们准备配合明廷的传播火器技术的要求。在明廷禁教数年后，传教士们以火器专家的名义在中国取得了半合法的地位。在西洋大炮的帮助下，受到沉重打击的天主教开始复苏，而沉寂了一段时间的西学传播又开始了。在此期间，阳玛诺、金尼阁、鲁德昭、邓玉函等传教士得以潜入中国。

耶稣会士为明廷进行的战争服务包括：一是为明廷从澳门购置火器，二是造铳。购炮由徐光启、李之藻主持策划，葡萄牙耶稣会士陆若汉以翻译和炮师身份参与了多次活动，贡献卓越。徐光启以培训炮师为由，

---

[1]　王重民辑校：《徐光启集》（上册），中华书局 1963 年标点本，第 188 页。

[2]　[葡] 曾德昭：《大中国志》，何高济译，上海古籍出版社 1998 年版，第 284 页。

设法使被驱赶至澳门的龙华民、阳玛诺、罗如望、金尼阁、曾德昭、邓玉函等作为炮师被招进北京。当时教禁还未解除，因明廷需要他们帮助，其便以"军事专家"名义入京。阳玛诺、毕方济、汤若望被兵部指派著译兵书，陆若汉则负责演练炮手。

如何看待传教士们在传教之外的这种军事技术家的身份、地位和功能，德国学者魏特在《汤若望传》中较好的评价了这种矛盾交织的状况：

> 汤若望以天主福音之使者可以作这种以屠杀为目的的军事工作么？当在他于长久的拒绝之后，终于拜命受诏时，在他的心里对于这件事情在教会方面之容许，他决定有把握的，甚至他还是视这种工作为一种间接传教方法。连一切同他一起传教的弟兄们也都觉得，这没有什么不合教规之处。在当时的一切传教报告中，我们连一句责难和疑虑的言词也发现不出。根据他在此项工作上已经一年多，用去了他全部时间上的大部分的理由，我们也可以假定他曾获有传教会各会长之明文赞成的。即在我们今日之下，亦可完全了然原谅他这种教士之外的行动。①

二　利玛窦的影响

利玛窦来华接触的最重要人物就是徐光启、李之藻等身居要职的官员，他们受洗入教出于对利玛窦等传教士携来的西方近代自然科学知识有浓厚兴趣。在接触西方科学的同时，他们从利玛窦那里了解到了西方火器技术的发展状况，其与中国火器技术的差距给他们内心以强烈的冲击。通过学习，徐光启不仅成为当时最杰出的科学家和军事技术家，还结交了一批精通火器之学的传教士，如毕方济、龙华民、汤若望等，联络了一批对西学感兴趣的官员，如李之藻、孙元化、张焘、王徵等，逐渐形成了一个以他为核心的传播西方火器技术的群体，为明末引进和发展西方火器技术做出了积极的贡献。

---

① ［德］魏特：《汤若望传》，杨丙辰译，知识产权出版社 2015 年版，第 118 页。

在利玛窦等传教士东来的时代，西方的军事学已经与数学关系密切，如在利玛窦所撰的《译〈几何原本〉引》中，就有关于二者关系的论述：

> 借几何之术者，惟兵法一家。国之大事，安危之本，所须此道尤最亟焉。故智勇之将，必先几何之学，不然者，虽智勇无所用之。吾西国千六百年前，天主教未大行，列国多相并兼。其间，英士有能以赢少之卒，当十倍之师，守孤危之城，御水陆之攻，时时有之。彼操何术以然？熟于几何之学而已。以是可见，此道所关世用至广至急也。①

徐光启、李之藻等编纂的《测量法义》《圜容较义》等书，其中的几何和代数学知识在军事上的应用也较为直接，为设计堡垒、量度弹重和测量高远时所必需（明末天主教徒对于铳规、矩度、铳尺等的认识即依赖于这些书中提供的理论知识）。精习西方火器技术的孙元化和焦勖，在其所著的火器技术专著《西法神机》《火攻挈要》中，就包含许多应用数学的计算实例（如火器倍径技术、铳车技术、弹道技术、铳台技术等）。

利玛窦在与李之藻的交往中，曾讨论过欧洲的军事，这对李之藻产生了重要影响。李之藻在《制胜务须西铳敬述购募始末疏》中叙述如下：

> 昔在万历年间，西洋陪臣利玛窦归化献琛，神宗皇帝留馆京邸，缙绅多与之游。臣尝询以彼国武备，通无养兵之费，名城大都最要害处，只列大铳数门，放铳数人、守铳数百人而止。其铳大者长一丈，围三四尺，口径三寸。中容火药数升，杂用碎铁碎铅，外加精铁大弹，亦径三寸，重三四斤。弹制奇巧绝伦，圆形中剖，联以百炼钢条，其长尺余，火发弹飞，钢条挺直，横掠而前，二三十里之

---

①　徐宗泽：《明清间耶稣会士译著提要》，中华书局 2010 年版，第 194 页。

内，折巨木，透坚城，攻无不摧。其余铅铁之力，可及五六十里。
其制铳或钢或铁，锻炼有法。每铳约重三五千斤，其施放有车，有
地平盘，有小轮，有照轮。所攻打或近或远，刻定里数，低昂伸缩，
悉有一定规式。其放铳之人，明理识算，兼诸技巧。似兹火器，真
所谓不饷之兵，不秣之马，无敌于天下之神物也。[1]

利玛窦虽然早在万历年间（1610 年）便已去世，但是却深深影响了
徐光启等中国天主教徒在火器技术方面的行动。如徐光启在天启年间谈
到铳台技术时，说"其法传自西国，即西洋诸国所谓铳城也，臣昔闻之
陪臣利玛窦，后来诸陪臣皆能造作。臣等向陪臣利玛窦等讲求，仅得百
分之一二。今略参以己意，恐未必尽合其法"[2]。进而，徐光启向朝廷提
出，陪臣毕方济、阳玛诺等，尚在内地，可以一面遣人取铳（第一次购
募西铳），一面差人访求，并将利玛窦的门人丘良厚一并访来，以传授
利玛窦在世时提到的铳台技术。

三　汤若望的贡献

汤若望（1592—1666），德意志人，是继利玛窦之后最有名望的传
教士，与利玛窦并称为耶稣会之二雄，见图 7.1。天启二年（1622），汤
若望与金尼阁一起来到中国。崇祯三年（1630），邓玉函去世，在徐光
启的推荐下，明廷召汤若望和罗雅谷一起赴京接替邓玉函的修历任务。
在与保守官员进行的几次推算日食比试中，汤若望毫厘不差，声望大增，
逐渐取得皇帝的信任。汤若望将由欧洲带来的数理天算之书籍列为目录，
呈递朝中，并且还将所带来的科学仪器一一陈列，请中国官吏参观。[3]

汤若望携历法和火器知识，受到明末清初三代君主的青睐。

在崇祯四年（1631）吴桥兵变之后，孙元化、王徵、张焘等及火器
部队损失殆尽，面对后金的强大攻势，朝中大臣认为精通西方数理之学
的汤若望应该也懂得铸炮之术，要求其指导铸炮工事。虽然汤若望推说

---

①　陈子龙等：《明经世文编》卷 483，中华书局 1962 年影印本，第 4336 页。
②　王重民辑校：《徐光启集》（上册），中华书局 1963 年标点本，第 175—176 页。
③　［德］魏特：《汤若望传》，杨丙辰译，知识产权出版社 2015 年版，第 72 页。

图 7.1 汤若望像

资料来源：李兰琴：《汤若望传》，东方出版社 1995 年版，内封照片 1。

自己所知仅得之于书本，并没有经过实践的磨炼，但也只得勉为其难地答应明廷的请求。因此，汤若望在皇城中的铸炮厂开始了他的造炮历程。

但是，在朝中也有反对的声音，显示了明朝中央官员的保守和对传教士的不信任感一直存在于整个明末时期。《崇祯实录》中有如下记载：

> 御史杨若桥举西洋人汤若望演习火器。宗周进曰：唐宋以前用兵未闻火器，自有大器，辄依为劲，误专在此。上曰：火器终为中国长技。宗周曰：汤若望，一西洋人，有何才技？据首善书院为历局，非春秋尊中国之义，乞令还国，毋使诳惑。上曰：彼远人无斥遣之礼。上不怿，命宗周退。①

崇祯十五年（1642），汤若望铸成弹重二十磅（约 18 斤）的大炮 20

---

① 《崇祯实录》卷 15，崇祯十五年正月甲子条，台湾"中央研究院"历史语言研究所 1962 年影印本，第 455 页。

门，在城外四十里的广场上进行实弹射击试验并取得成功。明廷进而要求汤若望铸造炮身重量不超过六十磅的小炮 500 门，以便兵士出征时携带，并且在撤退时肩负而回，汤若望也应允。① 由于汤若望治历铸炮有功，崇祯皇帝"奖若望勤劳，赐金字匾额二方，上勒文字，一旌其功，一颂其教"。汤若望还对京都城墙的外部防御工事提出了自己的见解，并制作木制模型呈送给皇帝。

德国人魏特的《汤若望传》描述了汤若望在挽救明朝政权所做的工作：

> 汤若望从事枪炮的制造已经到了第二年。这时皇帝心内忽起兴趣，也令宦官们表现他们的技术，这是因为他们常在御前屡次以此夸口的原因。汤若望在这件事情上很和蔼地帮助他们……铸造大炮的工作尚未完成，皇帝即表示愿一闻汤若望对于城墙外部建筑最优形势的见解如何。汤若望拟具了一个计划，并且制造木模一副进呈皇帝。②

汤若望认为欧式三角形制的铳台更有利于防御后金军队的入侵，比中国传统的四角形制铳台更加坚固。但是这一观点受到一些迷信官员们的反对，他们认为三角形制与火焰近似，工事会受到火星的影响，进而对来侵袭者有利，于防守者不利。其后李自成农民军便由此四角形制的缺陷处攻入，不幸被汤若望言中。

在为明廷造炮的过程中，汤若望还口述并由焦勖整理了《火攻挈要》，该书刊印于崇祯十六年（1643），系统论述了西方火器的冶铸、保管、运输、演放以及火药配制、炮弹制造等技术之法。该书记述的诸多西方火器技术均有独特之处，如大型火器的模铸法、倍径技术、炮弹重量与炮膛内装火药的比例关系、铳规铳尺的使用。与中国传统火器的打制技术相比，模铸技术无疑是一个很大的跨越，它大大地便利了大型火

---

① ［德］魏特：《汤若望传》，杨丙辰译，知识产权出版社 2015 年版，第 163 页。
② ［德］魏特：《汤若望传》，杨丙辰译，知识产权出版社 2015 年版，第 117 页。

器的制造，而且加强了抗膛压性。这一技术随着《火攻挈要》的介绍传入中国后，得到了更进一步的发展，清朝时军事技术家龚振麟创制了铁模铸炮法，与泥模铸炮法互补。该书还详解了铳规的使用之法，并配有图例，指出炮身从平直向上仰起时射程逐渐增大，在 45 度时射程最远，超过 45 度时射程又开始变小。焦勖将其原因归结为"发弹太高，从上坠落，所以其弹无力，射程反近"①，这是西方弹道学知识在中国的最初论述。该书还据此为不同用途的铳炮设计了不同的仰俯角度数，以图达到更好的射击效果，显示其已经认识到了射角与射程之间的弹道学关系。这些先进的火器射击操作技术以及辅助瞄准工具铳规等的使用是中国传统火器技术中所没有的，对其的归纳总结必然有利于西方火器技术在华的传播。

第三节　"核心—半外围—外围"结构

西方火器技术在华传播的过程中，可以清晰地看到一个以西学连接起来的"核心—半外围—外围"关系网。其中的"核心"是推进西方火器技术传华的中心人物——徐光启、李之藻、孙元化，他们与来华传教士接触最多，或者翻译，或者著书，或者身体力行，指导火器技术传播的具体过程，是整个关系网中最重要的部分。"半外围"是上述中心人物的得力助手，很多具体的引进西方火器技术的行动，如三次购募西炮西兵等，都是由他们完成的，是火器技术传播的具体践行者。"外围"则是对西学持友善态度的士大夫，在明末西方火器技术在华传播的过程中提供了重要的帮助。明末西方火器技术传华过程，就是由这么一个"核心—半外围—外围"关系网主导并推动的。

一　徐光启、李之藻、孙元化等的"核心"作用

徐光启是西方火器技术输入中国最积极的提倡者和组织者之一，在

---

①　焦勖：《火攻挈要》卷下，载任继愈主编《中国科学技术典籍通汇·技术卷》五，河南教育出版社 1994 年影印本，第 1037 页。

他的大力倡导下，明廷先后三次向澳门葡萄牙当局购募西炮，由此促进了西方火器技术在明末的传播。徐光启还提出了利用西方火器在京营进行军事改革的构想，并将来华铳师和传教士送到了孙元化的登州火器营，促成了中国第一支西式火器部队的组建。

徐光启身边汇聚了一批对西学西炮西兵感兴趣的士大夫，如李之藻、孙元化等。萨尔浒战败之后，徐光启奉旨训练新兵并防御都城，他与李之藻和杨廷筠等士大夫，转而积极策划自澳门引进西方火器，以抵抗后金的威胁。徐光启言："今时务独有火器为第一义，可以克敌制胜者，独有神威大炮一器而已。"① 徐光启的引进西炮行动贯穿万历、泰昌、天启、崇祯四个时期，其一直在为明朝火器技术的发展呕心沥血，直到吴桥兵变后奄然而逝。但由于明朝末期政治的恶化，徐光启的一腔报国热情并没有能够使引进火器技术达到预期目的。

徐光启和李之藻多次上疏，分析敌我态势以及引进西方火器技术的重要性。并派门下弟子张焘和孙学诗赴澳购炮，促成了第一次和第二次的购募西铳，直接影响了宁远大捷等对后金战争的胜利。而且，徐光启还在崇祯四年的"钦奉明旨敷陈愚见疏"中，② 提出其构想的营伍之制未能划一，经营联络等非孙元化不可，极言孙元化在西方火器技术传播中的重要性。

李之藻在任光禄寺少卿时，曾上"制胜务须西铳敬述购募始末疏"③，呼应徐光启的倡议，请求明廷速取澳门西方火器，以加强明军战斗力。李之藻认为要学习火器的制造与使用技术，必须求教于招募的葡萄牙炮师，对于这些火器专家，李之藻主张给予较高待遇，以使他们能悉心教授。此外，他还建议访求尚未离境的传教士，让他们协助翻译与火器有关的书籍，帮助明军训练火器技术。李之藻从利玛窦那里了解了几何之学，对于数学在军事上的应用颇有研究，精通造台之术。徐光启认为造炮建台需要精通度数、才智兼备的主持者，在其所上"台铳事宜疏"中建议由李之藻专门负责此事，"造台之人，不

---

① 梁家勉：《徐光启年谱》，上海古籍出版社 1981 年版，第 141 页。
② 王重民辑校：《徐光启集》（上册），中华书局 1963 年标点本，第 312—313 页。
③ 陈子龙等：《明经世文编》卷 483，中华书局 1962 年影印本，第 5324 页。

止兼取才守，必须精通度数，如寺臣李之藻尽堪办此，故当释去别差，专董其事"①。李之藻还曾和徐光启按西式炮台的图样、规制、长阔尺寸等缩小制成一座木质模型，交由工部审议，使明末西方铳台技术的应用更加有据可依。

孙元化从徐光启处学习了火器技术知识，而且广泛与来华传教士、铳师接触，在理论和实践上都进步不少。

孙元化精通西方铳台之法，在其于天启六年上疏的"请用西洋台铳法"中，提出后金军队的进攻非方角之城、空心之台可抵御，必须用西洋三角锐角铳台，再结合西方火器凭于铳台之上，可达制敌目的：

> 弓矢远于刀枪，故敌尝胜我。铳炮不能远于敌之弓矢，故不能胜敌。中国之铳惟恐不近，西洋之铳惟恐不远。故必用西洋铳法。若用之平地，万一不守，反藉寇兵，自当设台。然前队挟梯拥牌以薄城，而后队强弓劲矢继之，虽有远铳谁为照放？此非方角之城、空心之台所可御，故必用西洋台法。请将现在西洋铳作速料理，车弹药物安设城上，及时教练。俟贼稍缓，地冻既开，于现在城墙修改如式。既不特建而滋多费，亦非离城而虞反攻。都城既固，随议边口。得旨，西洋炮见在者，查系果否可用，及查放炮教师果否传授有人，即当料理以备城守。②

孙元化就任登莱巡抚不久便更定营制，按照徐光启军事改革计划希望能"尽用西术"的要求，成立火器营。每营的配置如下：

> 用双轮车百二十辆，炮车百二十辆，粮车六十辆，共三百辆。西洋大炮十六位，中炮八十位，鹰铳一百门，鸟铳一千二百门。战士二千人，队兵二千人。甲胄及执把器械，凡军中所需，一一

---

①　王重民辑校：《徐光启集》（上册），中华书局 1963 年标点本，第 188 页。
②　《明熹宗实录》卷 67，天启六年正月辛未条，台湾"中央研究院"历史语言研究所 1962 年影印本，第 3203 页。

备具。①

在吴桥兵变之前，孙元化一直利用西炮西兵组建并训练这一先进火器部队，给后金以极大的杀伤力，并平定了东江刘兴治的叛乱，使东江成为抗御后金军队的一道屏障。

孙元化是明末数学家、军事技术家，在明末火器技术发展史上占有重要地位，并成为那个时代引进西炮西学西兵的标志性人物。明末来华传教士携带来的西方火器技术就是通过以孙元化、徐光启等对西学抱有欢迎态度的士人所构建的关系网进行传播的。

对于孙元化在中国科技史上的地位，科技史学者胡道静认为"从整个上海市来说，历史上可以拿出来的科学家有三个：一个是徐光启，一个是黄道婆，还有一个就是孙元化"②，并建议重视对孙元化的研究。最近几年，孙元化也得到越来越多的关注，如《上海滩》2010年第12期刊载了《明末杰出科学家孙元化之死》，《都市导报》2011年3月20日刊载了《高桥名人孙元化》。孙元化曾组建了中国第一支现代化火器部队，并写出了《西法神机》这一全面介绍西方火器技术的标志性著作，理应得到我们的重视和研究。

孙元化（1581—1632年）是明末中国科技史上的重要人物，是明末参与中西交流的中国士大夫群体中的代表性人物之一。孙元化在译著西方科学典籍的过程中，不仅从利玛窦等传教士那里学了西方数学知识，而且接触了西方的先进军事技术，是明末难得的数学家和军事技术家。其贡献主要集中在军事技术方面，尤其是写出了《西法神机》这一著作，而且有着造炮、用炮、筑台的实战经验，使其在中国科技史上的地位更加突出。与同时期的另一部由传教士汤若望口述、中国人记载而成的火器技术著作《火攻挈要》相比，《西法神机》是由中国技术家单独写作的反映西方先进火器技术的著作，其具有重要的价值。

---

① 王重民辑校：《徐光启集》（上册），中华书局1963年标点本，第310页。
② 胡道静：《嘉定县两位历史文化名人》，《上海修志向导》1991年第1期。

有着西学背景，并且满怀抱负的孙元化，本来希冀引进的西方军事技术，在抗击后金的战争中起到巨大作用。但是，吴桥兵变使孙元化成为罪人，《明史》将其小传附于徐从治之后，没有单独立传，只简明交代了其一生：

> 元化，字初阳，嘉定人。天启间举于乡。所善西洋炮法，盖得之徐光启云。广宁覆没，条备京、防边二策。孙承宗请于朝，得赞画经略军前。主建炮台教练法，因请据宁远、前屯，以侧干王在晋，在晋不能用。承宗行边，还奏，授兵部司务。承宗代在晋，遂破重关之非，筑台制炮，一如元化言。还授元化职方主事。已，元化赞画袁崇焕宁远。还朝，寻罢。崇祯初，起武选员外郎，进职方郎中。崇焕已为经略，乞元化自辅，遂改元化山东右参议，整饬宁、前兵备。三年，皮岛副将刘兴治为乱，廷议复设登莱巡抚，遂擢元化右佥都御使任之，驻登州。明年，岛众杀兴治，元化奏副将黄龙代，汰其兵六千人。及有德反，朝野由是怨元化之不能讨也。贼纵元化还，诏逮之。首辅周延儒谋脱其死，不得也，则援其师光启入阁图之，卒不得，同张焘弃市。①

孙元化在中国科技史上的特殊之处在于，其具备中外数学知识功底，进而将这种优势应用到吸收和转化西方传华军事技术上，最终表现在其对火器技术、铳台技术的认识与改进上，留下了代表明末军事技术最高水平的专著《西法神机》。孙元化是研究明末军事技术绕不开的一个人物。胡道静评价孙元化为明末引进西方科学技术的重要人物之一，《明史》未单独立传实与其历史地位不符。

孙元化为徐光启的重要门徒，精于历算之法，翻译《几何用法》一卷，帮助徐光启删定《勾股义》，还撰有《西学杂著》二卷、《几何用法》一卷、《几何体论》一卷、《泰西算要》一卷等数学著作，显示其在

①　张廷玉：《明史》卷248，中华书局1974年标点本，第6436页。

数学方面的高深造诣。① 这些丰富的数学知识，成为孙元化在造台铸炮中所倚重的知识背景。但是孙元化更大的贡献还是在引进并发展西方火器技术方面。明末徐光启的主要贡献在于历法、农学和军事三个方面，而孙元化是徐光启在军事方面进行技术变革的践行者和继承者，② 明末火器技术的发展离不开徐光启和孙元化师生二人。

在孙元化关于军事技术的相关论述里，处处可见其对于数学知识的重视，如对于火器的铸造，他指出，"顾一铳也，精于理者能知，亦精于理者能造。若质理粗疏，而药猛火烈，立见分崩，究其鼓铸之初未推物理之妙耳"；对于火器的使用，他指出，"弹发远近度数，出几何编及测量法"，用数学知识解释火器瞄准与发射的弹道学原理。③ 在《改造火器呈》中，孙元化通过对传统火器弊病的分析，提出了用西式火器技术进行改进的建议：

> 今日之关，宜以守为战。守具既修，则兵有所恃，胆气则生，而后战可议也。火器诚利于攻战，而城守尤急。三眼枪管短而药微，即尽法用之，不能百步。若药不配性，弹不合口，装不到底，所谓参天而发，适在五步之内者耳。虎蹲铳稍大矣，而长不称之，故亦不能远到，且铳管外宽而内窄，则出弹无力。验其弹，则大小不齐。佛郎机本西洋国名，其机之妙，全在子铳与母铳，二管确合，不得增减丝毫。火器虽粗，其理精，其法密，徒委之匠作，不如不造也。若谓滥造之省于精造，则不如并此而省之，而况乎其冒破侵渔，仍不省也。此可验而知，比而试者，诚见在守器之第一急务。伏乞本部院，俯采一得之愚，通行各军器局。弹必合口，口必合底，子铳必合母铳。每等之管，千百如一，每等之弹，万千如一。不得任其

---

① 关于孙元化数学方面成就的研究，有许洁、石云里《庞迪我、孙元化〈日晷图法〉初探》(《自然科学史研究》2006 年第 2 期)、尚智丛《〈太西算要〉研究》[《内蒙古大学学报》(人文社会科学版) 1997 年第 6 期] 等。

② 黄一农：《天主教徒孙元化与明末传华的西洋火器》，《中央研究院历史语言研究所集刊》1996 年第 4 期。

③ 孙元化：《西法神机》卷上，载任继愈主编《中国科学技术典籍通汇·技术卷》五，河南教育出版社 1994 年影印本，第 1235—1236 页。

宽窄，致使临用匆忙，或弹紧而不到药，弹宽而先出口，枉费工力也。此三军性命，一关安危，不容隐忍。①

　　他认为火器必须交由明理识算的具有一定数学知识的技术人员。而培养这样的技术人员，孙元化原来是有一个宏伟的计划的，打算由传教士及外国来华炮兵进行教学、传授、培训，可惜未能如愿。

　　在徐光启的引领下，以孙元化为代表，汇集了一大批热衷于传播和发展西方火器技术的士大夫，主要有力推西方火器来华的李之藻、两次赴澳运铳的张焘和孙学诗、根据汤若望口述写出《火攻挈要》的焦勖、对物理学和机械学传入中国做出贡献的王徵、热衷于西方筑城之术的韩云和韩霖兄弟。其中，张焘和王徵②更是在孙元化成为登莱巡抚后，直接加入其麾下，辅助孙元化推广西方火器技术。另外还有一大批对西学西炮持友好态度的大臣，如孙承宗、袁崇焕、梁廷栋、周延儒等，也力推孙元化这位精通西方火器技术的专家，为其施展抱负提供各种支持，以使西方火器技术（包括造炮术和筑城术）深入中国军队之中。

　　早在天启二年（1622），辽东防务紧张之时，孙元化便向朝廷提出了《备京》《防边》二策，开始得到廷臣们的关注。同年，兵部尚书孙承宗出任蓟辽经略，采用孙元化筑台制炮主张，筑宁远城。天启三年（1623），孙元化得以辅佐袁崇焕，在宁远施展其西洋筑城法，最终为后来的宁远大捷奠定了基础。③崇祯元年（1628），魏忠贤被诛杀，袁崇焕复出后，孙元化继续辅佐袁崇焕，直到其被冤杀。崇祯三年（1630）一月，孙元化跟随自己的老上级孙承宗镇守山海关，后出任登莱巡抚。明末西方军事技术传华的推动、践行，都离不开此西学关系网的努力。

　　孙元化认为，用兵莫如火攻，急守莫如战台，指出明末对抗后金的

　　①　郑诚整理：《明清之际西法军事技术文献选辑》，湖南科学技术出版社 2019 年版，第242—243 页。
　　②　方豪：《孙元化手书与王徵交谊始末注释》，《真理杂志》1944 年第 2 期。
　　③　孙文良、李治亭：《明清战争史略》，江苏教育出版社 2005 年版，第 171 页。

核心在于火器技术与铳台技术的提升。而其在辽东的军事实践中，也是以此两点为重心的。其观点在理论上的结晶便为明末重要火器著作《西法神机》，该书总结了火器制作中的倍径技术、模铸技术等，以及火器使用中的弹道技术、铳台技术等原理及其操作方法。

在私人著述中收录的孙元化传记，目前所见最翔实的是清朝归庄《孙中丞传》和明朝张世伟的《孙中丞墓志铭》①，归庄对孙元化的一生做出了如下总结和评述，颇能显现出明清士人对其军事才能的泯灭所包含的叹息之情：

> 公之学不独长于兵，用兵亦不独藉炮。顾以为敌之取辽，皆铁骑冲突，我无以御之。惟铁炮可以及远，又得西洋之法，诚神明之器，制敌长技无逾于此。而世之论者，乃以敌当窃此以破中国，反归咎于创用西炮之人，不已僇乎？申酉之际，诚得老谋壮略如公数人，置之封疆，寄之镇守，未必土崩鱼烂遂至于此。此可为国家不爱惜人才之戒也！余读公辽言，奇公之才，而又悲公之遇也。国家循资用人，公自负才略，人固已嫉之矣。公盖已置死生荣辱于度外矣，竭力尽瘁如此，功之不成，命也！②

二 "核心"人物与西式火器技术著作

1. 孙元化与《西法神机》

《西法神机》是现存的最代表孙元化对明末火器技术贡献的重要理论成果，这本著作写成于崇祯五年（1632），主要介绍了利玛窦等传教士带入中国的西方 16 世纪的火器技术知识，并掺入了孙元化在军事实践中对于中西方火器技术的认识。该书与焦勖的《火攻挈要》被学术界公认为现存最重要的反映西方传华火器技术内容的著作，代表了明末火器技术水平所能达到的顶峰。《西法神机》与《火攻挈要》内容较为相似，

---

① 张世伟：《张异度先生自广斋集》，《四库禁毁书丛刊》集部第 162 册，北京出版社 1997 年版，第 372 页。

② 光绪《江东志》，《中国地方志集成》（乡镇志专辑）第 1 册，上海书店出版社 1992 年版，第 737 页。

成书时间也相近，有很多可以互补和对照的火器技术内容。但《火攻挈要》早就著称于世，清朝潘仕成编的《海山仙馆丛书》收录过（1847年），民国初年商务印书馆编《丛书集成》时又进行过影印（1935年），受众较多，传播较广，受到的关注和研究也较多。最近的一次影印是《中国兵书集成》①和《中国科学技术典籍通汇·技术卷》。②但是，《西法神机》却较少为人所知。《嘉定县志·艺文》兵家类存目，其提要曰："首论铸炮，次论制药，后论命中之由，并绘图式。是书得之西人，大要根于算法。"③现存于中国科学院自然科学史研究所资料室，仅在《中国科学技术典籍通汇·技术卷》第五卷中影印过一次。

在《西法神机》的扉页，首位收藏者金民誉对其流传过程有如下介绍：

> 此书为孙中丞所著，盖泰西利玛窦所传也。先生好奇略，启祯间从军辽左，荐升登莱巡抚。历数战，皆火攻取胜，其法甚秘。迨吴桥激变，祸生肘腋，中丞归朝待罪。其后人痛之，凡著作之有关兵事者，辄焚弃，而火攻一法亦鲜有传者。幸中丞中表王公式九预留副本，递传及余。④

可见，《西法神机》的传播受限是受到孙元化仕途沉浮和个人命运的影响。吴桥兵变后，孙元化的后人心灰意冷，认为是孙元化涉足军事而导致了后来的厄运，因此将其所有关于兵学的著作焚毁，火攻之法不传。现在流传下来的版本即为孙元化的中表王式九留存的副本，历经金誉民、葛昧荃两位藏书家的流转，到清光绪二十八年（1902）年才由杨恒福重新刻印出来，使得这部著作得以重见天日。近代的各类丛书、集成中都未曾收录此书，影响力严重受限。

---

① 《中国兵书集成》编委会：《中国兵书集成》，解放军出版社1990年版。

② 任继愈主编：《中国科学技术典籍通汇·技术卷》五，河南教育出版社1994年版。

③ 林文照、郭永芳：《明末一部重要的火器专著——〈西法神机〉》，《自然科学史研究》1987年第3期。

④ 孙元化：《西法神机》卷上，载任继愈主编《中国科学技术典籍通汇·技术卷》五，河南教育出版社1994年影印本，第1235页。

《西法神机》全书三万余字，分上、下两卷。上卷重点论述战攻守铳的倍径技术及造铜铳技术、造铳车技术和造铳台技术，下卷对造铳弹技术、火药技术、点放大小铳操作技术进行了详细的解读，更具操作性。书中附图三十四幅，均为西洋火器形制，显示此书的西方知识背景。对《西法神机》中的核心技术要素进行归类，主要有火器倍径技术、火器弹道技术、造弹制药技术、战车技术、敌台技术、铸造技术这6项技术内容。

《西法神机》在史料上可与《火攻挈要》相互补充，有些内容要较《火攻挈要》为详。如"点放勾股法"所提到的测角器的形制及其使用方法，为《火攻挈要》所无。又如铳台的建制，《火攻挈要》仅寥寥数语，而《西法神机》对此则述之甚详①。再如铸造战、攻、守各种铳炮的大小尺寸，《西法神机》也较《火攻挈要》详细。还有其他几处，两书互有短长，可以进行补充比较。因此，《西法神机》一书具有很大的史料价值，在火器发展史和军事史上占有较为重要的地位。

科技史学者胡道静的评价很有代表性，"嘉定孙元化，亦明季引进西方科学技术之一雄也。尚论东西文化交流第一次高潮者，恒道徐光启、李之藻、王徵、李天经辈而不及元化者，吴桥之祸蒙冤受戮，至其事功、学术亦湮而弗显为可悲也"②。伴随着孙元化命运的起伏，明末火器技术传华先兴后衰。

孙元化的独到之处在于其将数学知识与火器技术结合在一起。这一点从他的著作《西法神机》中便可以观察得到，对于火器射击的仰角、俯角、射程，他都有一套科学的测量体系。欧洲军事技术之所以在中世纪末期超过中国，其重要原因就在于西方将最新的数学知识应用到了军事技术中，如意大利数学家塔尔塔利亚、达·芬奇等对当时的军事问题都有论述。而在同时期的中国，数学与军事的关系并不那么密切。

孙元化在明末火器技术方面所取得的成就和所做的贡献，并没有得

---

① 林文照、郭永芳：《明末一部重要的火器专著——〈西法神机〉》，《自然科学史研究》1987年第3期。

② 胡道静：《古籍整理研究》，上海人民出版社2011年版，第27页。

到应有的重视和研究，这不能不说是一个遗憾。

2. 焦勖与《火攻挈要》

崇祯末年，为支持残局，对新式军器的需求日增。携带西方科技知识的传教士被人们视为懂得西洋炮法，可以挽救明朝政权的可托之人：

> 鞑靼势力日盛，渐有进迫京师之势。一日朝中大臣某过访若望，与言国势颠危，及如何防守等事。若望在谈话中演及铸炮之法，甚详明。此大臣命其铸炮。若望虽告知其所知铸炮术实得之于书本，未尝实行，因谢未能，然此大臣仍强其为之。盖其一为若望既知制造不少天文仪器，自应谙悉铸炮术也。①

崇祯十五年（1642），朝廷命汤若望将造炮之法传授给兵仗局，并授焦勖笔录《火攻挈要》，详述各种火器的制作方法。《火攻挈要》成书于崇祯十六年（1643）。焦勖在自序中对明代火攻之书做了评价，认为在当时朝廷求胜心切的情境下，出现的很多兵书都索奇觅异，巧立名目，而没有使用价值。唯独对嘉靖年间军事技术家赵士桢的《神器谱》评价很高，认为其得之于西洋正传：

> 中国之火攻备矣，其书亦甚详矣，似无容后人可费一词。然而时异势殊，有难以今昔例论深心者，更不可不审机观变，对症求药之为愈也。即古今兵法言之，如武经总要、武学大成、武学枢机、纪效新书、练兵实纪、练兵全书、登坛必究、武备志、兵录，一览知兵。诸书所载火攻颇称详备，然或有南北异宜、水陆殊用，或利昔而不利于今者，或更有摭拾太滥无济实用者，似非今日急救之善本也。至若火攻专书，其中法制虽备，然多纷杂滥溢。无论是非可否，一概刊录，种类虽多，而实效则少。如火龙经、制胜录、无敌真诠诸书，索奇觅异，巧立名目，徒炫耳目，罕资实用。惟赵氏

---

① ［法］费赖之：《在华耶稣会士列传及书目》（上册），冯承钧译，中华书局1995年版，第171页。

藏书海外火攻神器图说、祝融佐理，其中法则规制悉皆西洋正传。然以事关军机，多有缜密，不详载不明言者，以致不获兹技之大观，甚为折冲者之所歉也。勘质性愚陋，不谙韬钤，但以虏寇肆虐，民遭惨祸，因目击艰危，感愤积弱，日究心于将略。博访于奇人，就教于西师。更潜度彼己之情形，事机之利弊，时势之变更，朝夕讲究，再四研求，聊述成帙。①

《火攻挈要》刊印于崇祯十六年（1643），分上下两卷，附《火攻秘要》一卷。该书吸收和引进了西方火器的制造工艺与技术，总结了明军使用火器与后金作战的经验教训，显示了明末对于西方火器技术的认识水平。清朝道光年间，军事技术家潘仕成将此书收录到其编辑的《海山仙馆丛书》，又名《则克录》。分为上中下三卷，共约 4 万字，附图 27 幅，此版本是现代翻印出版的原始底本。1935 年，商务印书馆在编印大型系列丛书《丛书集成初编》时，将《火攻挈要》收录其中，以广流传。1994 年，由解放军出版社和辽沈出版社联合出版的大型兵学文献《中国兵书集成》再次将其收录其中（第 40 册），影印出版，一般高校图书馆中都有收藏。同年，由原国家图书馆馆长任继愈主持编纂的大型科技文献《中国科学技术典籍通汇·技术卷》也将《火攻挈要》收录其中（第 5 册），标志着在科技史研究领域对该书的重视程度。但国内对于《火攻挈要》的研究和关注还没有达到与其在技术史、火器史上的地位相称的水平，仅从传播角度而言，此书的流传较广泛，相较于《西法神机》，更易于为今日学者所得所知。

《火攻挈要》对火器制造与使用技术的理论阐述，已经基本上脱离了传统的阴阳五行学说的影响，开始走向定性分析和定量分析相结合，是明末西方火器技术传华的重要成果之一，而且对清朝初期的火器技术发展也起了很大的作用。按照书中的内容，可将其分为制铳技术、弹道技术、倍径技术、火药技术等几类，见表 7.1：

---

① 焦勖：《火攻挈要·序》，载任继愈主编《中国科学技术典籍通汇·技术卷》五，河南教育出版社 1994 年影印本，第 1267 页。

表 7.1　　　　　　　　　　《火攻挈要》主要技术内容分类

技术类型	对应内容
制铳技术	筑砌铸铳台窑图说、造作铳模诸法、下模安心起重运重引重械器图说、论料配料炼料说略、造炉化铜熔铸图说、起心看膛齐口镟膛钻火门诸法、制造狼机鸟枪说略
弹道技术	装放大铳应用诸器图说、装放各铳高低远近步数约略、教习装放次第及凉铳诸法、装放各铳竖平仰倒法式
倍径技术	铸造战攻守各铳尺量比例诸法、制造铳车尺量比例诸法
火药技术	提硝提磺用炭诸法、配合火药分两比例及制造晾晒等法、收贮火药库藏图说、火攻诸药性情利用须知、火攻佐诸色方药

从以上目录可以粗略看出，该书主要阐述了制造火器的原则，介绍火铳的种类和具体制造工艺，以及佛郎机铳、鸟铳等火器的制造和使用方法；介绍了火药的种类、配方、制造工艺、贮藏，以及火铳的安装、搬运、试验和教练等；另外还着重介绍了火攻之法，并在书后配有各种火器、器械、工具图例。

《火攻挈要》的贡献主要在如下几个方面。

第一，最完整地记载了西方大型火器的模铸法①。这种方法是在铸造火器之前，先按设计的尺寸，制成炮管的外模与内模；再将内模放入外模之中，并使两者的中心轴线合而为一；而后再将青铜或铁的熔液浇铸于内模和外模之间的空隙中，待冷却凝固后撤去内模和外模，即可得到所铸火器的粗坯，经过加工修理后，便成为炮管没有铸缝的、威力大且坚固的火器。

第二，以火器口径确定其余部分的大小尺量，建立一种严格的数量关系。按照一定的比例倍数设计火器各个部分的尺寸，使铸成的火器因作战用途和机动性的不同而口径的大小、炮管的长度不一，使铸成的火器能完全地达到预期发射效果。

第三，确定了炮弹的重量与炮膛内装填火药重量之间的比例关系，

---

① 焦勖：《火攻挈要》上卷，载任继愈主编《中国科学技术典籍通汇·技术卷》五，河南教育出版社 1994 年影印本，第 1285 页。

得出了大中小的比例分别为 5∶6、6∶6、6∶5 的结论。此外，对于一些特别的火器，如飞彪铳等，焦勖给出了对应的弹药比例。

在《火攻挈要》中，还论述了游隙的原理和理想值，其中所提出弹径与管径的最佳比例，与欧洲的标准基本一致。文曰：

> 合口之弹，不可太小，小则铳膛缝宽，火气傍泄，发弹无力，且不得准。亦不可太大，大则阻拦膛内，倘偶发不出，则铳必炸裂。其法必欲大小得宜，凑合口径，微小二十一分之一，更欲光溜极圆，毫无偏长、歪斜等弊，则击放之际，火力紧推弹身，必更远到而中的矣。①

第四，用铳规等测准工具确定火器发射的角度和距离，使射击技术更加精准。时人认识到火器的射程是随着射角的变化而变化的，如果火器的射程从平射位置即零度射角算起，那么射程就会随着射角的逐渐增大而变远，到射角增加至四十五度时，射程最远。但是在射角超过 45 度后，就会因为"弹太高，从上坠落，且弹无力，且反近矣"②。

《火攻挈要》还对火器的加工、检验、装饰、维修、保养以及附件的研制、炮弹的制造、火器的升降、牵引装置的制造和使用、火药的配制、火器的发射技术，都做了比较全面的阐述。焦勖还针对当时明军纪律松弛，战斗力低下，士兵对火器使用技术的学习和训练不精熟，从而使火器不能充分发挥作用的状况，提出了中肯的批评认为军队仅仅拥有先进的火器是不够的，还必须要有贤良的将帅，治军有方，指挥得法，对部下恩威并施，赏罚分明，使官兵能做到胆壮、心齐、技精、艺熟，才能使用现有的火器，战胜各种敌人。《火攻挈要》对火器制造与使用技术的理论阐述，是中国古代火器技术开始进入一个新的发展阶段的标志，对清代前期火器技术的发展产生了重要的影响。近代和当代学者在研究火器与军事技术史时，都把此书作为重要的参考文献。

---

① 黄一农：《红夷大炮与明清战争》，台湾《清华学报》1996 年第 1 期。
② 焦勖：《火攻挈要》卷下，载任继愈主编《中国科学技术典籍通汇·技术卷》五，河南教育出版社 1994 年影印本，第 1037 页。

3. 韩霖与《守圉全书》

在明末西方传华火器技术的发展历程中，流传至今的最为重要的著作有三本——《西法神机》《火攻挈要》《守圉全书》，它们代表了明末火器技术理论的最高水平。前两者已得到学界较多关注，并有一定的研究[①]，但是《守圉全书》却为学界所忽略，其在明末火器技术发展中的重要性和应有地位远远没有得到足够的认可[②]。其原因是多样的：一是此书刊于明朝即将覆灭之时（1637 年），政局混乱，翻刻不便；二是此书中有大量的对后金的不敬称谓，因此被清朝列为禁书。目前常见的是上海图书馆的版本，《四库禁毁书丛刊补编》中收录的《守圉全书》便是以此版本为底本影印的，但是此书缺失了最为重要的第三卷制器篇的第一部分，即原书中收录的在别处难以得见的徐光启、李之藻、孙元化等明末重要人物关于西方火器技术的论述。此外还有台湾"中央研究院"傅斯年图书馆的残本《守圉全书》，此书破损严重，只整理出前面三卷，刻录成光盘供人阅览[③]。笔者查阅山西省图书馆古籍部，得以一见《守圉全书》的全本，此书刻印于明崇祯十年（1637），共 8 卷，首末各 1 卷，山西省图书馆将其分成 40 册，应是目前国内可以核实的最为完备的版本。

韩霖（1596—1649），字雨公。山西绛州（今新绛县）人。是明末最先受洗加入天主教的士人之一。韩霖曾向徐光启学习兵法，并向到山西传教的传教士高一志请教铳法，对兵学尤为关注，最终写成集大成的兵学著作《守圉全书》。

对于韩霖的记载，最详尽的为雍正《山西通志》：

[①]　主要有林文照、郭永芳《明末一部重要的火器专著——〈西法神机〉》（《自然科学史研究》1987 年第 3 期）、徐新照《论我国明代火器技术"西人所传"说——以明末〈西法神机〉和〈火攻挈要〉为例》[《内蒙古师范大学学报》（自然科学汉文版）2007 年第 6 期]、《从〈西法神机〉和〈火攻挈要〉看明末对铳炮弹道学的认识》（《历史档案》2002 年第 1 期）、尹晓冬《17 世纪传华西洋铜炮制造技术研究——以〈西法神机〉、〈火攻挈要〉为中心》（《中国科技史杂志》2009 年第 4 期）。

[②]　目前所见有汤开建《明末天主教徒韩霖与〈守圉全书〉》（《晋阳学刊》2005 年第 2 期）、《〈守圉全书〉中保存的徐光启、李之藻佚文》（《古籍整理研究学刊》2005 年第 2 期），郑诚《守圉增壮——明末西洋筑城术之引进》（《自然科学史研究》，2011 年第 2 期）。

[③]　学者黄一农和汤开建均在其著作中有所引用。

　　韩霖，字雨公，号寓庵，绛州人。长身辣肩，音如洪钟。为文有奇气，书法在苏、米间。天启辛酉举于乡。与其兄孝廉云称竞爽，先是年舞象，时从兄云游云间，窥见娄东指趣，后遂益嗜游。为聚书计尝南至金陵，东览虎丘，震泽汛舟，南下武林，又西南探匡庐，观瀑布水，复由淮南北上谒孔林，抚手植桧。前后购书数万卷，法书数千卷。既归，筑卅乘藏书楼以贮之。日与二三弟子校勘编摩。又于读书之暇学兵法于徐光启，学铳法于高则圣。务为当世有用之士。顾未及一试，遽以避寇罹祸死。所著《守圉全书》、《救荒全书》、《祖绛帖考》、《炮台图说》数十种。兵燹之余，存者亦仅矣。①

　　韩霖为绛州有名的重学术之文士，藏书过万，包罗万象，并建有藏书楼。受徐光启等人的影响，韩霖对火器之学和筑城之术有其独到的见解，以知兵闻名于世。韩霖关于军事方面的著作至今只剩下了《守圉全书》和其缩编本《慎守要录》②，主要介绍了西方筑造铳台之法，并引录了徐光启、韩云、孙元化、王徵等人的相关见解和奏疏。韩霖于崇祯十七年（1644）投降李自成并受到重用③，主要原因之一便在于农民义军对于精通火器铸造和使用之学的人才的需求。

　　在韩霖看来，守圉远远要比进攻重要，民心既固，乃可言战。该书写成后，有多位当时的名士和地方官员为其作序，可见其在明朝士人中的影响力。对于《守圉全书》各篇的写作意图和主要内容，韩霖在自序和凡例中说道：

　　　　余弦诵之暇，旁猎兵书，谈守者寥寥数言，谈战者博而寡要。广采兼收，择优汰冗，详守略战，厘为八篇。守圉之名取诸墨翟，为守城以及守堡守边。筑城鉴池，守圉第一要务。不佞留心讲求，颇异常法。大炮即精，兵法至今一变，敌台之制尤设险所最急也。制器尚象，故图画极详，只取诸家，无微不采。至于火攻之法，自

---

① 雍正《山西通志》卷140，哈佛大学汉和图书馆藏雍正十二年刻本。
② 许保林：《中国兵书通览》，解放军出版社2002年版，第329页。
③ 黄一农：《天主教徒韩霖投降李自成考辨》，《大陆杂志》1996年第3期。

负裁鉴独精。西洋大炮，只录群言，以明其功效，利器不可示人，故秘其法。保甲、仓廪、赈济诸条，似于守圉不切，然援本塞源，计莫善焉。申令篇，不厌烦琐，须将在事者人授一编，俾熟读之。应变之方，非笔舌可尽，故所采独略。①

《守圉全书》写成于崇祯八年（1635），根据山西省图书馆保存的善本可以看出，其刊刻于崇祯十年（1637），这与现代学者汤开建的推测吻合。《守圉全书》分为 8 篇，分别为：卷一，酌古篇；卷二，设险篇；卷三，制器篇；卷四，豫计篇；卷五，协力篇；卷六，申令篇；卷七，应变篇；卷八，纠缪篇。就传播西方火器技术的角度来看，最重要的是卷二和卷三，分别涉及西洋筑城法和制器之法。其余各卷则大多为关于兵法、战法的各家各派之论述，包括防守和作战的后勤准备、将士的纪律、边事相关奏疏、选兵用器布阵之法、应变之法等。非常明显，这部书的编纂完全是为了应对当时明与后金之间的战争，如何防守明朝东北边境（包括京畿、山东地区）已成为崇祯朝的头等大事。也从侧面说明，这么一部巨著为什么在如此短的时间内即匆忙刊行②。

卷三之一在当前研究中引用较多，均来源于台湾"中央研究院"傅斯年图书馆残本前三卷，页码与山西省图书馆所藏善本稍有出入，见表 7.2：

表 7.2　　　　　　　　　　　　奏疏内容目录

作者	题目	所在页码
李之藻	制胜务须西铳疏	卷三之一，67—73 页
崔景荣	兵部覆疏	卷三之一，73—75 页
徐光启	与李我存太仆书	卷三之一，76—77 页
李之藻	恭进收贮大炮疏	卷三之一，77—79 页

---

① 韩霖：《守圉全书》自序，山西省图书馆藏崇祯十年刻本。
② 汤开建等：《明末天主教徒韩霖与〈守圉全书〉》，《晋阳学刊》2005 年第 2 期。

续表

作者	题目	所在页码
徐光启	钦奉明旨呈前疏	卷三之一，79—82 页
陈仁锡	纪采神炮疏	卷三之一，83 页
韩云	崔护西洋火器揭	卷三之一，83—85 页
陆若汉	西儒陆先生来书	卷三之一，85 页
梁廷栋	神器无敌疏	卷三之一，85—86 页
委黎多	报效始末疏	卷三之一，86—91 页
陆若汉	供铳效忠疏	卷三之一，91—95 页
公沙的西劳	西洋大铳来历略说	卷三之一，95 页
徐光启	西洋神器疏	卷三之一，95—99 页
孙元化	论台铳事宜疏	卷三之一，99—100 页
孙元化	改造火器呈	卷三之一，100—102 页
孙元化	火药库图说	卷三之一，102—105 页
韩云	战守惟西洋火器第一议	卷三之一，105—110 页

对于《西法神机》，乾隆《嘉定县志·艺文》曾评价曰："首论铸炮，次论制药，后论命中之由，并绘图式。是书得之西人，大要根于算法。"[1] 指出该书每一部分的划分很明确和专业，分别论述了制造火器的方法、制造火药的方法，以及火器的测准和使用之法。《火攻挈要》也基本上遵循同样的模式，先论火器的制造和使用之法，再论各种火药的制作方法，最后论火攻之法。可以看出，这两本书的主要着力点在于火器，讲述了大量的西方火器技术知识。

但是《守圉全书》有所不同，从书名即可看出，其主要论述的是战争中的防御之法，因此重在论述城防之制，即筑造铳台的方法。这主要体现在此书的第二卷《设险篇》中，内有大量的西方筑城之法。而且，由于《守圉全书》坚持"西洋大炮，止录群言，利器不可示人"的原

---

[1] 孙元化：《西法神机》卷上，载任继愈主编《中国科学技术典籍通汇·技术卷》五，河南教育出版社 1994 年影印本，第 1233 页。

则，没有对各种西方火器进行介绍，只介绍了望远镜①。配有图示的火器大部分为红夷大炮传入之前的中国传统火器。

在形式上，《守圉全书》与前两本著作最大的不同之处在于其更类似于资料汇编，每一卷都是按照时间先后选录各个朝代的谈兵之人对某一问题的看法或知识，并加入作者自己的研究和评述。韩霖所搜集的资料略古详今，大部分为明代士人对火器和筑城之术的论述，并含有其从西方传教士那里学来的相关知识。《西法神机》和《火攻挈要》则更侧重专业论述，围绕制器、造药、火攻三个方面，分卷详解，完全按照西方火器技术的知识体系展开。其体系较为完整和单一，也不收录同时代的谈兵之人的看法。

正是由于与《西法神机》和《火攻挈要》不同，使《守圉全书》具有了独特的历史地位。明末讲习西方传华火器技术的专著很多，但是流传下来的只有少数几种，其余亡佚的专著可以在《守圉全书》中找到影子，因为此书的编纂参考了当时各种涉及火器技术的专著，如韩云的《西洋城堡制》，孙元化的《赞辽稿略》，尹耕的《堡约》，王鸣鹤的《帷间问答》等。此外，王尊德有《大铳事宜》介绍如何仿制西洋火器，韩霖有《购募西铳源流》介绍明朝入澳购炮募兵之始末。据伯希和介绍，张焘与孙学诗还合撰过一部《西洋火攻图》②。这些著作均已不存，由此更加凸显出流传至今的《守圉全书》的价值和重要性。

《守圉全书》还保存了几份重要的外国传教士所上的奏章，揭示了西方火器来华的历程，以及中外火器技术交流的具体细节。主要有委黎多的《报效始末书》、陆若汉的《西儒陆先生若汉书》、公沙的西劳的《西洋大铳来历略说》等，均为他处不存的珍贵史料。另有明末最重要的主导军事变革的徐光启、李之藻和孙元化等人的谈论军事技术的文章，均为他处不存，主要有徐光启的《钦奉明旨录前疏疏》，李之藻的《恭进收贮大炮疏》，韩云的《催护西洋火器揭》《战守惟西洋火器第一议》，梁廷栋的《神器无敌疏》，孙元化的《论台铳事宜疏》《改造火药呈》

---

① ［德］汤若望：《远镜说》，《丛书集成初编》第1308册，商务印书馆1936年版，第6页。

② 汤开建等：《明末天主教徒韩霖与〈守圉全书〉》，《晋阳学刊》2005年第2期。

《火药库图说》等。这些奏疏主要收录在《守圉全书》卷三之一中。

明末西方火器技术传华的过程中，购募西铳、西兵进而造炮是非常重要的一环，《守圉全书》收录奏疏很能反映当时人对西方火器技术的认知，兹摘录两篇如下：

> 陈仁锡《纪采神炮疏》
>
> 神炮出自红毛夷国，今广东壕镜澳亦能造之。此实天意。假乎澳夷，以固我金汤者。前广东所解颇少，以未有处置澳夷。故广东不敢擅，而夷目不肯应也。今边疆如此，则需用尤甚。宜请宣谕澳夷，咨两广总督，拟价酬之，庶多多益善。而我封疆皆坚壁矣。
>
> 梁廷栋《神器无敌疏》
>
> 兵部尚书梁廷栋谨题为神器无敌，灭虏有期，特恩。圣恩柔远，人以鼓忠义事，职方清吏司案呈，查广东香山澳商慕义输忠，先年共进大炮三十门，分发蓟门、宣大、山西诸镇。宁远克敌，实为首功。京营只留五门，臣部虑万一有警，非此不足御虏。节次移文两广督臣，再行购募。令耶稣会士陆若汉、统领公沙的西劳等，感神祖久留之恩德，仰皇上中兴之威灵，复进大炮十门，中炮三十门，跋涉万里，拥护而来。夏秋间，礼臣徐光启、宁远道臣孙元化若知有今日惓惓促之早到。臣部络绎差人于途，无奈漕河水涸，济宁州应付稽迟，甫从陆而贼已薄都门矣。天眷圣明，炮车无恙，逮至涿州，虏遂咋指不敢近城。澳商之劳苦功高，不于斯贵益著也哉。①

《守圉全书》是与明代军事百科全书《武备志》② 比肩的明末军事技术集大成者，记载了明朝末期（崇祯十年）及之前的军事技术。从所汇集的书目以及作者来看，《守圉全书》略古详今，重在论述明代的军事技术内容。徐光启、孙元化、茅元仪、王守仁、唐顺之、韩云、王徵、

---

① 韩霖：《守圉全书》卷3之1，山西省图书馆藏崇祯十年刻本。
② 该书写成于天启元年（1621），为明代大型军事百科性兵书。全书共240卷，由明代军事家茅元仪辑成，其中对西方火器和相关技术的介绍非常少，大部分为中国传统火器技术和战术的记载。

戚继光、俞大猷等重要人物的言论都有涉及。在每一卷中，往往是先将这些重要人物的言论托出，然后再加入作者自己理解和添补的内容，最后再进行点评，体系极为完整。由此可见，《守圉全书》是一部融合了作者研究和见解的著作，并非简单资料汇编。

《守圉全书》的长处在于对西方铳台技术的论述，以及其中保存的中外火器交流史料，《西法神机》和《火攻挈要》的所长在于对西方火器、火药制造和使用的论述。三者全面代表明末西方火器技术传播的成绩，造炮、制药、建台，形成一个完整的体系。因此，在研究明末火器技术时，绝不可重视《西法神机》《火攻挈要》而忽视《守圉全书》，铳炮和铳台是相互依托的两项内容，缺少了哪一项都无法形成完整的体系。

三　张焘、孙学诗、王徵等人的"半外围"作用

张焘和孙学诗的主要贡献在于参与了三次赴澳购募西炮西兵的活动，揭开了西方火器技术来华的序幕。张焘还凭借多次与西炮西兵接触所获得的火器知识，在后来担任登莱巡抚的孙元化麾下效力。王徵因其著作《远西奇器图说》而为后人所知，也是一名积极传播西学知识的士人，因与孙元化私交甚好而同赴登州效力，后因吴桥兵变而受牵连。

这一层次的人物不像徐光启那样处于西方火器技术传华过程中的核心，没有掌控整个大方向的能力，但是他们却是核心人物计划的具体执行者。因为同教的关系，他们有了一层特别的情谊，一方面引进西方先进火器技术以挽救明王朝的危亡，另一方面利用这样的机会为天主教在华传播开辟道路。早在萨尔浒之败后，负责练兵防卫京师的徐光启就托李之藻向澳门派出代表——张焘和孙学诗。天启元年（1621），张、孙二人受到皇帝的肯定，作为官方人员再次远赴澳门，受到了澳门议事会的隆重接待。原因在于澳门葡萄牙人留意到他们是第一次购募西炮的操办者而且得到了朝廷的肯定，且作为外交使节的张焘和孙学诗都是天主教徒，与澳门葡萄牙当局算是有共同信仰。

四　对西学友好士大夫的"外围"作用

在明末西方火器技术传华的过程中，对西学持友好态度的朝廷重臣

起了很大的作用，为引进西炮西兵提供了便利，而且为徐光启、孙元化等施展抱负和利用西方技术进行军事改革提供了支持。三次购募西炮西兵和建立登州火器部队都离不开这些朝廷重臣的影响。

天启元年（1621），在沈阳、辽阳先后陷落后，熊廷弼再次被启用，负责守卫山海关，此处是长城东段的终点，是后金大规模入侵中原的必经之路。对西学持友好态度的熊廷弼非常赞同李之藻、孙元化的"关外文武将士，惟辽人可用"的看法，并且力荐孙元化。[①] 天启二年（1622），朝中主张变革的一派占了上风。孙承宗被任命为兵部尚书，以蓟辽总督的身份出镇山海关。他和袁崇焕稳扎稳打地将后金逼退北方，在夺回的城镇中修筑工事、建立军旅。他们的成功亦有采纳了孙元化用红夷大炮保卫边疆的建议的因素。当孙承宗掌权的时候，徐光启、李之藻、孙元化等重提从葡萄牙人那里购买武器，并且力争邀请耶稣会士作为军事顾问，再次进京。他们向皇帝上呈奏疏，极力证明耶稣会士是有德、有识、有能力之人，而且熟知西方火器的操作和制造之法。徐光启等一再声明，抗御后金军队的威胁，只能依靠红夷大炮。在孙承宗掌管下的兵部，对该计划表示支持，亦得到了皇帝的批准。正是这些对西学持友好态度的军事高官们的合作和努力，促进了火器技术在明末的引进和传播。

随着沈阳和辽阳在天启元年（1621）的相继陷落，徐光启和李之藻被委以襄理军务和调度军器的重任。而当时工部的虞卫司以及户部的薪饷司，恰由徐光启的门生沈棨和鹿善继分别担任主事，有利于购募西炮等活动。再加上兵部尚书崔景荣的支持，第一批西方铸造的大炮终于在天启元年分两次解运至京，其中的第二门应辽东经略熊廷弼所请而先发出关。

师从徐光启学习火器技术和算法的孙元化，虽然会试不第，但在同乡吏科给事中侯震旸和师门好友孙承宗的协助下，入王在晋幕中担任赞画军需一职。孙元化向王在晋上《清营设险呈》《议三道关外造台呈》

---

① 《崇祯长编》卷52，崇祯四年十一月癸巳条，台湾"中央研究院"历史语言研究所1962年影印本，第3051页。

《铳台图说》等，深盼自己在军事方面的才学能发挥作用。孙元化因其专业的火器技术知识，而受到孙承宗、王在晋两任督抚的重用。

在明朝末期防边中扮演重要角色的袁崇焕，天启二年（1622）任兵部职方司主事，后改任山海关监军佥事。袁崇焕对西学持友善态度，而且极力提拔孙元化，令其负责修筑西式铳台，并仿造西洋大炮。在天启六年（1626）的宁远大捷中，袁崇焕在孙元化建议下在城头布置十一门大炮，① 力挫努尔哈赤，取得明朝与后金开战以来的第一次胜利。由于西式火器的优异表现，孙元化奉袁崇焕之命继续大量制造火器，以资防御，并经常与袁崇焕商议城守事宜。

从西炮西兵引入中国的过程，可以发现徐光启和李之藻等大夫动用了在官场的人际网络，即本书说的"外围"结构。而西学的影响力也不断扩大，耶稣会士也被认为是懂得火器知识。由此，南京教案以后对传教士的禁令遂被打破，促进了西方传华火器技术的传播。

五　小结

在西方传教士与明末士大夫的共同推动下，明末火器技术发展到了前所未有的高峰。红夷大炮完全取代了在明代中期占据主导地位的佛郎机，成为明军征战所依赖的最主要军事装备。在促进火器技术发展方面构成了一个"核心—半外围—外围"的关系网，其核心是徐光启、李之藻、孙元化这样的官员，半外围的则是在他们三人指导下积极促进西炮西学传华的张焘、孙学诗、王徵、韩霖、韩云、焦勖等人，外围则是对西学持友好态度的官员崔景荣、孙承宗、袁崇焕、茅元仪等人。他们利用这张从核心到外围的关系网，极力推进西方火器技术来华。

天启二年（1622），明军在广宁大败之后，朝廷起用孙承宗为兵部尚书兼东阁大学士，经营辽东。孙承宗重用孙元化，将西方传华的造炮造台之学用于边关防守。天启五年（1625），徐光启因得罪阉党而被弹劾削职；在这前后，杨廷筠、孙元化也已去职，西炮再次来华的计划暂停。由此导致的后果是明末火器技术的停滞，给了后金喘息的机会。到

---

① 潘喆等编：《清入关前史料选辑》第三辑，中国人民大学出版社 1991 年版，第 50 页。

崇祯帝即位时，边患愈加深重，通晓西学的徐光启等官员再次被召回。由此形成了一种现象，每当边患紧急之时以徐光启为代表的倡导西学西炮官员便会受到重用，每当边患趋缓时便会遭到罢免。[①] 这种反复的态度显示了明廷对于西炮西学一直都未能给以足够的重视，没能将之视为一种长远的国家战略，而仅作为一种权宜之计。这也注定了明朝火器技术最终的衰退。

崇祯四年（1631），徐光启将征募来的葡军教官布置到了登州，在此聚集了葡军统领公沙的西劳、登莱巡抚孙元化、副总兵张焘、监军王徵等精通西炮技术之人，并组建了明朝的火器部队。这支部队的实力在同年发生的麻线馆大捷中得到了印证：后金军队趁明军斩杀刘兴治发生内讧之机进攻皮岛，葡将公沙的西劳率领明军用西炮还击，使后金军队损失惨重，震动朝野，西方火器的地位愈重。

崇祯四年（1631）九月，孔有德在吴桥发动兵变，并于五年（1632）正月攻陷登州城，俘获孙元化、张焘、王徵等人，先进的西方火器尽为叛军所得。在登州的葡军统领及教官也有 12 人阵亡，15 人重伤，损失殆尽。[②] 后孙元化、张焘被明廷斩首，王徵则被发配戍边，对西学持友好态度的兵部尚书熊明遇、内阁首辅周延儒也因此遭到弹劾而去职，明廷引进西炮西学的成果完全丧失。徐光启也心灰意冷，不再过问兵事，于崇祯六年去世。崇祯六年（1633）四月，叛将孔有德、耿仲明投降后金，使后金军队获得一直都渴望得到的制器造药技术和使用火器之法，明军的火器优势不复存在。

吴桥兵变之后，明廷起用传教士汤若望造炮。明廷在北京城专门为汤若望设置炮厂，选派一批太监跟随汤若望学习制炮。这样，汤若望很快制造出了 20 门能够施放 40 磅炮弹的火器。在此基础上，为了行军携带，崇祯帝又决定由汤若望主持制造 500 门小炮。[③] 但汤若望的造炮活动已经无法挽救处于风雨飘摇中的大明王朝，因为没有了明末西学关系

① 黄一农：《天主教徒孙元化与明末传华的西洋火器》，《中央研究院历史语言研究所集刊》1996 年第 4 期。
② 王兆春：《世界火器史》，军事科学出版社 2007 年版，第 278 页。
③ ［德］魏特：《汤若望传》，杨丙辰译，知识产权出版社 2015 年版，第 35 页。

网那种从造炮到用炮、从核心到外围的集体式协作，它已不是一个系统化的过程，无法形成强大战力。

此后，南明政权中亦有数次引入西式火器的活动，但成效不大，明亡已是定数。1646 年成立的南明永历政权，就曾派传教士毕方济赴澳门购募西铳西兵，以图复兴明朝政权。澳门当局对永历帝的请求十分重视，很快便征募士兵 300 名，大炮数门，火枪一批，并派尼古拉·费雷拉为统帅，以传教士瞿纱微为随军司铎。这批澳门援军于永历元年（1647）初即抵达桂林，由天主教徒瞿式耜和焦琏指挥，并受庞天寿节制。① 在这些西洋大炮的加持作用下，南明政权分别击退了同年三月李成栋的进攻和五月尚可喜的进攻，取得了桂林保卫战的胜利，挽救了濒临倒塌的永历政权。《明季南略》评价曰："清兵南来，将相闻风迎避，惟钱塘跨江两战，差强人意。入闽入广，势复破竹。至是始能鏖战，以却清兵，瞿、焦二公真人杰也哉！"② 南明政权中不少具有西学、天主教背景的人。但是在气吞山河的清军进攻之下，已经没有条件施展抱负了。

自南京教案爆发之后，传教士纷纷遭驱逐，徐光启和李之藻等人在引进西方火器的过程中，不断强调耶稣会士拥有相关知识，甚至称他们皆能造作。毕方济、龙华民和阳玛诺等耶稣会士因此于天启元年分别从内地和澳门入居北京。西方火器的引进，实际上也为传教士提供了一个护身符。

虽然明末火器技术传播关系网以西方火器挽救明朝的努力以失败告终，但在明末清初的军事史上，具有西学背景的人却占有一席不容忽视的地位。《西法神机》的作者孙元化、《火攻挚要》的作者焦勖、《守圉全书》的作者韩霖无一例外，他们都是在与传教士的交流互动中获得了西方火器技术知识。

在徐光启的门生中，除了孙元化外，亦人才济济，如韩霖除学兵法于徐光启外，亦向高一志学习铳法。韩霖之兄韩云，也师承徐光启，并与孙元化相熟，尝从西洋陪臣学习并翻译造城之法。徐光启是这一具有

---

① 陈文源：《西方传教士与南明政权》，《广西民族学院学报》（哲学社会科学版）2003 年第 6 期。

② 计六奇：《明季南略》，中华书局 1984 年标点本，第 348 页。

西学背景群体的核心，而杨廷筠、李之藻、王徵等人则为中坚力量。西学即是透过这些人际网络，在明末的知识界广泛传播和扩展的。

对于中国火器技术衰落的原因，大多数学者都将其归结为政治制度的腐败、闭关锁国的政策、科举制度对科技发展的扼杀等，但是，审视明末的历史不难看出，西学的发展受阻也是导致中国火器技术衰落的因素之一。明末伴随着引进西炮西兵而来的西学传播高潮与同时期的火器技术发展高峰之间有着一定的联系。

传统观点多从制度方面找原因，认为中国以科举制为主体的文化体制，学而优则仕的政治理念，使很多文人终生追求的都是孔孟儒学，对探索大自然奥妙等的科技知识缺乏兴趣。而且，中国封建社会往往将科技事物视为"奇技淫巧"，这使许多人对传教士携来的西方科技持排斥态度。面对种种新奇的事物，中国的知识界，有人理解，有人反对，甚至诬蔑。重人文轻科技的观念严重阻碍、挫伤了国人学习西方科技，仿制和改进西方火器技术的积极性。

还有的观点认为是明朝政府的心态问题，[1] 明末保守官员，如卢兆龙等从传统的天朝大国的"华夷"观念出发反对向西方学习。而且，这种保守和偏见，一直伴随着明末引进西方火器技术活动。朝中广东籍官员因为经济利益关系的阻梗，一些兵部官员对于中国自身火器技术的盲目自信，都使明末引入西方火器技术发展缓慢。

也有的人认为是西方火器器物及熟练技术人员数量上的不足影响了中国火器技术的发展。[2] 自宁远大捷以后，明廷上下已对西洋大炮刮目相看，并基本确立了引进西方火器技术的观念。在当时的环境下，能够有效防御后金的进攻实属不易，所以各边镇明军急切渴望拥有西洋大炮，而当时徐光启自行仿制数月方得西洋大炮五十余门，根本不够分发调拨。由于自行铸造难度较大，工费颇奢，因而明廷不得不选择向澳葡当局求购，但是澳门葡人能够提供给明廷的炮兵与西方火器数量有限，这也是

---

① 李巨澜：《澳门与明末引进西洋火器技术之关系述论》，《淮阴师范学院学报》1999 年第 5 期。

② 陈鑫磊：《鼎革之变中朱明政权与耶稣会士的军事政治合作》，硕士学位论文，宁波大学，2011 年，第 34—35 页。

导致中国火器技术停滞不前和衰落的重要因素。

　　明末具有西学背景的士人是引进西方火器技术并推动明末火器技术发展的重要力量，以徐光启为核心组成"核心—半外围—外围"火器技术传播关系网，促进了明清之际中国火器技术的发展。而且，他们得到了一大批对西学持友好态度的官员的支持，如崔景荣、孙承宗、袁崇焕、茅元仪等人。明末与西炮西兵有关的各项技术的发展，都与这些人有关。

　　西方传华火器技术的理论成果主要体现在《西法神机》《火攻挈要》《守圉全书》这三部著作之中，而它们记述的火器技术知识体系涵盖了明末先进火器技术的主要成果，如倍径技术、模铸技术、准星与照门技术、制药制弹技术、铳规与铳矩技术等。

第八章　火器技术与明清战争

　　明清鼎革是 17 世纪东亚地区最重大的历史事件之一，这一时期也是由冷兵器主导向热兵器主导的战争模式转变的重要时期。火器技术的力量对比成为决定战争胜负的重要因素。学术界对明清鼎革的研究已经非常成熟，对明清时期火器技术进展的研究也较为丰硕，但是前者往往重政治和军事而轻技术，后者往往重技术而轻历史，相互隔离的状态非常严重。本书试图从技术史的角度重新审视明清鼎革这一历史事件。

　　通过对明清之际这一特殊历史时期西方火器技术来华的动因、传播过程及其对明清鼎革影响的研究，可以从技术史的角度呈现火器技术作为重要历史动量之一在明清历史走向中的作用。耶稣会士、西学东渐、明清战争是促使明清鼎革之际西方火器技术来华的重要动因，澳门作为枢纽和中介在这一历史过程中起了重要作用。以徐光启、李之藻为核心的火器技术传播关系网，主导了三次赴澳购募西炮西兵，组建了第一支西式火器技术部队。但随着吴桥兵变的发生和后金（清）依托投降汉人将领和工匠仿造出红夷大炮，明与后金（清）的火器技术力量对比发生了改变，并最终影响明清战争。这是技术、社会、历史之间互动关系的一个重要案例，也是解读明清鼎革的一个重要视角。

第一节　火器技术优势的转移

在明清战争中，作战双方对西方先进火器技术的掌握和使用逐渐成了两股政治力量相互较量的重要砝码，并在明清鼎革过程中产生了重大影响。通过赴澳购募西炮西兵以及以徐光启和李之藻为核心的火器技术传播关系网的构建，明廷依托对西方火器技术的独占性优势，延缓了后金（清）军的攻势。然而，随着火器技术力量对比的改变，历史的天平发生倾斜，火器技术成为明清战争这一历史事件的影响因素之一。

一　后金对西方火器技术的获取

天启六年（1626）努尔哈赤进攻宁远，天启七年（1627）皇太极进攻锦州、宁远，明朝用西式火器重创后金军队，使其势头得到遏制。《明季北略》记载："城内架西洋大炮十一门，从城上击，周而不停，每炮所中，糜烂可数里。敌号哭异尸而去。自辰至晡，杀三千人，敌少却。廿五日，佟养性督阵攻西门，势更悍，先登，益众。敌俱冒死力支，城中御之如前，击杀更倍于昨。未晡，敌退。"① 皇太极等后金首领开始反思其一直崇尚的弓马骑射（擅长野战）在明军火器（擅长守城）面前的缺陷，力图获得这种新式武器技术。

西方先进火器自身的缺陷曾影响其在中国的推广和普及。许多学者认为：早期西方火器技术尚不成熟，造成炸炮事件屡屡发生；它长于攻城，拙于野战，装填发射的速率不高，且炮体笨重，无法迅速转移阵地，故在野战时，明军每役所能动用的火器数尚不足以构成有效的火力网，多在开战之先定点轰击，当敌我情势发生逆转时，则往往无法机动反应。因此，在辽东对战中，无法有效压制八旗军的冲杀，这在很大程度上影响了明军仿制、应用西方先进火器技术的热情。

---

① 计六奇：《明季北略》，中华书局 1984 标点本，第 42 页。

李之藻曾言："致铳尚易，募人实难。"① 指出招募掌握西洋先进军事技术的铳师的重要性。然而他却因天启元年拟购募西炮葡兵一事遭受弹劾，据何大化《远方亚洲》记载："至于宫廷所要求的士兵，人民渴望见到欧洲的花里胡哨，但妒忌的人数更多。尽管这是李之藻正确、明智的意见，却有人妒忌来兵将带来快乐与信任感。广东人上疏指控说，他是要引虎入华驱狼。他们将鞑靼人比作狼，葡萄牙人喻为虎。"② 最后致使这次购募行动中途搁浅。由此可见，许多明朝士大夫不能做到"不以远近而论夷狄，而以利国论得失"，"华夷之辨"亦是影响西洋先进火器与战术在华推行和普及的因素之一。"用器不用人"的"华夷之辨"的实质是明廷与澳门葡人间的利益博弈。我们可以从陆若汉与姜云龙等前往澳门"购炮募兵"受助一事中窥豹一斑。崇祯三年（1630），明廷为了解决西洋火器严重不足的问题，遂派遣陆若汉与姜云龙等前往澳门"购炮募兵"，然而，当他们携炮队回京时，却受到了礼科给事中卢兆龙的反对，以致四百余人的葡兵炮队中途遭返。卢兆龙自崇祯三年（1630）五月至崇祯三年（1631）十二月，共上三疏，请求遣返招募到的数百葡兵。卢兆龙所反对的并非西洋火器，而是葡萄牙人以及似若"白莲教"的天主教。崇祯帝应允，南昌的葡兵被迫返回澳门，致使明廷最后一次购募西炮西兵的活动以失败告终。

而与此同一时期，天聪五年（1631）正月，后金利用投降的汉人官员和工匠仿制出了后金第一门红衣大炮，《清实录》记载：

> 造红衣大将军炮成，镌曰：天佑助威大将军，天聪五年孟春吉旦造。督造官总兵官额驸佟养性，监造官游击丁启明，备御祝世荫，铸匠王天相、窦守位，铁匠刘计平。先是我国未备火器，造炮自此始。③

此炮铭文中所记载的汉人，均由归降或俘获而来，是推动后金火器

① 陈子龙等：《明经世文编》卷483，中华书局1962年影印本，第5325页。
② 汤开建：《委黎多〈报效始末疏〉笺正》，广东人民出版社2004年版，第119页。
③ 《清太宗实录》卷8，天聪五年正月壬午条，中华书局1985年影印本，第682页。

技术起步和发展的第一批人物，其在后来也不断受到清廷的嘉赏和重用。列名铸造首门红衣大炮"天佑助威大将军"的众工匠之首王天相，即是于己巳之役中从永平城俘获并被带至沈阳的。由于具有娴熟的"失蜡法"铸造技术，其被委以铸造之职。排名仅次于王天相的金世昌，有着与王天相类似的经历，也因掌握另一项铸造技术而由奴隶擢为千总。① 但是，此时后金军队掌握的火器技术还处于初级阶段，无论是火器制造还是操作水平，都较为低下，无法与明朝同日而语。比如，从万历四十六年（1618）至天启元年（1621）三年中明朝因辽战发往广宁之各种火器有大炮类 18154 门，佛郎机火器 4090 架，枪类 2080 杆，火药类 1773658 斤，大小铅弹 142368 斤，大小铁弹 1253200 个之多，由此可见明朝在辽东拥有的火器之多。② 对于与明朝之间的火器差距，天聪六年（1632）佟养性给皇太极的一封奏疏中有如下描述：

> 夫火器南朝仗之以固守，我国火器既备，是我夺其长技。目今新编汉军，马步仅三千余，兵力似少，火器不能多拿。况攻城火器，必须大号将军等炮，方可有用。然大号火器拿少，又无济于事……军中长技，攻打城池必须红夷大将军，紧要必用。目今火器，虽有大号将军，然尚少，宜亟谕令金、汉官员各管地方，有遗下各号大将军炮，尽数查出送来。仍再多方铸造，酌议收拾，方可有用。③

皇太极倚仗西洋大炮的威力，采取"围城打援""瓮中捉鳖"的战术，取得了多次大捷，其中尤以松（山）、锦（州）之战最为突出。为了夺取辽东重镇锦州，皇太极在战前就命工匠打造西洋大炮 60 门，同时还调集孔有德、耿仲明、尚可喜等拥有强力火炮的汉军协同作战，可谓是做足了准备。清军很好地利用了西洋大炮在攻城作战上的优势，对锦

---

① 张惶：《三大技术进步效应与明清军事技术对抗格局的逆转》，硕士学位论文，国防科技大学，2008 年，第 13 页。

② 马楚坚：《随西方传教士引进的大炮及对明金态势的改变》，《社会科学战线》1995 年第 6 期。

③ 潘喆等编：《清入关前史料选辑》第二辑，中国人民大学出版社 1989 年版，第 9 页。

州、松山、塔山、杏山等处明军城堡造成了很大的伤害，最终导致了明军在关外的全面溃败。松锦一战，清军共缴获各种火器3683门，火枪1515杆，其中西洋大炮就有40门之多。清军在松锦决战上的空前大捷使其在武器装备上占据优势。虽然明廷在对待西洋火器及战术引进问题上的态度总体上是积极的，但是，由于明廷与澳门葡人间的利益博弈，致使明人长期受到"用器不用人"的"华夷之辨"思想的束缚，导致中葡间的军事交流屡次中断，使明人无法尽习其术。与之相反的是，清朝政权通过战争间接学习到了西方先进军事技术，并利用汉人培养自己的火器部队，使其在西洋先进火器配备上逐渐超越明朝。

在皇太极逐渐认识到火器的重要性，构建火器研发、制造、使用等一套体系的过程中，归降的汉人起了非常重要的作用。后金总兵官马光远就曾在天聪七年（1633）三月上疏，对火器的管理和使用等提出了一系列建议：

> 火器虽有，要平日收拾得所，演放得法，方为实用。今将现在火器查勘，应随营者，即着落营官管理，应守城者，即着落守城官管理，责任分明，临期不致推诿误事……炮局、药局，虽有地方，而无房屋，凡遇暴日寒天，匠役无处遮盖。每局造厂房十数间，以蔽风雨，造作可得长便矣……将各炮手定名管领，闲时率领演放，有事率领攻打，使兵将相亲，演习惯熟，临时不致错乱。[1]

基于长期实战的经验，归顺后金的汉人对轻重火器的配备和战术使用都已经相当娴熟，而八旗炮手在天聪三四年间的对外战争又验证了其能力。所以编制一支新型的集中使用西式火器的兵种，对于皇太极来说既是必要的，又是切实可行的。[2] 天聪七年（1633），皇太极依靠懂得造炮和用炮的汉人，组建了第一支火器部队，称为乌真超哈（乌真超哈为满语音译意为"重兵"），显示其对于火器技术的重视。这也是在孔有德

---

① 潘喆等编：《清入关前史料选辑》第二辑，中国人民大学出版社1989年版，第53—54页。

② 王涛：《清火器营初考》，《军事历史研究》2007年第3期。

等人向后金投诚时，皇太极能够出郊十里迎接，优待礼遇的原因。在吴桥兵变后，清军获得了更多的西方火器和深谙火器操作之法的专业炮手，更给予明降将孔有德、耿仲明很高的军事职位，火器部队的建制和实力都获得了发展，极大地改变了后金与明之间的火器技术力量对比。孔有德等人带来的红夷大炮有些是直接购自西方，带来的炮手有很多直接受过在登州的葡萄牙人的训练，这无疑是后金第一次近距离接触西方火器技术的绝好机会。后金获得明朝精锐的火器部队，其后又用之反攻明朝。皇太极非常重视这些归降的火器部队，将其改为汉军，孔有德部为天佑兵，尚可喜部为天助兵，从其番号亦可以看出后金统治者对于这支火器部队的重视。

投降后的孔有德、耿仲明、尚可喜等，带领经过葡人系统训练的炮兵和西洋火器，很快攻取了旅顺、皮岛等地，再加之广鹿岛尚可喜的投降，使后金获得了更多的先进火器，这些火器都曾是明朝为了抗击后金所布置的当时最为先进的火器。崇德七年（1642），汉军分为八旗，共有兵二万四千五百人，八旗汉军最终形成，汉军火器营在其中占有重要地位。松锦之战（1643）后，明军关外诸城尽失，火器落入敌手，关外清军在火器的质量和数量上均已超越明军。

为了入关和进一步攻取中原，崇德七年（1642）到崇德八年（1643），皇太极派员赴锦州督造火器，并于当年十二月造成首批铜质神威大将军炮。其形制如下：

> 将军炮，皆铸铜。崇德八年造者曰神威大将军炮，前弇后丰，底少敛。长八尺五寸，不镂花纹，隆起四道。面镌"神威大将军"。右镌"大清崇德八年十二月造，重三千八百斤"。①

皇太极非常重视重型火器在明清军事技术对抗中的重要意义，他不仅继续坚持铸炮，还非常重视火器部队的日常训练，多次亲临检阅佟养

---

① 王兆春：《中国古代军事工程技术史》（宋元明清卷），山西教育出版社2007年版，第487页。

性所率汉兵进行的火器射击训练。到崇德八年（1644），清军已拥有重型火器一百多门和一支训练有素的专业炮兵部队。① 对后金火器技术发展贡献卓越的明降将、降兵、降匠整理如表8.1：

表8.1 　　　　　　　后金火器技术发展重要人物一览②

姓名	归降年代	主要贡献
佟养性	1616 年	总理汉人官民事务，监造红夷炮
王天相	1630 年	参与首铸红夷炮，协助铸造神威大将军炮
祝世胤	1621 年	铸制炮弹
石廷柱	1622 年	监造红夷炮，其后接替佟养性的位置
金世祥	1630 年	参与首铸红夷炮
丁启明	1630 年	监造天祐助威大将军炮，即首门红夷炮
马光远	1630 年	提议建设专业的火器营
孔有德	1633 年	带来最先进的红夷大炮和操作之法
耿仲明	1633 年	带来最先进的红夷大炮和操作之法

自后金仿制西方火器以后，连同俘获的明军火器，后金拥有的火器数量不断增长，再加上大量懂火器操作技术的汉人军兵的俘获或归降，明朝军队独有的火器优势不再。传教士汤若望在《火攻挈要》中描述了这种窘境：

> 今之大敌莫患于彼之人壮马泼，箭利弓强，既已胜我多矣，且近来火器又足与我相当。此时此际，自非更得迅利猛烈万全精技，每事务求胜彼一筹。或如何以大胜小，以长胜短，以多胜寡，以精胜粗，以善用胜不善用，则胜斯可必矣。如目前火器所贵西洋大铳，则敌不但有，而今且广有矣。我虽先得是铳，奈素未多备，且如许

① 张惶：《三大技术进步效应与明清军事技术对抗格局的逆转》，硕士学位论文，国防科技大学，2008 年，第 19 页。

② 此表主要根据黄一农《红夷大炮与皇太极创立的八旗汉军》（《历史研究》2004 年第 4 期）、牟润孙《明末西洋大炮由明入后金考略》（《注史斋丛稿》1987 年版，第 434—440 页）整理。

要地，竟无备焉。①

与徐光启等朝中重臣的看法一样，汤若望也认为在后金与明朝火器技术差距逐渐缩小的时候，只能通过制造出更大、更长、更精的火器，并提升明军的火器操作水平和能力，才可压倒后金逐渐上升的优势。只可惜，此书中的构想还未来得及展开与践行，明朝便已趋于灭亡。

二　明清战争

徐光启强调火器的利用，称"今时务独有火器为第一义"，他充分认识到新武器带来的巨大威力。尽管在明朝与后金对决的初期，明朝在火器技术方面占据绝对的优势，徐光启还是非常担心："以我之长，击彼之短，数万横行，何足疑也！然而我常畏敌者，何也？假令事理变异，彼挟此长，我尚其短，其为可畏，更何如也？故曰，在今之日，有不容不习之势者此也。"② 在对后金的战争中，徐光启这种忧患意识得到了印证，后金逐渐掌握了火器，在战场上取得了主动。通过宁远之战和宁锦之战，明军虽然暂时取得了固守宁锦防线的胜利，并在一定程度上实现了与后金的战略对峙。但是，随着后金仿造出红衣大炮，这种战略僵持局面开始被打破。

崇祯四年（1631）的大凌河之战是后金仿制火器以后第一次使用火器进攻明军的战争，明朝与后金之间的力量对比开始改变。皇太极侦知明军营建大凌河城，并绕墙安设西洋大炮，恐其功成，则其西洋大炮威力无法抵挡，乃抢机先攻。在围困大凌河城的过程中，后金军队先用火器对明军占据的墩台进行了攻击，尤其是起关键作用的子章台，垣墙坚固，很难攻取。皇太极遣官八员，率兵五百人和全部旧汉军，载红衣炮六门、将军炮五十四门，连续炮击了三天，才轰坏其台垛，中炮死者五十七人。③ 这是后金第一次依靠炮攻取得的胜利。于章台被攻下之后很

① 焦勖：《火攻挈要》卷上，载任继愈主编《中国科学技术典籍通汇·技术卷》五，河南教育出版社 1994 年影印本，第 1283 页。
② 王重民辑校：《徐光启集》（上册），中华书局 1963 年标点本，第 54 页。
③ 孙文良、李治亭：《明清战争史略》，江苏教育出版社 2005 年版，第 235 页。

快附近百余台都闻声投降，起到了很大的威慑作用，使后金获得了大批粮食和物资。在大凌河之战中，皇太极命佟养性指挥炮兵不断炮击明军营寨，并在锦州通往大凌河的路上架设火器，袭击来增援的明军，保证了此次战争后金的成功。经过三个月的围困，大凌河城破，城墙被后金军队拆毁，原来期望能够成为宁锦防线一环的大凌河城毁于一旦，后金在此战中消灭明军四万增援的精锐部队，并获得大量火器，严重削弱了明军的有生力量。这使皇太极更加肯定红衣大炮的优势，并坚定了发展红衣大炮和建造火器营的决心，可从祝世昌的奏疏中管窥一二：

> 自古攻守全赖火器，如鸟枪、三眼枪、百子铳、佛郎机、二将军、三将军、发烦炮之类，用之攻上防守极好。若攻打城池，必须红衣大炮，今算我国红衣炮新旧并船上旅顺所得者三十多位，留四位沈阳城守，其余尽皆随营……然人多不知红衣炮好处，乃万人之敌，虽是沉重，加之脚力、人力，行走亦易。况南朝岂不知我有红衣大炮，防守自然比常不同，此举必多用红衣为妙。①

自大凌河之战以来，后金加快了火器部队建设的步伐，倚重强有力的火器优势相继征服了朝鲜、漠南蒙古，粉碎了明朝的辽东海上防线，于 1636 年改国号为清，呈现蒸蒸日上的态势。自此以后，清军历次大战，必携炮兵为助，如两度攻朝鲜、取皮岛、松锦决战、取塔山四城等，红衣大炮为清开创基业于中原奠定了基础。皇太极意图突破山海关，进而攻取北京，获得全国性的政权，但是横在他们面前的是明朝的宁锦防线，这便成为火器技术不断增长的清朝军队与明朝军队一较高低的重要战场。

宁锦防线由宁远、杏山、松山、锦州四城组成，其中唯松系旧城，不甚高厚，而界在锦、杏，关系最要。② 清军一旦攻克松山，就可断宁、锦咽喉，使锦州明军陷于孤立无援的境地。因此，松山成为清军的突破

---

① 潘喆等编：《清入关前史料选辑》第二辑，中国人民大学出版社 1989 年版，第 76 页。
② 刘建新：《论明清之际的松锦之战》，《清史研究集》第四辑，四川人民出版社 1986 年版，第 11 页。

口，松山之战也成为清军获取宁锦防线胜利的关键之战。1639—1642年，松锦大战，双方均使用了红衣大炮。松锦战前，清军由于火器量有限，质量低劣，攻城时，每每不下，因而攻坚战往往被视为畏途。松锦之战后，清军用红衣大炮再攻坚城，往往炸毁城墙二三十丈，这在以前是绝无先例的。①

崇德四年（1639）二月，清军使用火器轰城，明军以重炮坚守，挫败了清军的多次进攻。崇德五年（1640），皇太极改变策略，在义州屯兵，派出小股部队攻打松锦等地的明军墩台，以图围困松锦。崇德六年（1641），清军再次围困锦州，并以守城的蒙古将领为内应，攻取了锦州的外城，明廷大震。该年七月，明蓟辽总督洪承畴率山海关内外八镇总兵，步骑十三万在宁远誓师，进援锦州。② 由于清军实行掘壕久困之计，明军迟迟不能接近锦州，洪承畴选择在松山与清军进行决战。

明军在崇祯十三年（1640）发回的塘报《兵部为清兵围攻松山事题行稿》《兵部为密遣官兵至松杏事题行稿》《兵部为探得盖州套清兵情况事题行稿》《兵部为清兵攻打松杏事题行稿》《兵部为清兵屯扎锦昌堡事题行稿》中描述了清军在战争中使用火器的情况：

> 达子三万余骑，随带红夷二十五位，每位炮车用牛八九只不等。有达贼甚众，各营官兵回至城外列营，达贼仍用红夷炮三十位攻打南敌楼，二十位攻打本城南面……不一时贼果突冲，见我官兵摆列雄威，营势勇猛，不敢进前，直奔南楼台架红夷大炮六位，击打楼台，自巳至未，将台垛打坏……贼安下大炮七八十位、红夷三位，潜伏炮手在土墩内，见我船渐近，彼将大小炮尽发齐打六阵，卑职等坐船及各兵船几乎受伤……步贼车载红夷大炮，对杏西二空正邦台安大炮九位欲攻打，此台有本台台总安自荣带领台丁看定苗头，连打数炮，打死达贼三人。前贼同炮车即时遁回，至界牌台周围扎

---

① 刘鸿亮：《明清王朝红夷大炮的盛衰史及其问题研究》，《哈尔滨工业大学学报》（社会科学版）2005 年第 1 期。

② 刘建新：《论明清之际的松锦之战》，《清史研究集》第四辑，四川人民出版社 1986 年版，第 21 页。

营站立，用红夷攻打。至未时，界牌台被贼攻打，自午至申，打过二百余炮，将台打毁攻去。[1]

清军在松锦之战时已能够动用大量的红衣大炮进攻明军，双方火器力量的对比消长由此可见。松山决战以洪承畴的失败告终，明军五万余人战死，实力折损殆尽。崇德七年（1642），清军攻破松山；三月，锦州守将祖大寿归降清朝；塔山、杏山也相继陷落。在这些战争中，宁锦一带的火器尽为清军所有，他们共掳获红夷大炮9门、小红夷炮3门，[2] 其炮兵实力更加强大。松锦战役最后阶段的杏山之战，清军用数十门红衣大炮轰击杏山城，击毁城垣约二十五丈，明军慑于清军火器威力，在清步兵抢登城墙之前开城投降。松锦之战后，明朝失去了关外战争的主动权，四座重镇的丧失，使清朝打破了数年徘徊于辽西的僵局，为进一步攻取山海关，直取北京奠定了基础。这是自萨尔浒之战以来明清之间决定生死的一战，明朝自此元气大伤，走向颓势。

松锦之战后，明朝在关外仅宁远存有大炮十门，明军在关外的火器持有量只有清朝的十分之一，强弱悬殊。明朝辽东巡抚黎玉田面对这种劣势，感叹道："奴之势力往昔不当我中国一大县，每临阵犹势相力敌也。迄于今而铸炮造药十倍之我之神器也。酋以大炮百位排设而击，即铁壁铜墙亦恐难保。"[3] 从宁远大捷到松锦之战，短短十多年的时间，明清之间的力量对比便发生了如此改变，火器技术优势发生了根本性的转移。

自明末西方火器技术传入中国以来，明朝的腐败使其没有能够把握历史机遇。火器技术从明朝向后金（清）的转移是明朝灭亡的重要因素之一，自恃长技而葬送江山，实为可惜。难怪顺治帝对此有所感慨，当其阅徐光启有关发展大炮事业以挽危之作时，叹曰："使明朝能尽用其

---

① 方裕谨：《崇祯十三年辽东战守明档选续二》，《历史档案》1986 年第 4 期。
② 黄一农：《红夷大炮与皇太极创立的八旗汉军》，《历史研究》2004 年第 4 期。
③ 张小青：《明清之际西洋火器的输入及其影响》，《清史研究集》第四辑，四川人民出版社 1986 年版，第 88 页。

言，则朕何以至此耶!"① 一针见血地指出了明末西方传华火器技术在明清鼎革战争中的作用。

第二节 南明政权的负隅顽抗

在 1644 年清军入关，明朝覆灭后。明朝皇族及部分大臣南下，组建南明政权，负隅顽抗。弘光、隆武政权很快覆灭，支撑局势的主要是持续时间较长的永历政权。1646 年 11 月，桂王朱由榔在广东肇庆被拥戴称帝，建立永历政权。

在耶稣会士的帮助下，南明政权努力与葡萄牙取得联系，并力图获得葡属澳门方面的军事援助，以抗御清军南下统一全国的行动。

一 最后的努力

早在 1643 年 9 月，南京兵部尚书史可法为了防御李自成军队的进攻，准备操练火器，遂派在南京传教的传教士毕方济赴澳门，请求派遣具有熟练技术的葡萄牙铳师。② 澳门当局很快同意了毕方济转达的南明政权的请求，派遣三名炮手伴随毕方济到达广州，准备北上，并携带有一门铁炮。但是还未等其到达，便已得到崇祯帝自缢于煤山，明朝灭亡的消息。

甲申之变后，福王之子朱由崧于 1644 年五月在南京登基，建立了南明第一个政权，仍用崇祯纪年，次年改为弘光元年。毕方济选择继续效忠于承继明朝大统的南明政权，于 1645 年 1 月抵达南京，向弘光帝上疏：

> 臣西极鄙儒，以格物穷理为学，以事天爱人为行，洁己修身。自神宗朝偕先后辈利玛窦等，浮海八万里，阅三年所始观光上国，

---

① 徐宗泽：《明清间耶稣会士译著提要》，中华书局 2010 年版，第 5 页。
② 吴志良等主编：《澳门编年史》第 1 册，广东人民出版社 2009 年版，第 506 页。

荷蒙恩泽屡加……即在先帝时，同辈占星修历，制器讲武，效有微劳……今幸皇上龙飞，仁明英武，立就中兴大业，访道亲贤，问明疾苦，振武揆文，遐迩毕照，远臣不胜欣戴，向天虔祝，圣寿无疆。敬制星屏一架，舆屏一架，恭献御前，或可为圣明仰观俯察之一资。附贡西琴一张，风簧一座，自鸣钟一架，千里镜一筒，玻璃盏四具，西香六炷，火镜一圆，沙漏一具，白鹦鹉一只，助于礼备乐明者，伏乞皇上俯赐敕收。

臣尤蒿目时艰，思有所以恢复封疆、裨益国家者，一曰明历法以昭大统，一曰辨矿脉以裕军需，一曰通西商以官海利，一曰购西铳以资战守。盖造化之利，发现于矿，第不知脉络所在，则妄凿一日，即需一日之费，西国格物穷理之书，凡天文、地理、农政、水法、火攻等器，无不备载。其论五金矿脉，征兆多端。似宜往澳取精识矿路之儒，翻译中文，循脉细察，庶能左右逢源也……西铳之所以可用者，以其铜铁皆百炼，纯粹无滓，特为精工。……更乞敕部取习铳数人，以传炼药点放之术，实摧锋破敌之奇也……臣感恩图报，无有穷已，伏乞圣明敕赐施行。臣奉命驰澳，矿书必译详明，铳师必访精妙，星速入都，不敢少缓。其明历识矿西士，善铳西将，乞敕量给应付廪粮，起送入京，不致稽缓。①

关于此疏的年代，学者汤开建根据最新的史料将其考证为崇祯十七年（1644）十二月，较有说服力。毕方济在此疏中追溯了其自万历年间入华以来所受到的恩泽与礼遇，以及在修历和制器方面为明廷做出的贡献。他表露出对南明政权的忠心，并献上各种西方奇器。这份奏疏中最重要的部分在于毕方济根据南明当前的困难局面，指出了重振国体的四点建议，即修历法、采矿脉、开海禁、购西铳。作为传教士中支持南明政权的代表，毕方济进行了积极的努力，在联系南明与澳门之间起到了重要作用。

---

①　转引自汤开建、王婧《关于明末意大利耶稣会士毕方济奏折的几个问题》，《中国史研究》2008 年第 1 期。

在各个短暂的南明小朝廷里，处处可以看到明朝士人为挽救南明政权所做的努力。崇祯十六年（1643），史可法上《为特举逸才以资练备疏》，针对南方缺乏造炮、用炮人才的情况，举荐徐光启的外甥陈于阶为钦天监博士，教练诸营火器。陈于阶幼从光启学天算，又受神学于毕方济，问铳法于汤若望，于火器制造尤精。[①] 崇祯十七年（1644），陈于阶因史可法之荐，在福王政权升授兵部司务，负责督练火器，后在清军攻破南京时殉国。

弘光帝和后来的隆武帝都曾派毕方济为钦差大臣，赴澳门购募西铳西兵，但政权存续时间较短，未等到回复已覆灭。1646 年在广东肇庆登基的永历皇帝，在隆武朝重臣庞天寿的建议下，继续倚重毕方济，以求获得转机。毕方济终于说服了澳门当局，派费雷拉率领 300 多名葡萄牙士兵从澳门出发，进入内地，援助南明军抵抗清军[②]。在此期间，清军攻陷广州和肇庆，永历帝只得南下桂林，依靠瞿式耜、庞天寿、焦琏等进行防守。1647 年 2 月，毕方济和澳门葡兵抵达桂林后，便"大造西洋铳"[③]，以增强桂林城防守的火器配置。在桂林保卫战中，瞿式耜和焦琏与援明的 300 名葡兵一起把守，使用西洋火器杀死清军数千人，清兵溃败，桂林转危为安，这是南明政权与清朝对抗中少有的一次胜利，澳门运来的火器起了重要的作用。《明季南略》对这次桂林保卫战的记录如下：

> 五月二十五日，大清兵侦兵变，积雨城坏，环攻桂城，吏士皆无人色。琏负创，奋臂呼，督师抚按，分门婴守，用西洋铳击中马骑。寻出城战，奋勇击杀，自辰抵午，不及餐。式耜括署米蒸饭，分哺之，士卒俱乐用命。明日，复出战，大清兵旋去。[④]

桂林保卫战之后，南明获得了短暂的休整喘息机会。降清明将李成

---

①　陈垣：《陈垣学术论文集》第 1 集，中华书局 1980 年版，第 249 页。

②　吴志良等主编：《澳门编年史》第 2 册，广东人民出版社 2009 年版，第 531 页。

③　钱海岳：《南明史》，中华书局 2006 年版，第 3548 页。

④　计六奇：《明季南略》，中华书局 1984 年标点本，第 349 页。

栋、金声桓等纷纷归顺永历政权，由此引起了华南各省的反正潮流。在永历朝，可以看到诸多具有西学背景或对西学持友好态度的晚明七人的效力，如庞天寿、瞿式耜、焦琏等。而耶稣会士也趁此机会，在南明朝廷推进天主教的传播，瞿安德神父在这方面功不可没。瞿安德于 1646 年抵达澳门，随后伴随军援进入南明朝廷，并受到重用。数月后，瞿安德应永历帝之命赴澳门求援，得葡兵一队，火器二门。[①] 然而，好景不长，永历四年（1650）末，清兵又围广州、肇庆等地，永历帝逃往贵州。为了保证永历皇帝的安全，瞿氏劝永历帝乘小船先走，而自己则乘坐大船，因行速迟缓，至黔桂交界处遂被清兵发现，不幸遇难。

1649 年，毕方济去世后，卜弥格抵达肇庆协助瞿安德神父为南明朝廷服务。瞿安德在 1650 年年末去世，卜弥格便成为南明朝廷倚重的最重要传教士。卜弥格早在 1644 年就抵达澳门学习汉语，并曾于 1647 年进入海南传教。

1650 年 11 月，卜弥格作为永历朝廷的使臣出使欧洲，期望获得罗马教廷及其他欧洲天主教国家对永历政权的支持。外国文献中记载了永历帝的这种希望：

> 永历皇帝决定派一个使团去欧洲，希望得到罗马和其他欧洲国家的首府对他的天主教朝廷的支持，后经澳门葡萄牙当局同意，卜弥格被任命为南明朝廷的使臣。永历遣使去欧洲，实际上有两个目的：一是向教会国家的首都表示明王朝忠于基督的教义，二是对永历更重要的一点争取欧洲对他的抗清斗争的支援。不仅要争取到道义上的支援，而且希望获得大炮。[②]

但是，这次的赴澳门求援无果而终。伴随着南明政权的式微，澳门当局倾向于接受正在完成全国统一进程的势头正猛的清朝政权，而不愿

---

① 转引自陈鑫磊《鼎革之变中朱明政权与耶稣会士的军事政治合作》，硕士学位论文，宁波大学，2011 年，第 32 页。

② ［波兰］爱德华·卡伊丹斯基：《中国的使臣卜弥格》，张振辉译，大象出版社 2001 年版，第 103 页。

意冒险得罪这个可能将来主导中国局势的政权而影响其在澳门的既得利益，尤其是荷兰在尝试与清廷建立关系时，这种危机感和紧迫感更加严重。1650 年，清朝政府向北京的耶稣会传教士保证，他们仍可享有在明朝统治时期获得的特权和传教自由。因此，与毕方济当时到达澳门受到热烈欢迎相反，澳门当局对卜弥格处处为难，生怕清政府将南明政权与澳门挂钩，进而让清朝政权对澳门产生敌意。卜弥格于 1656 年从欧洲启程返回中国复命，但是受到葡澳当局的重重刁难，不让其经由澳门登陆。卜弥格只得绕道暹罗、安南等国，折转返回中国复命。直到 1659 年才抵达中国，此时，永历帝已兵败躲入缅甸，南明大势已去，因为过度劳累，此年 8 月卜弥格死于中国边界，令人唏嘘。近代学者冯承钧盛赞其义行，他在《景教碑考》中云：计其东西往来之年，与玄奘游年等，其不幸又与无行同，而其犯冒险队、仗义奉使，不特为明之忠臣，兼为教会之殉教者矣。①

二 最后一战

清朝派出孔有德、耿仲明、尚可喜等异姓王进攻西南，这些善用火器的高级将领原来都是孙元化的属下，明朝通过购募西炮西兵发展起来的火器部队和技术，最终却为自己的对手清朝军队所用，并在攻灭南明，铲除明朝的最后影响方面起了重要作用，不得不说是历史的讽刺。

在桂林保卫战之后，李成栋在广东宣布归降南明，由此造成华南诸地方大员倒向南明的趋势，使得清朝军队决定长驱直入，消灭永历政权。顺治五年（1648），清军经过赣州之战和南昌之战，占据了江西的大部分地方。进而，通过湘潭之战，使湖南重新回到清朝的手中。经过这些战争，南明骁将李成栋、何腾蛟、金声桓等均战死，永历政权可以倚重的力量受到严重削减。

顺治六年（1649），清朝改封孔有德为定南王，耿仲明为靖南王，尚可喜为平南王，进攻南明政权所在的广西和广东。1650 年，清军攻陷广州，桂林也在几天后失守，抗清名将瞿式耜被俘，后因坚贞不屈而被

---

① 陈文源：《南明永历政权与澳门》，《暨南学报》（哲学社会科学版）2000 年第 6 期。

杀。广州和桂林的失守，意味着南明在华南的统治被肃清，永历政权转向西南地区，依靠李定国抗清。顺治九年（1652），清朝特命吴三桂取四川，孔有德取贵州。[①] 清朝的进攻遭遇了李定国等人的顽强抵抗，他们甚至夺回了广西、广东的部分城池，但是南明政权的存继终究抵挡不住历史大潮的冲击。顺治十年（1653），永历帝移驻云南，但是相继遭受孙可望的叛乱，和清朝派吴三桂等人的穷追猛打，疲惫不堪。顺治十六年（1659），清军占领云南，永历帝逃入缅甸。顺治十八年（1661），永历帝被吴三桂俘获，并于次年杀害——这一年也是康熙元年，康熙帝开启了清朝发展的新时代，南明政权终告覆灭，浩浩荡荡的明末西方火器技术传华历程也行将结束。

三　结语

明清之际西方火器技术的传播，是西学东渐的重要组成部分，但是它的影响和意义又不限于此，对中国历史影响深远。萨尔浒之战以后，明朝依托以徐光启和李之藻为核心的火器技术传播关系网将火器技术水平提高。但是，伴随着明清战争的进行，武器优势逐渐转移到后金（清）这一边。其中，有投降后金（清）汉人将领和工匠的作用，也有明朝在引进西炮西兵方面犹豫的原因，更有技术领域后发优势的影响。后金（清）从最开始仿造拙劣粗糙的红夷（衣）大炮，到获得更多的精通火器技术的军事将领和技术人员（如吴桥兵变后孔有德的归降），以及俘获越来越多的红夷（衣）大炮，最终在武器数量上和操作人员质量上均超过明军。明清之际西方火器技术的传播，是伴随着明清战争进行的。

---

① 孙文良、李治亭：《明清战争史略》，江苏教育出版社 2005 年版，第 486 页。

第九章　火器技术与明清科技及社会转型

西学东渐是明清之际的大事件，也是促进中国社会和科技转型的重要诱因，中国由此走向近代化。其中，天文和火器又是最重要的两个方面，这既是中国讲求经世致用的传统所致，也是中国在遭遇三千年未有之大变局的历史关口的现实选择。梁启超在《中国近三百年学术史》中指出："所谓西学者，除测算天文，测绘地图外，最重要者便是制造大炮……推求西之所以强，最佩服的是他的'船坚炮利'……上海的江南机器制造局，福建的马尾船政局，就因这种目的设立。"① 可见火器技术在西学传播中的重要地位，以及在推动中国社会和科技转型方面的重要作用。在火器技术的冲击下，明清士人感受到的"船坚炮利"以及由此引起的连锁反应，深深地改变了中国的历史走向，西学东渐的潮流蔚然成风。学西法、制兵器、兴实业、办教育，西方科技成果开始植入中国传统的社会体系之中，促成了明清科技与社会转型这一历史大潮流。

第一节　西方火器技术的冲击及其回应

一　中西火器技术大分流

火药、火器技术最早均发源于中国，经阿拉伯人传播到欧洲，改变

---

① 梁启超：《中国近三百年学术史》，东方出版社 2004 年版，第 28 页。

了西方世界的历史走向，进而在全球范围内造成了持续冲击。伴随着科学革命的发生，西方火器技术后来居上，在这一大动荡、大改组、大分流的历史进程中占据优势地位，造成了西方胜过东方的历史定局。西方火器技术之所以能够后来居上，超过中国，在于近代科学的兴起为火器的制造和使用提供了科学依据，如被视为近代科学先驱的达·芬奇就曾担任军事工程师。① 火药和管形火器都是中国发明的，但中国一直处于前科学时期，没有形成科学理论和实验体系，使中国火器的发展受到了根本性的制约。②

军事技术与西方科学的紧密联系，推进了二者的发展与研究。塔尔塔利亚在《新科学》中涉及了射击的理论与实践，伽利略在《关于两种世界体系的对话》中提出弹道的轨迹为抛物线。③ 西方火器技术的发展与科学相辅相成。从 17 世纪开始，无论是火器的制作，还是对于火器相关科学原理的掌握，西方的进步要远远大于中国，主要有如下几点：第一，安装了准星和照门，使得火器射击的精确度更高；第二，以铳炮口径为基数按照一定倍数设计火器的各个部分，使火器制造遵循数理标准；④ 第三，对火器弹道学的认识，使火器的操作具有科学性。18 世纪工业革命后，欧洲迈向工业化时代，建立起近代工业体系，西方火器技术在近代科学体系和工业体系的推动下取得突飞猛进的发展，处于前工业时代的清朝火器技术在这些方面停滞不前。

18 世纪初，欧洲和中国军队的战斗力还不相上下，但是到了 19 世纪，大分流就开始了。⑤ 人数不占优势且远途作战的英国军队的战斗力已远远超过中国军队，其中既有工业化的影响，也有科学的影响。林则徐、魏源、徐继畬、龚自珍等晚清开眼看世界的第一批人均在其论著中表达了对西方"长技"——火器、战舰的认识和观感，深刻认识到中国

---

① 钟少异：《古兵雕虫——钟少异自选集》，中西书局 2015 年版，第 55 页。
② 茅海建：《天朝的崩溃：鸦片战争再研究》，生活·读书·新知三联书店 2005 年版，第 34 页。
③ ［美］默顿：《科学社会学》上册，鲁旭东等译，商务印书馆 2016 年版，第 280 页。
④ 王兆春：《世界火器史》，军事科学出版社 2007 年版，第 262 页。
⑤ ［美］欧阳泰：《从丹药到枪炮：世界史上的中国军事格局》，张孝铎译，中信出版社 2019 年版，第 187 页。

军事技术与西方的巨大差距。

二　"船坚炮利"的印象

地理大发现之后的西方，在全球扩展影响的过程中，"船坚炮利"，拥有压倒性优势，这也是西方和中国相遇之后，后者的第一印象。这一印象，并不是从晚清才开始的，而是出现在明朝中期与葡萄牙海上帝国的交战中，明朝中后期的徐光启等人已"开眼看世界"，这已引起很多学者的关注。① 而鸦片战争的强烈冲击，则是"船坚炮利"印象的深化，引起了更加强烈地学习西方的热潮。

16 世纪初，葡萄牙海上帝国进入亚洲后，侵占了满剌加，进而在中国的东南沿海与明朝军队发生剧烈冲突。当时葡萄牙舰船上携带的佛郎机铳的轰鸣，给明朝士人留下了深刻的印象。顾应祥在《静虚斋惜阴录》中记载：正德间，予为广东按察司佥事。蓦有番舶三只至省城下，放铳三个，城中尽惊……其船内两旁各置大铳四五个，在舱内暗放，敌船不敢近，故得横行海上。② 带领明朝军队直接和葡萄牙作战的汪鋐则在《奏陈愚见以弥边患事》中说道："臣窃唯佛郎机凶狠无状，唯恃此铳，铳之猛烈自古兵器未有出其右者。"③ 随后，葡萄牙带来的"长技"佛郎机铳在明朝经过了一系列的仿制，转而成了明朝军队守土御敌的得力武器，"师夷长技"的历史进程在明朝中后期即已开启。

这种冲击伴随着 17 世纪荷兰和西班牙的东来更加猛烈，给明朝士人造成的心理印记也更为深刻。李光缙在《却西番记》中记载："左右两樯列铳，铳大十数围，皆铜铸，中具铁弹丸，重数十斤，船遇之立粉。它器械精利，非诸夷比。"④ 在各种战报和奏议中我们可以看到，中国传

---

① 如庞乃明《"船坚炮利"：一个明代已有的欧洲印象》（《史学月刊》2016 年第 2 期）、谢盛《开放的先声：明代"中国长技"概念的形成及其"师夷"特征》（《学术研究》2019 年第 3 期）、初晓波《从华夷到万国的先声——徐光启对外观念研究》（北京大学出版社，2008 年版）等。

② 顾应祥：《静虚斋惜阴录》卷 12，《续修四库全书》，上海古籍出版社 2002 年版，第 511 页。

③ 黄训：《名臣经济录》卷 43，明嘉靖三十年刻本。

④ 沈有容：《闽海赠言》，商务印书馆 2017 年标点本，第 25 页。

统的"夷夏之防"观念在发生变化，中国开始正确审视西洋这一概念。

三　明清的回应

"西学东渐"是明清时期的重要历史特征，"师夷长技"则是明清时期对于西方火器技术冲击的必然回应，其中体现的开放与包容、技术转移与创新等内容，是非常积极的。无论是明朝中后期传教士来华后的主动性学习，还是晚清鸦片战争失败后的被动性学习，均是"西学东渐"的重要组成部分，通过火器的仿制、技术文献的翻译、军工企业的建立，以图达到"师夷长技以制夷"的目标。

在葡萄牙、荷兰等海上帝国的冲击和与此相伴而来的耶稣会士入华影响之下，明朝中后期曾兴起了一股积极地向西方国家学习的热潮，佛郎机铳和红夷大炮的传入和改造，均是这一潮流的重要结晶。这一过程，从最初与葡萄牙接触的汪鋐起，经戚继光、赵士桢等人，到以徐光启、李之藻、王徵、韩霖、孙元化等人均有参与。明清鼎革之际，中国的火器技术发展到了高峰，而且随着火器制造和操作技术的进步，与西方的差距日益缩小。清朝初期曾有过短暂发展，但随后陷入停滞。1840年鸦片战争中清军使用的火器依然停留在明末清初的技术水平上，早已无法和经历了工业革命后突飞猛进的英国舰船、火器相比。

晚清士大夫开始突破"夷夏之防"的藩篱，认为中国要想强大必须学习西方科学革命和工业革命所带来的丰硕成果。如李鸿章认为，"中国文武制度，事事远出于西人之上，独火器万不能及"①。武器装备不如人，成为主流人士之间的共识。1821—1861年，至少有66人赞成中国必须采办西方的军舰和枪炮，其中包括道光帝、政府高级官员和著名学者②。而此后掀起的洋务运动也正是受此观念刺激，形成一种大力提倡和学习西方火器、造船等军事技术并进而扩展到其他科学和技术领域的历史潮流。

在费正清的"冲击—回应"理论中，这种来自西方的压力成为传统

---

① 李鸿章：《李鸿章全集》第29册，安徽教育出版社2008年标点本，第313页。
② ［美］费正清、刘广京：《剑桥中国晚清史》（下卷），中国社会科学院历史研究所编译室译，中国社会科学出版社1985年版，第147页。

中国发生改变的重要动因。鸦片战争后的这种回应，是中国走向近代化的重要标志，其后的洋务运动便是从学习西方的"船坚炮利"起步的，围绕军事技术现代化展开，进而逐步扩展到对西方科学、技术、工程的全面学习。

第二节 明清火器技术的转型

一 西方科技对中国火器技术的重塑

技术至少有三种形态，一是"人化"形态，以人为载体；二是"物化"形态，以物为载体；三是"知识"形态，即技术的文本化。① 其中，知识形态的技术最为重要，是技术科学化和理论化的重要形式。明清两代是我国兵书创作高产的时期，伴随着进入热兵器时代，以火器技术为主要内容的兵书占据主流地位，由此谈论战守之法者众多。

明代前中期兵书中对于火器的制作之法，虽有记载，但更多的是一种经验性的积累，如材料的选择、冶炼之法等，代表着一种工匠型的技术进路。这与西方以数理测算和量化标准为重的传统大不一样。伴随着传教士来华和欧洲科学东渐，在利玛窦、徐光启等人的合作下，以倍径技术等数理知识为基础的西方火器技术汇入中国既有兵学体系之中，形成了一系列新式火器技术著作，这是明清火器技术理论化的标志性进展。

随着西方火器技术理论知识的流布，明末军事技术家吸收了很多前沿成果。利玛窦带来的西方数理知识深深震撼了徐光启、李之藻、孙元化等明末士大夫，使他们认为要想发展中国火器，必须精通度数之学。在他们的努力下，中国火器技术的内容开始向"明理识算"的趋势发展，这些理论知识以文本形式形成于明朝末期，见表9.1。《西法神机》和《火攻挈要》以火攻之法、铸造之法、弹道之法等为内容，记载了西式火器技术制造和使用的精髓所在。《守圉全书》则以配合火器作战的

----

① 余同元：《传统工匠现代转型研究——以江南早期工业化中工匠技术转型与角色转换为中心》，天津古籍出版社2012年版，第79页。

铳台技术为重点，论述了西式铳台技术的技术要素，并保存了珍贵的中西火器技术交流史料。

表9.1 明清代表性火器技术著述一览

书名	作者	完成年代
神器谱	赵士桢	万历二十六年（1598）
兵录	何汝宾	崇祯五年（1632）
西法神机	孙元化	崇祯五年（1632）
守圉全书	韩霖	崇祯十年（1637）
火攻挈要	汤若望、焦勖	崇祯十六年（1643）
西洋自来火铳制法	丁守存	道光二十年（1840）
铸炮铁模图说	龚振麟	道光二十一年（1841）
演炮图说	丁拱辰	道光二十二年（1842）

火器技术的发展在经过明末清初的高潮，以及清中期的一段沉寂期后，在清晚期内忧外患的形势下，再次成为士人关注的焦点，而鸦片战争的惨败也使朝野之间更将火器技术作为一种迫切需要掌握的"御敌长技"来研究。与明末不同的是，西方数理科学在这一时期得到了范围更广、程度更深的推广和传播，"明理识算""精通度数之学"再次被确认为西方火器技术的优势所在。李鸿章就说道："彼西人所擅长者，推算之学，格物之理，制器尚象之法，无不专精务实，渐有成书。"① 在1840—1860 年这二十年，中国出版了 22 部关于西方武器的新著作。② 龚振麟的《铸炮铁模图说》引进了西方的铁模铸炮方法，是火器制作的一次质的飞跃。丁拱辰的《演炮图说》介绍了西方火器及其弹药的制作原理及操作方法，极具科学性。清晚期出现的这些新式火器技术著作，是在 17 世纪以后中西火器技术交流日益频繁的背景下出现的，其蕴含的与近代科技发展契合的知识体系，与之前的中国传统火器技术相比可谓是划时代的进步。

---

① 李鸿章：《李鸿章全集》第 1 册，安徽教育出版社 2008 年标点本，第 209 页。

② ［美］费正清、刘广京：《剑桥中国晚清史》下卷，中国社会科学院历史研究所编译室译，中国社会科学出版社 1985 年版，第 148 页。

二　火器制造和使用的科学化

与中国传统火器技术相比，明清军事技术家对西方火器技术的吸纳，体现出了如下几点不同于以往的特点。

第一，强调火器制造和使用的物理、化学属性。如孙元化认为，制造火器与弹药时，必须推物理之妙，合事物之性。制造枪炮时要选用精良的铜铁，若错用质量粗疏的铜铁，虽然从外表上看不出它们的罅隙之处，但是只要使用猛烈的火药一试，炮管就会炸裂。在配制火药时，必须要了解硝、硫、炭三者不同的化学属性，否则便配制不出性能良好的火药。

第二，强调火器制造和使用的数学比例关系。无论是小型的单兵作战火器——鸟铳，还是中型和大型的攻守火器——佛郎机铳、红夷大炮，都应该依照一定的形制和比例关系进行铸造。按照作战功能的不一，战铳、攻铳、守铳的倍径关系（铳长与铳口空径之比）都是不一样的，需要严格遵循科学规范。铳车的设计也要对应各种铳炮的形制，与铳炮口径形成比例关系。徐光启认为，"造台制铳，多有巧法，毫厘有差，关系甚大。须求深心巧思、精通数理者，斟酌指授"[1]。

第三，重视火器操作技术，以及火器辅助工具，这与传统火器的操作之法大为不同。《西法神机》和《火攻挈要》记载了火器仰角超过 45 度时射程会减少，记载了矩度、铳尺等的使用方法，[2]《守圉全书》则记载了望远镜在火器上的使用。这些都是与实战紧密结合的经验总结，与传统中国兵书相比，其实用性更强。

鸦片战争交锋的结果，是工业化国家对前工业化国家的胜利，也是大机器生产对手工作坊的胜利。明清时期正处于从前工业化国家进入工业化国家的过渡期，伴随着西方势力的东来，这一进程在加快。在火器技不如人的表象之下，则是明清在科技水平和工业能力方面与西方的巨大差距。在前工业化时期，明朝可以通过引进和仿制新式火器来追赶与

---

① 王重民辑校：《徐光启集》（上册），中华书局 1963 年标点本，第 110 页。
② 尹晓冬：《16—17 世纪西方火器技术向中国的转移》，山东教育出版社 2014 年版，第 94 页。

西方的技术差距，进而获得一定程度的对抗能力。但是自 18 世纪工业革命以后，仿制技术的门槛变高，前工业化国家要想学习工业化国家的先进火器技术，必须在科技知识的掌握（知识体系）、军事工业的发展（工业体系）方面进行变革。科学、技术、工业是紧密联系并相互影响的状态。火器不再是孤立存在的，而是与一个国家或者社会的知识体系、工业体系等紧密相关。

在 17 世纪之前，中国的科学和技术创新数量较多，但是，这个趋势在 17 世纪后期伴随着清朝统治的稳定而减缓，甚至停滞。同时期的欧洲，则恰好相反。先进的蒸汽机技术和机制工具，使欧洲拥有决定性的经济和军事优势。前膛枪炮的改进、发射速度大大增加的后膛枪炮的发明，使西方经历了一场火力革命。火力上的差距，像工业生产力那样，意味着领先的国家拥有的资源，为落后国家的 50 倍或 100 倍。[①] 18 世纪末到 19 世纪初，欧洲的战争、工业革命和科技进步的密切关系已经显露无遗，早期的工厂以生产火器等战争武器为主，而军事的需求又促进了技术创新，这些技术又刺激了其他工业领域的发展，最后形成一种经济上的力量，来支撑一个国家军事力量的壮大。[②] 鸦片战争代表了西方军事技术革新的一个重要时刻，蒸汽驱动的铁甲战船使中国被迫屈服。火器技术的差距只是表象，而科技、工业、经济等方面的差距才是中国败于西方的决定性因素。

第三节　以火器技术为中心的社会转型

一　由军事工业扩展来的中国近代工业

从耶稣会士来华到鸦片战争，西学东渐掀起的浪潮经历了主动与被动、自发与自觉的过程，西方国家的船坚炮利给传统的中国社会造成了

---

① ［美］保罗·肯尼迪：《大国的兴衰》，陈景彪等译，国际文化出版公司 2006 年版，第 146 页。

② ［美］胡安·马尔瓦莱斯：《从投石索到无人机：战争推动历史》，宓田译，中国社会科学出版社 2019 年版，第 197 页。

巨大冲击，朝野的一致共识便是师夷长技以制夷，以造炮和造船为代表的军事工业首先被提上日程，其次则是铁路、矿冶等，民族实业由此起步，见图9.1。

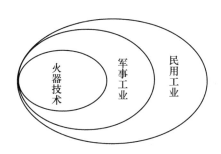

图9.1　火器技术为中心的中国近代工业关系

清朝统治者希望"富国强兵"以挽回失败的屈辱，练兵（近代海军的创建）和制器（江南制造局等机构的筹建）成为强兵的直接手段，而兴办实业则是强兵的坚实后盾。曾国藩等重臣在组建以造炮为中心的军事工业过程中，招揽科学、技术、制造等各方面的人才，不但新式兵工业的发轫是以这个中心为前驱，而且新的科学技能，也是借兵工业的初基而显露的。① 1861年由曾国藩主导成立的安庆内军械所，是近代中国成立最早的兵工厂，生产各种火器和炮弹。清朝军事工业的兴起，不仅是中国工业化和近代化的起步，而且是西方科学和技术传播至中国的重要体现。

李鸿章的"欲学习外国利器，则莫如觅制器之器"观念影响深远，晚清政府通过向外国购买机器，进行生产，开始发展军事工业。其中较为重要者有江南制造局、福州船政局、金陵制造局、天津机器局、湖北枪炮厂等，它们制造的枪炮和战船，成为晚清御敌的重要倚靠。其中成就最卓越者为江南制造局，它不仅生产枪炮弹药、战船，而且还在"觅制器之器"的思想指导下尝试制造各种机器，生产"工作母机"，这在中国历史上是前所未有的。福州船政局则以制造战船为主，其他制造工业为辅，在我国造船史上有着重要地位。

---

① 王尔敏：《清季兵工业的兴起》，广西师范大学出版社2009年版，第23页。

　　勃然兴起的军事工业，对冶金、采矿、交通、机械等各个方面的需求猛增，从而促进了这些行业走向近代化。轮船招商局、开平煤矿、汉阳铁厂等均是此时期涌现出的标志性成果，它们引进西方机器化生产，在一定程度上，满足了火器技术在由工场作坊迈向工业化过程中对燃料和金属材料等的需求。再加上洋务运动后期主题由"自强"走向"富强"，军事工业和民用工业之间的相助关系受到关注，一批最早的民族工业开始崭露头角，集中在煤矿、铁厂、纺织、电报、铁路、化工、轻工业等方面。从军事工业开始进而蔓延其他领域的工业化过程，是中国努力弥补与西方在火器技术背后的差距的过程，也是中国社会实现近代转型的过程。

二　科技翻译与中国科技的转型

　　近代技术转型和近代工业起步，主要通过机器的引进、仿制和技术人员的聘用实现，而要想实现从引进到制造的质变，则必须通过科技书籍的翻译，从文本上将西方最新的科技知识进行传播，使国人理解接受，进而转化为现实中的生产力。曾国藩对翻译西书与引进西方科技之间的关系有着透彻的认识，其认为"翻译一事，系制造之根本。洋人制器，出于算学，其中奥秘，皆有图说可寻。特以彼此文义扞格不通，故虽曰习其器，究不明夫用器与制造之所以然"[1]。主导中国军事近代化的晚清重臣认为，西方的船坚炮利，只有掌握其内部的科学原理，才能真正学会而得以仿造。而要想实现这一点，需要在翻译人才和科学人才两方面实现突破，这样的需求促成了近代官方译书机构的成立和近代高等教育的肇始。

　　从 20 世纪 60 年代到 90 年代的 30 年间，介绍西学的译著总数多达上千种。在编译西方科技书籍的过程中，军事技术内容是重中之重。如19 世纪中国最大的西学翻译机构江南制造局翻译馆从其成立到 1895 年，共出版西学译著 105 种，其中兵学译著有 44 种，占比 41.9％。[2] 最初的

---

①　曾国藩：《曾国藩全集》第 10 册，岳麓书社 2011 年标点本，第 215 页。
②　闫俊侠：《晚清西方兵学译著在中国的传播》，博士学位论文，复旦大学，2007 年，第64 页。

编译目标主要是军事技术（火器、战船、火药、汽机等），以及西方的军事训练、军事工程、军事制度等内容，后来扩展到与军事相关的各种科学和技术（如力学、化学、数学等），甚至扩展到西方自然科学和人文社会科学。与此相伴的是各种翻译人才的延揽和聚集，有一批中外译者加入这一历史潮流，并做出了卓越贡献，如傅兰雅、伟烈亚力、丁韪良、李善兰、华蘅芳、徐寿、徐建寅等。其中部分科学基础较深厚的中国翻译家，对中国科技转型起到了引领作用。

洋务运动对大量翻译人才的需求，是催生教习各种西方语言和科技知识的新式学堂的动因之一。从 1862 年开办第一所近代新式学堂京师同文馆，到 1900 年创办江苏武备学堂为止，40 年间共创办新式学堂近 40 所。① 这些浸染了西方科技知识的学生日后多数成长为我国科学、技术、工程方面的栋梁之材，为我国走向近代化做出了贡献。

三　中国社会的转型

火器技术的变革和发展，其影响不仅在于军事技术领域，它还促进了科学的发展和社会的进步，推动了中国社会的近代化历程。中西火器技术的差距与其背后的科技体系和工业基础有关，这种差距自科学革命和工业革命以来变得越来越大。如图 9.2 所示：

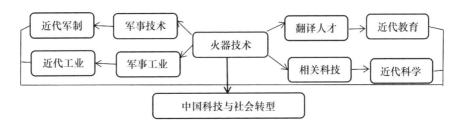

图 9.2　以火器技术为中心的转型关系

由手工作坊走向机器生产，是近代工业体系的开端。因感受到西方的"船坚炮利"，中国优先发展迫在眉睫的军事工业，此后逐渐开办其

---

① 刘长宏：《工具主义科技价值观与晚清军事技术近代化》，硕士学位论文，国防科技大学，2006 年，第 35 页。

他近代工业。通过引进和仿制，并结合译书活动，西方科学革命和工业革命的成果传入中国，作为近代化标志之一的工业在中国实现了从无到有。明代中后期在与葡萄牙、荷兰等西方国家争战时中国之所以能够取得胜利，将强劲的西方扩张势力抵挡在疆域之外，原因在于双方都处于前工业化时代，火器技术背后的工业水平和经济实力相差不是太大。鸦片战争的发生则不然，此时的英国代表着工业化的最新成果，以一种全新的生产力状态与停滞的晚清农业国发生了冲突。英国的胜利是机器生产对手工作坊的胜利，更是以工业化和近代科学为基础的现代国家对以农业社会和传统科学为基础的古老帝国的胜利。经过以洋务运动为代表的一系列自强运动，晚清中国接续明末以来的西学东渐热潮，并进一步发展。从火器和船舶的机器化生产，进而扩展到其他军事领域，最后到民用领域，中国近代工业体系雏形初现。

与此相伴的是中国军事的近代化，其中既有近代海军的创建，更有其后影响深远的陆军新兵的编练等军事变革。从明末的"器不如人"到清朝的"技不如人""制不如人"的认识，国人对西方军事强大的认识更加全面和客观。克虏伯大炮的引进、北洋舰队和南洋舰队的成立，这些都推进了中国军事技术和体制的进步。

而在此之中起了关键作用的则是科技和教育的近代化。伴随着火器技术的冲击以及西学东渐的开展，明清知识体系从以传统经学为主走向数理科学和实验科学并重，中国科学与世界接轨。面对西方知识的冲击，中国传统的经史子集的分类方法已经完全不能够涵盖此时期的知识门类，伴随着新式学堂的创办，一种新的知识体系开始确立。而且，经由西学热潮的洗礼，从朝堂到士人再到民众，所受到的思想观念的冲击是前所未有的，一些站立在时代浪潮上的人成为日后维新运动等的中坚力量。

在军事、工业、科学、教育等步入近代化的过程中，中国开始融入现代世界体系。鸦片战争是中国与世界关系的分水岭，史学家孟森评价为"至鸦片一案，则为清运告终之萌芽也。盖是役也，为中国科学落后之实验，为中国无世界知识之实验"[1]。明清时期的先贤们，从制度、思

---

[1]　孟森：《清史讲义》，中华书局 2010 年标点本，第 317 页。

想、科技、教育、经济、军事等各个方面寻找中国落后于西方的原因，并进行了一系列有针对性的改革，推动了中国科技与社会的近代转型，成为我们日后进行科技创新和社会转型的基础。

西方和中国科技文明的碰撞，因"船坚炮利"而给明清时期的士人留下深刻的印象。火器技术亦后其中占有重要地位。从科技与社会这一角度进行审视，剖析中西火器技术大分流及明清两朝不同的回应，让我们看到了火器技术水平不是孤立的，而是有着深刻的社会历史背景，与同时代的工业、经济、社会紧密相关。由火器技术而起，牵动了从军事技术到近代军制、从科技翻译到近代教育、从军事工业到近代工业、从军事相关科技到近代科学的转型。

结束语

　　中国在步入近代的过程中，面临李约瑟难题的拷问。为什么中国的火器技术从明朝中期开始，会像中国古代的各个科学和技术门类一样落后于西方？相关的论述已是汗牛充栋，但是，本书认为中国火器技术的衰落与西学的传播有一定的关系。

　　中国火器技术的衰落，从内因方面解释，有科举制度、政治体系、文化结构等几个方面，都是导致中国科技在近代落后于西方的因素之一。但是，事物的变化不全部由内因决定。明朝中期开始中国科技走向衰落，明朝自身已无可能发生西方那样的科技革命，那么，中国科技步入近代化，是在西方的刺激作用下而实现的。

　　对于明朝来说，一个最重要的外因便是西学的东来，这是当时明朝科技发展的一个极好时机。而且，在当时也确实出现了近代的曙光，大量的科学著作被译介过来，徐光启、李之藻等人做了大量的工作，成果斐然。以《几何原本》为代表的数学著作重新建构了中国的数学体系，并引起中国传统历法的大变革，徐光启主持修撰的崇祯历法已经很接近同时代西方的天文历法科技水平。但是，这一变革仅存在了较短时间，一切都还没有扩展开来，便戛然而止了。

　　明末西方火器技术传华的历程也体现了这一趋势，在传教士进入中国的初期，以徐光启、李之藻、孙元化为代表的明末天主教徒引领了一大批军事技术家对西方火器技术进行引进、传播、著录。明末火器技术确实也发展到了前所未有的高度，火器倍径技术、弹道技术、铳台技术等核心技术均已为明末士人掌握,体现在《西法神机》《火攻挈要》《守圉全书》等著作中,并有一定的修订。但是,随着明朝的灭亡和清初的禁教,这一切都灰飞烟灭,到了清朝中后期,火器技术的发展不仅没有进步,反而在倒退。传教士难觅踪影,中国天主教徒影响不在,火器著述稀少,火器技术发展的良好势头中断,直到清末变法图强,才又接续起这些曾经辉煌的成就。

明朝曾在火器技术方面优于后金,但是后来却逐渐被后金(清)追上,让人深思。除了传教士和天主教徒的影响之外,还有以下几点值得注意。

第一,明季党争导致徐光启、李之藻、孙元化等引进西炮西兵和军事技术改革计划困难重重。卢兆龙等广东籍官员以及广东地方官员因为担心中央与葡澳当局的合作会损害广东的利益,进而对西炮西兵来华采取阻碍措施。再加之很多保守官员上疏皇帝,指出西器可以来华,而西人应尽遣之,认为西兵进入内地对中国的国家安全是一种威胁。这些成见最终影响到西方火器操作技术和战术在明朝的传播,而后金(清)则利于归降汉人,并将炮兵部队与骑兵部队的长处结合起来,从而最终在军事技术上超越了明朝,取得了胜利。

第二,明军军纪涣散导致火器技术专家队伍和西方火器流失,为敌所有,仅仅依靠先进火器的引入和使用不可能挽救明朝大厦之将倾。汤若望在《火攻挈要》中指出了明军在选人用兵方面的弊端:

> 世之论兵法者,咸称火攻。论火攻者,咸慕西洋。此言固为定论。然而西统之传入于中国,不止数十余处。其得利者,只见于京城之固守,涿鹿之阻截,宁远之力战。崇祯四年某中丞令西洋十三人救援皮岛,殄敌万余,是其猛烈无敌著奇捷之效者此也。及辽阳、广陵、济南等处俱有西铳,不能自守,反以资敌。登州西铳甚多,徒付之人,而反以之攻我。昨救松锦之师,西铳不下数十门,亦尽为敌有矣。深可叹者,同一铳法,彼何以历建奇勋,此何以屡见败绩。是岂铳法之不善乎?抑以用法之不善耳?总之根本至要,盖在智谋良将。平日博选将士,久练精艺,胆壮心齐,审机应变,如法

施用，则自能战胜守固而攻克矣。不则徒空有其器，空存其法，而付托不得其人，是犹以太阿利器而付婴孩之手，未有不反以资敌而自取死耳。谚云：宝剑必付烈士奇方，必须良医，则庶几运用有法，斯可以得器之济，得方之效矣。①

从西方引进的红夷大炮代表了当时火器技术发展的先进水平，红夷大炮"命中致远、猛烈无敌"，其在铸造技术方面与中国传统火器的差距并不是非常大，但是以西方数理科学成果为基础的火器弹道技术却是红夷大炮性能远超中国传统火炮的关键因素。经过明朝末期徐光启、李之藻、孙元化等人购募西炮西兵的努力，以红夷大炮为代表的西方火器技术理论知识已经为国人所掌握，并形成了本土化的理论著作。但是在实际造炮和用炮方面，这种理论知识并没有完全转化为实践能力，徐光启、孙元化的造炮活动均有失败案例，用炮方面则主要仰仗葡兵教练，明朝士兵还没来得及将这种技术消化并普及。明朝没有使军事关键技术普及化，没能将火炮操控技术转化为普通炮手能够熟练掌握的作战技能。这个时候，掌握了造炮和用炮技术的一小部分军士的叛逃所起的冲击作用就是巨大的、致命的，吴桥兵变后孔有德和耿仲明的降清，便是例子。

第三，明朝财政方面的困难导致对于火器制造支持的减弱。到了明朝后期，由于明朝政府内部的腐败，以及多年抗击辽东边患、镇压农民起义的花费，国库亏空。而且与后金（清）在辽东的多次作战，各种先进火器丧失殆尽，这都加重了明朝再次铸造大型铳炮的负担。清军越战越勇，不仅在皇太极的支持下大力铸造铳炮，而且不断地掳获明军的火器和弹药，使其火器优势越来越明显。明朝不得不依靠边关将领、地方大员捐资铸炮，但是收效甚微。蓟辽总督吴阿衡曾于崇祯十年捐造了至少54门的"西洋炮"，宣大总督卢象升等人于崇祯十一年捐造了一批重500斤红夷大炮，辽东总兵吴三桂等人在崇祯十五年铸有一批"定辽大将军"②。而

---

① 焦勖：《火攻挈要》卷中，载任继愈主编《中国科学技术典籍通汇·技术卷》五，河南教育出版社1994年影印本，第1311页。

② 刘鸿亮：《明清时期红夷大炮的兴衰与两朝西洋火器发展比较》，《社会科学》2005年第12期。

且，明朝政府需要支撑的是全国各地各个重要边关、重要城池，后金（清）军队则可以将其火器的优势集中用于攻打某一座城池，其用于支持火器发展的经济耗费要小于明朝。最终，在关外的最后几场决定性战役中，明军在火器数量上也居于下风。清朝的胜利已是定局。

参考文献

一 古籍

毕懋康：《军器图说》，《四库禁毁书丛刊》子部第29册，北京出版社2000年影印本。

陈子龙：《明经世文编》，中华书局1962年影印本。

方以智：《物理小识》，湖南科学技术出版社2019年版。

谷应泰：《明史纪事本末》，中华书局2015年标点本。

韩霖：《守圉全书》，《四库禁毁书丛刊补编》第32—33册，北京出版社2005年影印本。

何良臣：《阵纪》，《中国兵书集成》第25册，解放军出版社1990年影印本。

何汝宾：《兵录》，《四库禁毁书丛刊》子部第9册，北京出版社1997年影印本。

计六奇：《明季北略》，中华书局1984年标点本。

计六奇：《明季南略》，中华书局1984年标点本。

焦勖：《火攻挈要》，载任继愈主编《中国科学技术典籍通汇·技术卷》五，河南教育出版社1994年影印本。

李昭祥：《龙江船厂志》，南京出版社2019年标点本。

辽宁省档案馆编：《明代辽东档案汇编》，辽沈书社1985年标点本。

刘基：《克敌武略荧惑神机》，上海远东出版社2018年标点本。

刘效祖：《四镇三关志》，中州古籍出版社2018年标点本。

毛霦：《平叛记》，中华书局 2017 年标点本。

茅元仪：《武备志》，《中国兵书集成》第 27—36 册，解放军出版社 1990 年影印本。

《明实录》，台湾"中央研究院"历史语言研究所 1984 年影印本。

戚继光：《纪效新书》（十八卷本），中华书局 2001 年标点本。

戚继光：《纪效新书》（十四卷本），中华书局 2001 年标点本。

戚继光：《练兵实纪》，中华书局 2001 年标点本。

戚继光：《戚少保奏议》，中华书局 2001 年标点本。

戚祚国：《戚少保年谱耆编》，中华书局 2003 年标点本。

《清实录》，中华书局 1985 年影印本。

申时行等：《大明会典》，中华书局 1989 年标点本。

沈啓：《南船纪》，南京出版社 2019 年标点本。

沈有容：《闽海赠言》，商务印书馆 2017 年标点本。

宋应昌：《经略复国要编》，浙江大学 2020 年标点本。

宋应星：《天工开物》，上海古籍出版社 2008 年标点本。

孙元化：《西法神机》，载任继愈主编《中国科学技术典籍通汇·技术卷》五，河南教育出版社 1994 年影印本。

谈迁：《国榷》，中华书局 1958 年标点本。

唐顺之：《武编》，《中国兵书集成》第 13—14 册，解放军出版社 1990 年影印本。

王鸣鹤：《登坛必究》，《中国兵书集成》第 20—24 册，解放军出版社 1990 年影印本。

王徵：《奇器图说》，重庆出版社 2010 年标点本。

王重民辑校：《徐光启集》，中华书局 1963 年标点本。

魏源：《海国图志》，岳麓书社 2021 年标点本。

吴晗辑：《朝鲜李朝实录中的中国史料》，中华书局 1980 年标点本。

熊廷弼：《熊廷弼集》，学苑出版社 2010 年标点本。

严从简：《殊域周咨录》，中华书局 1993 年标点本。

印光任、张汝霖：《澳门纪略》，《中国地方志集成·广东府县志辑》第 33 册，上海书店出版社 2013 年影印本。

俞大猷：《正气堂全集》，福建人民出版社 2007 年标点本。

曾公亮：《武经总要》，商务印书馆 2017 年标点本。

张廷玉等：《明史》，中华书局 1974 年标点本。

赵尔巽等：《清史稿》，中华书局 1998 年标点本。

赵士桢：《神器谱》，上海社会科学院出版社 2006 年标点本。

郑诚辑校：《李之藻集》，中华书局 2018 年标点本。

郑诚整理：《明清稀见兵书四种》，湖南科学技术出版社 2018 年版。

郑诚整理：《明清之际西法军事技术文献选辑》，湖南科学技术出版社 2019
　　年版。

郑诚整理：《武经总要前集》，湖南科学技术出版社 2019 年版。

郑大郁：《经国雄略》，商务印书馆 2019 年标点本。

郑若曾：《筹海图编》，中华书局 2007 年标点本。

郑若曾：《江南经略》，黄山书社 2017 年标点本。

中国第一历史档案馆、辽宁省档案馆编：《中国明朝档案总汇》，广西人民
　　出版社 2001 年影印本。

台湾"中央研究院"历史语言研究所编：《明清史料》（甲、乙、丙、丁
　　编），北京图书馆出版社 2008 年影印本。

二　中文文献

（一）专著

北京钢铁学院编：《中国古代冶金》，文物出版社 1978 年版。

成东、钟少异编著：《中国古代兵器图集》，解放军出版社 1990 年版。

初晓波：《从华夷到万国的先声》，北京大学出版社 2008 年版。

戴裔煊：《〈明史·佛郎机传〉笺正》，中国社会科学出版社 1984 年版。

董少新：《葡萄牙耶稣会士何大化在中国》，社会科学文献出版社 2017
　　年版。

樊树志：《晚明史》，中华书局 2018 年版。

范中义、顿贺：《明代海船图说》，山东科学技术出版社 2019 年版。

范中义：《戚继光传》，海洋出版社 2015 年版。

范中义：《俞大猷传》，线装书局 2015 年版。

方豪：《李之藻研究》，海豚出版社 2016 年版。

方豪：《中国天主教史人物传》，中华书局 1988 年版。

方豪：《中西交通史》，上海人民出版社 2008 年版。

冯家昇：《火药的发明和西传》，上海人民出版社 1978 年版。

顾诚：《南明史》，光明日报出版社 2011 年版。

顾卫民：《荷兰海洋帝国史》，上海社会科学院出版社 2020 年版。

顾卫民：《天主教与近代中国社会》，上海人民出版社 2010 年版。

顾卫民：《葡萄牙海洋帝国史》，上海社会科学院出版社 2018 年版。

华觉明、冯立昇主编：《中国三十大发明》，大象出版社 2018 年版。

华觉明：《中国古代金属技术：铜和铁造就的文明》，大象出版社 1999 年版。

黄朴民、魏鸿、熊剑：《中国兵学思想史》，南京大学出版社 2018 年版。

黄庆华：《中葡关系史》，黄山书社 2006 年版。

黄一农：《红夷大炮与明清战争》，四川人民出版社 2022 年版。

黄一农：《两头蛇——明末清初的第一代天主教徒》，上海古籍出版社 2006 年版。

军事科学院主编：《中国军事通史》，军事科学出版社 1998 年版。

林金水：《利玛窦与中国》，中国社会科学出版社 1996 年版。

刘鸿亮：《中西火炮与英法联军侵华之役》，科学出版社 2015 年版。

刘鸿亮：《中英火炮与鸦片战争》，科学出版社 2011 年版。

刘景华、张功耀：《欧洲文艺复兴史》（科学技术卷），人民出版社 2008 年版。

刘小珊、陈曦子、陈访泽：《明中后期中日葡外交使者陆若汉研究》，商务印书馆 2015 年版。

刘旭：《中国古代火药火器史》，大象出版社 2004 年版。

陆敬严：《中国古代机械复原研究》，上海科学技术出版社 2019 年版。

潘吉星：《中国古代四大发明》，中国科学技术大学出版社 2002 年版。

潘吉星：《中国火箭技术史稿》，科学出版社 1987 年版。

潘吉星：《中国火药史》，上海远东出版社、中西书局 2016 年版。

钱海岳：《南明史》，中华书局 2006 年版。

沈定平：《明清之际中西文化交流史——明季：趋同与辨异》，商务印书馆
　2012年版。

孙烈：《德国克虏伯与晚清火炮——贸易与仿制模式下的技术转移》，山东
　教育出版社2014年版。

孙文良、李治亭《明清战争史略》，江苏教育出版社2005年版。

台湾三军大学编著：《中国历代战争史》，中信出版社2012年版。

汤开建：《明代澳门史论稿》，黑龙江教育出版社2012年版。

汤开建：《天朝异化之角》，暨南大学出版社2016年版。

汤开建：《委黎多〈报效始末疏〉笺正》，广东人民出版社2004年版。

田昭林：《中国战争史》，江苏人民出版社2019年版。

万明：《中葡早期关系史》，社会科学文献出版社2001年版。

王兆春：《世界火器史》，军事科学出版社2007年版。

王兆春：《中国古代军事工程技术史》（宋元明清），山西教育出版社2009
　年版。

王兆春：《中国火器史》，军事科学出版社1991年版。

王兆春：《中国科学技术史·军事技术史卷》，科学出版社1998年版。

吴志良等主编：《澳门编年史》，广东人民出版社2009年版。

席龙飞：《中国古代造船史》，武汉大学出版社2015年版。

徐新照：《中国兵器科学思想探索》，军事谊文出版社2003年版。

许保林：《中国兵书通览》，解放军出版社2002年版。

杨宽：《中国冶铁技术发展史》，上海人民出版社2004年版。

尹晓冬：《16—17世纪西方火器技术向中国的转移》，山东教育出版社
　2014年版。

张国刚：《中西文化关系通史》，北京大学出版社2019年版。

张建雄、刘鸿亮：《鸦片战争中的中英船炮比较研究》，人民出版社2011
　年版。

张铠：《庞迪我与中国》，大象出版社2009年版。

张维华：《明史欧洲四国传注》，上海古籍出版社1982年版。

张西平：《跟随利玛窦来中国》，中国社会科学出版社2020年版。

张相炎：《火炮设计理论》，北京理工大学出版社2005年版。

赵晖：《耶儒柱石——李之藻、杨廷筠传》，浙江人民出版社 1996 年版。

赵匡华：《中国科学技术史·化学卷》，科学出版社 1998 年版。

郑诚：《火药与火器》，湖南科学技术出版社 2020 年版。

钟少异：《古兵雕虫——钟少异自选集》，中西书局 2015 年版。

钟少异：《中国古代军事工程技术史》（上古至五代），山西教育出版社 2008 年版。

钟少异主编：《中国古代火药火器史研究》，中国社会科学出版社 1995 年版。

周维强：《佛郎机铳在中国》，社会科学文献出版社 2013 年版。

周维强：《明代战车研究》，故宫出版社 2019 年版。

（二）论文

陈炳应：《甘肃出土的几件铳炮研究》，《丝绸之路》1999 年第 S1 期。

陈静：《西洋火器在明季军事生活中的实施》，《中州学刊》1987 年第 3 期。

赤城博物馆：《河北赤城发现明代窖藏火器》，《文物春秋》1994 年第 4 期。

董少新、黄一农：《崇祯年间招募葡兵新考》，《历史研究》2009 年第 5 期。

洪震寰：《赵士桢——明代杰出的火器研制家》，《自然辩证法通讯》1981 年第 5 期。

康志杰：《耶稣会士与火器传入》，《江汉论坛》1997 年第 10 期。

李斌：《关于明朝与佛郎机最初接触的一条史料》，《文献》1995 年第 1 期。

李建明：《戚继光"有限发展"火器技术问题初探》，《自然辩证法研究》2009 年第 7 期。

李巨澜：《澳门与明末引进西洋火器技术之关系述论》，《淮阴师范学院学报》（哲学社会科学版）1999 年第 5 期。

李开岭：《山东德州出土铜火铳与火炮》，《考古》1987 年第 10 期。

李婷婷、朱亚宗：《中国火器落后于西方的时间节点及原因初探》，《自然辩证法通讯》2009 年第 2 期。

李肖胜：《河南栾川发现"大顺闯王内侍督巡"双管手铳》，《文史杂志》1988 年第 3 期。

李映发：《明代对佛郎机炮的引进与发展》，《四川大学学报》（哲学社会科学版），1990 年第 2 期。

林文照：《佛郎机火铳最早传入中国的时间考》，《自然科学史研究》1984 年第 4 期。

林文照：《明末一部重要的火器专著——〈西法神机〉》，《自然科学史研究》1987 年第 3 期。

刘鸿亮：《关于 16—17 世纪中国佛郎机火炮的射程问题》，《社会科学》2006 年第 10 期。

刘鸿亮：《明清时期红夷大炮的兴衰与两朝西洋火器发展比较》，《社会科学》2005 年第 12 期。

刘鸿亮：《明清王朝红夷大炮的盛衰史及其问题研究》，《哈尔滨工业大学学报》（社会科学版）2005 年第 1 期。

刘鸿亮：《明清之际红夷大炮及其射程问题研究》，《自然辩证法通讯》2004 年第 3 期。

刘鸿亮：《徐光启与红夷大炮问题研究》，《上海交通大学学报》（哲学社会科学版）2004 年第 4 期。

刘戟锋：《近代火器技术与中国封建社会》，《自然辩证法通讯》1991 年第 4 期。

刘旭：《明清之际西方火器引进初探》，《湘潭大学学报》（哲学社会科学版），1995 年第 4 期。

罗宏才：《定边县发现一件明代铁铳》，《文博》1988 年第 4 期。

马清鹏：《金山岭长城发现铜火铳》，《文物春秋》1991 年第 4 期。

彭全民：《我国最早向西方"佛郎机"学习的人——汪鋐略考》，《东南文化》2000 年第 9 期。

宋海龙：《兵器技术对阵法的影响——以 13—19 世纪火器发展为例》，《哈尔滨工业大学学报》（社会科学版）2009 年第 5 期。

苏小幸：《大连发现元明铁炮和铜火铳》，《考古》1991 年第 9 期。

汤开建：《明末天主教徒韩霖与〈守圉全书〉》，《晋阳学刊》2005 年第

2 期。

汤开建：《〈守圉全书〉中保存的徐光启、李之藻佚文》，《古籍整理研究
　　学刊》2005 年第 2 期。

王珂：《明代的火器制造及管理制度》，《河南大学学报》（社会科学版）
　　1998 年第 9 期。

王若昭：《明代对佛郎机炮的引进和发展》，《清华大学学报》（哲学社会
　　科学版），1986 年第 1 期。

王嗣洲：《大连小平岛海域发现的铜火铳及研究》，《北方文物》2006 年第
　　1 期。

王子林：《故宫博物院藏明代手铳》，《故宫博物院院刊》1995 年第 1 期。

徐伯元：《江苏常州出土明代铜铳铜炮》，《考古》1991 年第 7 期。

徐奎：《明代火器的运用与军事学术的发展》，《军事历史》2002 年第
　　3 期。

徐新照：《从〈西法神机〉与〈火攻挈要〉看明末对铳炮弹道学的认识》，
　　《历史档案》2002 年第 1 期。

徐新照：《焦玉〈火攻书〉是元末明初的火器著作吗》，《文献》2000 第
　　4 期。

徐新照：《明代火器文献中的科技成就及其对军事的影响》，《军事历史研
　　究》2000 年第 2 期。

徐新照：《明代火药多成分配方的研究》，《火炸药学报》2000 年第 2 期。

徐新照：《明末两部"西洋火器"文献考辨》，《学术界》2000 年第 2 期。

徐新照：《试论我国明代的铳炮弹道学成就》，《安徽史学》2001 年第
　　2 期。

徐新照：《我国明代的火器文献及其科学成就》，《学术界》1999 年第
　　2 期。

阎素娥：《关于明代鸟铳的来源问题》，《史学月刊》1997 年第 2 期。

一平：《河北抚宁出土明代改良型火铳》，《考古》1992 年第 3 期。

尹晓冬：《火器论著〈兵录〉的西方知识来源初探》，《自然科学史研究》
　　2005 年第 2 期。

尹晓冬：《明末清初几本火器著作的初步比较》，《哈尔滨工业大学学报》
　（社会科学版）2005 年第 2 期。

尹晓冬：《17 世纪中国的瞄准技术与弹道学知识》，《力学与实践》2009 年
　第 5 期。

张敬媛：《皇太极与红衣炮》，《满族研究》1993 年第 3 期。

钟少异：《古代烟火的军事应用及其对火器发展的影响》，《自然科学史研
　究》1998 年第 1 期。

钟少异：《关于"焦玉"火攻书的年代》，《自然科学史研究》1999 年第
　2 期。

重日：《略述明代的火器和战车》，《历史教学》1959 年第 8 期。

朱子彦：《明代火器的发展、运用与军事领域的变革》，《学术月刊》1995
　年第 5 期。

涿鹿县文物保护管理所：《涿鹿县发现明末铁火器》，《文物春秋》1997 年
　第 2 期。

三　外文文献

（一）中译著作

［德］恩斯特·斯托莫：《"通玄教师"汤若望》，达素彬、张晓虎译，中
　国人民大学出版社 1989 年版。

［德］魏特：《汤若望传》，杨丙辰译，知识产权出版社 2015 年版。

［法］费赖之：《在华耶稣会士列传及书目》，冯承钧译，中华书局 1995
　年版。

［法］荣振华：《在华耶稣会士列传及书目补编》，耿昇译，中华书局 1995
　年版。

［法］谢和耐：《中国与天主教》，耿昇译，商务印书馆 2013 年版。

［美］T. N. 杜普伊：《武器和战争的演变》，严瑞池、李志兴译，军事科学
　出版社 1985 年版。

［美］邓恩：《从利玛窦到汤若望》，余三乐、石蓉译，上海古籍出版社
　2003 年版。

［美］恒慕义主编：《清代名人传略》，中国人民大学清史研究所译，青海人民出版社 1990 年版。

［美］威廉·麦克尼尔：《竞逐富强——公元 1000 年以来的技术、军事与社会》，孙岳译，中信出版社 2020 年版。

［葡］桑贾伊·苏拉马尼亚姆：《葡萄牙帝国在亚洲》，巫怀宇译，广西师范大学出版社 2018 年版。

［葡］曾德昭：《大中国志》，何高济译，商务印书馆 2012 年版。

［瑞典］龙思泰：《早期澳门史》，吴义雄、郭德焱、沈正邦译，东方出版社 1997 年版。

［意］利玛窦：《利玛窦中国札记》，何高济、王遵仲、李申译，中华书局 2010 年版。

［英］李约瑟：《中国科学技术史》第五卷第七分册，刘晓燕等译，科学出版社 2005 年版。

（二）外文著作

Bert S. Hall, *Weapons and Warfare in Renaissance Europe*：*Gunpowder*, *Technology*, *and Tactics*, Baltimore：Johns Hopkins University Press, 1997.

Brenda J. Buchanan, *Gunpowder*, *Explosives and the State*：*a Technological History*, Aldershot：Ashgate Publishing, 2006.

Bruce I. Gudmundsson, *On Artillery*, London：Westport Connecticut, 1993.

Carman, W. Y, *A History of Firearms*：*from Earliest Times to* 1914, London：Routledge & K. Paul, 1955.

Chris Peers, *Late Imperial Chinese Armies*, *1520 – 1840*, Oxford：Osprey Publishing, 1997.

Geoffrey Parker, *The Military Revolution*：*Military Innovation and the Rise of the West*, *1500 – 1800*, New York：Cambridge University Press, 1988.

Jan Glete, *Warfare at Sea*, *1500 – 1650*：*Maritime Conflicts and the Transformation of Europe*, London：Routledge, 2000.

Keith Roberts, *Matchlock Musketeer*, *1588 – 1688*, London：Reed International Books, 2002.

Kenneth Chase, *Firearms: a Global History to 1700*, New York: Cambridge U-
   niversity Press, 2003.

Thomas F. Arnold, *The Renaissance at War*, London: Cassell&Co, 2001.

Weston F. Cook, *The Hundred Years War for Morocco: Gunpowder and the Mili-
   tary Revolution in the Early Modern Muslim World*, Boulder: Westview Press,
   1994.